面向新工科专业建设计算机系列教材

工程概论

（上册）

栾英姿　董庆宽　马　卓◎编著

清華大學出版社
北京

内 容 简 介

本书基于"工程概论"课程,分为上下篇展开,紧跟工程认证中的产出导向教育(Outcome Based Education,OBE)理念,旨在提高学生综合工程素养和解决复杂工程问题以及项目管理的综合能力。

本书上篇内容是工程教育与伦理法规,共计 8 章;下篇内容是项目管理和产品开发,也分 8 章。上篇内容包括国际工程认证,工业工程和价值工程,法律法规和行业规范,工程标准,可靠性设计,工程伦理,知识产权和软件设计规范化;下篇内容包括项目管理概述,项目生命周期和项目管理过程,项目范围管理,项目计划和时间管理,项目执行和风险管理,团队建设和沟通管理,项目质量管理和产品开发。

本书适合本科高年级学生和研究生阅读,同时也可作为对工程设计感兴趣的相关人员的参考书。

图书在版编目(CIP)数据

工程概论.上册/栾英姿,董庆宽,马卓编著. —北京:清华大学出版社,2024.2
面向新工科专业建设计算机系列教材
ISBN 978-7-302-65541-1

Ⅰ.①工… Ⅱ.①栾… ②董… ③马… Ⅲ.①工业工程—高等学校—教材 Ⅳ.①TB

中国国家版本馆 CIP 数据核字(2024)第 024943 号

责任编辑:白立军 薛 阳
封面设计:刘 乾
责任校对:郝美丽
责任印制:杨 艳

出版发行:清华大学出版社
   网 址:https://www.tup.com.cn,https://www.wqxuetang.com
   地 址:北京清华大学学研大厦 A 座   邮 编:100084
   社 总 机:010-83470000   邮 购:010-62786544
   投稿与读者服务:010-62776969,c-service@tup.tsinghua.edu.cn
   质量反馈:010-62772015,zhiliang@tup.tsinghua.edu.cn
   课件下载:https://www.tup.com.cn,010-83470236
印 装 者:三河市龙大印装有限公司
经 销:全国新华书店
开 本:185mm×260mm   印 张:20.75   字 数:504 千字
版 次:2024 年 2 月第 1 版   印 次:2024 年 2 月第 1 次印刷
定 价:69.00 元

产品编号:096573-01

出版说明

一、系列教材背景

人类已经进入智能时代,云计算、大数据、物联网、人工智能、机器人、量子计算等是这个时代最重要的技术热点。为了适应和满足时代发展对人才培养的需要,2017 年 2 月以来,教育部积极推进新工科建设,先后形成了"复旦共识""天大行动"和"北京指南",并发布了《教育部高等教育司关于开展新工科研究与实践的通知》《教育部办公厅关于推荐新工科研究与实践项目的通知》,全力探索形成领跑全球工程教育的中国模式、中国经验,助力高等教育强国建设。新工科有两个内涵:一是新的工科专业;二是传统工科专业的新需求。新工科建设将促进一批新专业的发展,这批新专业有的是依托于现有计算机类专业派生、扩展而成的,有的是多个专业有机整合而成的。由计算机类专业派生、扩展形成的新工科专业有计算机科学与技术、软件工程、网络工程、物联网工程、信息管理与信息系统、数据科学与大数据技术等。由计算机类学科交叉融合形成的新工科专业有网络空间安全、人工智能、机器人工程、数字媒体技术、智能科学与技术等。

在新工科建设的"九个一批"中,明确提出"建设一批体现产业和技术最新发展的新课程""建设一批产业急需的新兴工科专业"。新课程和新专业的持续建设,都需要以适应新工科教育的教材作为支撑。由于各个专业之间的课程相互交叉,但是又不能相互包含,所以在选题方向上,既考虑由计算机类专业派生、扩展形成的新工科专业的选题,又考虑由计算机类专业交叉融合形成的新工科专业的选题,特别是网络空间安全专业、智能科学与技术专业的选题。基于此,清华大学出版社计划出版"面向新工科专业建设计算机系列教材"。

二、教材定位

教材使用对象为"211 工程"高校或同等水平及以上高校计算机类专业及相关专业学生。

三、教材编写原则

(1) 借鉴 *Computer Science Curricula* 2013(以下简称 CS2013)。CS2013

的核心知识领域包括算法与复杂度、体系结构与组织、计算科学、离散结构、图形学与可视化、人机交互、信息保障与安全、信息管理、智能系统、网络与通信、操作系统、基于平台的开发、并行与分布式计算、程序设计语言、软件开发基础、软件工程、系统基础、社会问题与专业实践等内容。

（2）处理好理论与技能培养的关系，注重理论与实践相结合，加强对学生思维方式的训练和计算思维的培养。计算机专业学生能力的培养特别强调理论学习、计算思维培养和实践训练。本系列教材以"重视理论，加强计算思维培养，突出案例和实践应用"为主要目标。

（3）为便于教学，在纸质教材的基础上，融合多种形式的教学辅助材料。每本教材可以有主教材、教师用书、习题解答、实验指导等。特别是在数字资源建设方面，可以结合当前出版融合的趋势，做好立体化教材建设，可考虑加上微课、微视频、二维码、MOOC等扩展资源。

四、教材特点

1. 满足新工科专业建设的需要

系列教材涵盖计算机科学与技术、软件工程、物联网工程、数据科学与大数据技术、网络空间安全、人工智能等专业的课程。

2. 案例体现传统工科专业的新需求

编写时，以案例驱动，任务引导，特别是有一些新应用场景的案例。

3. 循序渐进，内容全面

讲解基础知识和实用案例时，由简单到复杂，循序渐进，系统讲解。

4. 资源丰富，立体化建设

除了教学课件外，还可以提供教学大纲、教学计划、微视频等扩展资源，以方便教学。

五、优先出版

1. 精品课程配套教材

主要包括国家级或省级的精品课程和精品资源共享课的配套教材。

2. 传统优秀改版教材

对于已经出版、得到市场认可的优秀教材，由于新技术的发展，计划给图书配上新的教学形式、教学资源的改版教材。

3. 前沿技术与热点教材

反映计算机前沿和当前热点的相关教材，例如云计算、大数据、人工智能、物联网、网络空间安全等方面的教材。

六、联系方式

联系人：白立军

联系电话：010-83470179

联系和投稿邮箱：bailj@tup.tsinghua.edu.cn

面向新工科专业建设计算机系列教材编委会

2019 年 6 月

面向新工科专业建设计算机系列教材编委会

马志新　兰州大学信息科学与工程学院　　　　　　　副院长/教授
毛晓光　国防科技大学计算机学院　　　　　　　　　副院长/教授
明　仲　深圳大学计算机与软件学院　　　　　　　　院长/教授
彭进业　西北大学信息科学与技术学院　　　　　　　院长/教授
钱德沛　北京航空航天大学计算机学院　　　　　　　中国科学院院士/教授
申恒涛　电子科技大学计算机科学与工程学院　　　　院长/教授
苏　森　北京邮电大学　　　　　　　　　　　　　　副校长/教授
汪　萌　合肥工业大学　　　　　　　　　　　　　　副校长/教授
王长波　华东师范大学计算机科学与软件工程学院　　常务副院长/教授
王劲松　天津理工大学计算机科学与工程学院　　　　院长/教授
王良民　东南大学网络空间安全学院　　　　　　　　教授
王　泉　西安电子科技大学　　　　　　　　　　　　副校长/教授
王晓阳　复旦大学计算机科学技术学院　　　　　　　教授
王　义　东北大学计算机科学与工程学院　　　　　　教授
魏晓辉　吉林大学计算机科学与技术学院　　　　　　教授
文继荣　中国人民大学信息学院　　　　　　　　　　院长/教授
翁　健　暨南大学　　　　　　　　　　　　　　　　副校长/教授
吴　迪　中山大学计算机学院　　　　　　　　　　　副院长/教授
吴　卿　杭州电子科技大学　　　　　　　　　　　　教授
武永卫　清华大学计算机科学与技术系　　　　　　　副主任/教授
肖国强　西南大学计算机与信息科学学院　　　　　　院长/教授
熊盛武　武汉理工大学计算机科学与技术学院　　　　院长/教授
徐　伟　陆军工程大学指挥控制工程学院　　　　　　院长/副教授
杨　鉴　云南大学信息学院　　　　　　　　　　　　教授
杨　燕　西南交通大学信息科学与技术学院　　　　　副院长/教授
杨　震　北京工业大学信息学部　　　　　　　　　　副主任/教授
姚　力　北京师范大学人工智能学院　　　　　　　　执行院长/教授
叶保留　河海大学计算机与信息学院　　　　　　　　院长/教授
印桂生　哈尔滨工程大学计算机科学与技术学院　　　院长/教授
袁晓洁　南开大学计算机学院　　　　　　　　　　　院长/教授
张春元　国防科技大学计算机学院　　　　　　　　　教授
张　强　大连理工大学计算机科学与技术学院　　　　院长/教授
张清华　重庆邮电大学　　　　　　　　　　　　　　副校长/教授
张艳宁　西北工业大学　　　　　　　　　　　　　　副校长/教授
赵建平　长春理工大学计算机科学技术学院　　　　　院长/教授
郑新奇　中国地质大学(北京)信息工程学院　　　　　院长/教授
仲　红　安徽大学计算机科学与技术学院　　　　　　院长/教授
周　勇　中国矿业大学计算机科学与技术学院　　　　院长/教授
周志华　南京大学计算机科学与技术系　　　　　　　系主任/教授
邹北骥　中南大学计算机学院　　　　　　　　　　　教授

秘书长：
白立军　清华大学出版社　　　　　　　　　　　　副编审

前言

  "工程概论"课程于 2019 年在西安电子科技大学各理工科专业首次开设，分成四部分，贯穿整个本科教育。其中，工程概论 1——行业规范和工程伦理，工程概论 2——项目管理和产品开发，工程概论 3——经济管理与成本核算，工程概论 4——工程方法论与实践，分别于第 2、3、5、7 学期授课。

  "工程概率"是一门工程基础教育课程，在教学过程中，不再采用"照本宣科""满堂灌"的方式，而是让学生积极参与到课程建设中。本课程在开设初始就与西安软通公司建立了紧密的合作，由产业为学校提供最符合实际的工程需求和规范报告，并在未来提供实践平台和相应仿真，使得教学过程与整个行业实际需求紧密结合，不再是空中楼阁和纸上谈兵。

  本课程基于工程认证中的产出导向教育（Outcome Based Education，OBE）理念。发达国家教育理念已经从基于投入转变为基于学习成果的评价，我国高等教育认同并接受这一国际趋势。贯彻 OBE 理念必须从多方面实现转变：在教育评价上，从传统考察教师教得如何，向考察评价学生学到什么转化；从考试成绩分数的评价向考察学生对本专业领域实际所需，即毕业要求的掌握程度转化。因此，OBE 要求学校和教师应该先明确学习成果，配合多元弹性的个性化学习要求，让学生通过学习过程完成自我实现的挑战，再将成果反馈以改进原有的课程设计与课程教学。

  在教学大纲的设定上，考虑了教学改革和翻转课堂的内容，由学生就虚拟项目或实际项目做行业规范报告和经济成本分析。参考软通公司分享的软件行业规范，以及项目管理中给出的商业论证报告模板、风险分析表，利用微软 Project 软件绘制项目时间管理甘特图和 WBS 工作任务分解图，使得学生通过模拟仿真大致了解整个项目全流程，而不再是传统意义上的技术单一模块。本课程注重学生全流程全周期的工程开发能力培养，注重学生系统工程方法论思维能力培养，以及项目管理能力、经济规划能力和行业规范、工程伦理意识的培养。

  目前，我国本科课程大多划分过细，知识面覆盖过窄，课程结构单一，尤其较少见到跨学科组合课程，不利于学生获得综合性学习能力。急需提高应用技术型本科理工科专业学生的跨学科知识结构的深度和广度，预测学生未来职业特点,据此强化相应专业技能训练,以适应新时代背景下对跨学科和通专结合型人才的需求。因此,需要将传统教材进行梳理、修订和增广,本书也正是诞生在此背景下。

希望读者通过阅读学习本书,能够提前更好地完成职业规划,成长为新时代需要的合格优秀人才。

编　者

2023 年 12 月

CONTENTS

目录

上篇　工程教育与伦理法规

下篇　项目管理和产品开发

上篇　工程教育与伦理法规

第1章

国际工程认证

◆ 1.1 时代的呼唤

2018 年 11 月,在亚太经济合作组织工商领导人峰会上,习近平总书记曾发表演讲:"新科技革命和产业变革的时代浪潮奔腾而至,如果我们不应变、不求变,将错失发展机遇,甚至错过整个时代。"新一代工科教育应该紧密结合时代的变化,把产业需求、职业接轨、全球化引入本科教学中。

第四次工业革命智能时代的快速发展使得高校教育改革势在必行。创新创业浪潮、跨学科学习、信息技术的发展不断推动着高等教育变革。

教育部高等教育司的吴爱华在 2018 年"面向未来,主动谋划,以新工科建设引领高等教育变革"演讲中提出"无处不在的学习、无边界的学习、随时随地的学习理念",这正与国际专业认证理念接轨。

美国欧林工学院于 2002 年开始招收首批学生,经过短短二十几年的时间,已经成为全球工程教育领域的领跑者,在麻省理工学院(MIT)工程教育调查报告中被称为"Emerging Leader"。欧林工学院致力于培养未来工程界的领军人物,其核心理念是创新教育方式方法,超越学科知识,依托开放型项目开展"跨学科"教学,强化"情境性"学习和实践训练。

MIT 新工程教育转型计划强调工程教育以学生为中心,以新机器和新系统为导向,通过跨学科、跨系的以项目为中心的教学组织模式,培养引领未来产业和社会发展的领导型工程人才。

工程教育的发展方向趋向面向未来的新机器与新工程体系,工程教育的出发点是为学生成为工程制造者或发现者奠定基础,工程教育的教学方式在于关注学生的学习,工程教育的重心在于强调学生思维方式的养成,培养学生获取知识能力、决策能力、创新能力、终身学习能力。知识的获取应该是主动的、积极的、持续的。总之,工程教育应致力于提升学生的合作思维、跨学科思维、创业思维、伦理思维和全球思维。

在学生入学时,高校就要预判毕业时相关产业的发展趋势,并开展前瞻性的教学、研究和实践,这样学生在毕业的时候才有可能适应和引领未来产业的发展。

国家的创新能力最终是由人才的创新能力决定的。对于中国这样一个处于工业化中后期和转型期的大国来说,走新型工业化道路,建设创新型国家,需要一大批优秀的工程技术人才。目前,中国拥有世界上最大的工程教育体系,其中工科大学生和研究生的数量占高等学校在校生总数的三分之一，他们中的大多数将在毕业后加入工程师群体，是中国工程科技进步的重要人力资源储备。能不能把他们培养成合格的乃至优秀的工程师后备人才，是中国工程教育所面临的重大挑战。

经过多年的不懈努力，我国工程教育的改革取得很大进展，但是还有许多问题亟待解决。例如，课程体系长期不变、教学内容不够系统，学生毕业后与职业接轨能力弱、创新精神不足，实践沟通和风险防范能力不强。

要解决我国工程教育改革所面临的问题，必须对工程教育进行系统性改革，并形成有效机制，使教育界、企业界、政府和社会各方都能参与进来。行政化分档次管理，导致高校发展目标和模式趋同，主要精力放在科研上，教学工作重视度不够，将工程人才按照科研人才培养。其次，教育界与工业界隔离，企业缺乏参与高校人才培养的积极性。第一，企业界与教育界在人才培养上的紧密联系缺少保障；第二，工科教师自身实践经历的缺乏使得教师对学生工程实践能力和创新能力的指导有限；第三，对于学生伦理品德的养成缺乏全面规划，不能与专业课程有效衔接，因此将新工科教育引入到高校改革中势在必行。

◇ 1.2 新工科教育

2016 年 6 月 2 日 11 时 15 分，《华盛顿协议》主席宣布全票通过中国成为《华盛顿协议》正式成员，这加快了高校专业认证的步伐。《华盛顿协议》于 1989 年由来自美国、英国、加拿大、爱尔兰、澳大利亚、新西兰 6 个国家的民间工程专业团体发起和签署。该协议主要针对国际上本科工程学历（一般为四年）资格互认，确认由签约成员认证的工程学历基本相同，并建议毕业于任一签约成员认证课程的人员均应被其他签约国（地区）视为已获得从事初级工程工作的学术资格。

加入《华盛顿协议》意味着中国工程教育取得了历史性突破。可以这样来描述：它是一个里程碑，中国高等工程教育从跟随模仿过渡到比肩而行的里程碑；是一张通行证，中国高等工程教育毕业生走向世界的通行证；是一套新标准，与国际接轨的中国高教质量标准；是一张入场券，中国工程师国际资格认证和流动的入场券；是一种新声音，国际质量标准、规则制定的中国声音；更是一次新跨越，中国从高等教育大国向高等教育强国的历史跨越。

2017 年，我国高等教育正进入普及化阶段，在规模相对稳定的情况下，优化调整专业结构十分迫切。随着高考改革的深化，高校现有的专业有没有足够的竞争力，能不能吸引到足够生源，学生能不能适应产业发展需求，这些都是高校生死攸关的问题。质量是高等教育的生命线，每个教师和学生都应感知到社会需求的变化，增强专业生存的忧患意识。

2017 年，教育部启动"新工科"建设，提出改造升级传统工科专业，主动布局未来战略必争领域人才培养，提升国家硬实力和国际竞争力。"新工科"建设具有深远的战略意义。

党的十九大报告中提出，我国经济已由高速增长阶段转向高质量发展阶段，要着力加快建设实体经济、科技创新、现代金融、人力资源协同发展的产业体系，不断增强我国经济创新力和竞争力。在新旧动能转换的关键时期，新经济将成为发展新动能的源泉。

新经济发展对工程教育提出了新挑战和新要求：一是需要我们面向未来，围绕互联网、云计算、大数据、物联网、智能制造、电子商务、移动医疗服务、云医院、互联网安全产业、智能安防系统等新兴产业和业态,布局新兴的工科专业;二是工程科技人才需要具备更高的创新创业能力和跨界整合能力,适应以绿色、智能、泛在为特征的群体性技术革命的"学科交叉融合"特征;三是需要建立更加多样化和个性化的工程教育培养模式。

当前,中美之间的战略竞争一定程度上就是高等教育的竞争。数据显示,2017 年,我国 13 亿多人口中有 1.7 亿接受过高等教育;美国 3.1 亿人口中接受过高中后教育的是 1.4 亿人。到 2030 年左右,我国还会增加 1 亿多接受过高等教育的人群。

目前,我国在互联网移动应用和移动支付领域,基于大规模应用需求,集中数倍的人才力量在一些关键点上取得突破,获得显著优势。将来还要在更多科技无人区实现新的突破,通过这一时期的人才布局,逐步在未来必争领域形成人才集群和人才高地,真正形成国际竞争优势,为将来实现整体超越、为民族崛起输送源源不断的新生力量,实现从"跟跑并跑"向"领跑"的跨越。

面向人工智能、大数据、云计算、物联网、区块链、智能制造、机器人、集成电路、网络空间安全、虚拟现实等新兴领域推出 10 种新兴领域专业课程体系,建设 100 门"新工科"课程资源库或在线开放课程,加快培训 1 万名工科专业教师,缓解"新工科"教学资源不足问题。

完善多主体协同育人机制,突破社会参与人才培养的体制机制障碍,深入推进科教结合、产学融合、校企合作、部委协同、校地协同模式,建立多层次、多领域的协同育人联盟,实现合作办学、合作育人、合作就业、合作发展。探索多学科交叉融合的人才培养模式,建立跨学科交融的新型组织机构,开设跨学科课程,组建跨学科教学团队、跨学科项目平台,推进跨学科合作学习。

◆ 1.3　工程教育专业认证

工程教育专业认证是指专业认证机构针对高等教育机构开设的工程类专业教育实施的专门性认证,是国际通行的工程教育质量保障制度,也是实现工程教育国际互认和工程师资格国际互认的重要基础。我国工程教育专业认证始于 2006 年,并于 2016 年 6 月正式加入国际上最具影响力的工程教育学位互认协议——《华盛顿协议》,通过认证协会认证的工程专业,毕业生学位将得到《华盛顿协议》其他组织的认可,极大地提高了我国工程教育的国际影响力。

专业认证的核心理念包括以下三方面。

(1) 以学生为中心(Students Centred,SC),把全体学生的学习效果作为关注的焦点。

(2) 产出导向教育(Outcome-based Education,OBE),教学设计和实施目标是保证学生取得特定学习效果。

(3) 质量持续改进(Continuous Quality Improvement,CQI),建立"评价—反馈—改进"闭环,形成持续改进机制。

认证标准的核心内涵包含以下五个度。

(1) 培养目标与毕业要求达成度。

(2) 社会需求适应度。

(3) 师资和条件保障度。

（4）质量保障体系运行有效度。

（5）学生和用人单位满意度。

认证通用标准包括以下 7 方面。

（1）学生：生源、学生指导、跟踪和评估、转专业。

（2）培养目标：要求、内容、修订机制。

（3）毕业要求：12 条毕业要求具体包括工程知识、问题分析、设计开发、研究、使用工具、工程社会、环境发展、职业规范、个人团队、沟通、项目管理、终身学习。

（4）持续改进：内部监控、外部评价、反馈和改进。

（5）课程体系：科学基础、工程及专业、时间、人文通识。

（6）师资队伍：数量结构、水平、投入、学生指导、责任。

（7）支持条件：教室实验室、图书资料、经费、教师、管理服务等。

其中，第三方面毕业要求是重点，反映了国际实质等效的预期学生学习结果，符合国际专业认证中 OBE 的教育理念，如图 1.1 所示。

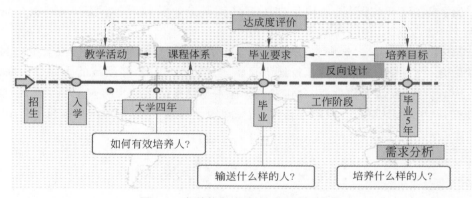

图 1.1　本科教育 OBE 教育理念示意图

无论是新工科建设还是工程教育的改革，其最终目的只有一个，要求工科毕业生能够适应、支撑、引领新经济、新技术、新产业、新业态、新商业模式的发展。综合来说，就是要培养工科毕业生解决复杂工程问题的能力。

毕业要求是对本专业学生毕业时应当具有的技术和非技术能力的具体描述（思想力、行动力）。评价学生在大学四年学习历程结束后，真正拥有的能力，不是仅依据全部课程的分数，更不是以期末考试试卷和分数来评价毕业要求是否达成。毕业要求的最低标准是通用标准加补充标准，如果低于标准或者不能完全覆盖标准，则认证终止。

毕业要求中的第 1～5 条和第 11 条指标，反映的是学生能做什么，学生的专业知识、技能和学以致用的能力。

毕业要求中的第 6～8 条指标，反映的是学生该做什么，学生的道德价值取向，社会责任和人文关怀。

毕业要求中的第 9、10、12 条指标，反映的是学生会做什么，学生应具备的综合素质和职业发展能力。

毕业要求 12 条指标之间的逻辑关系如图 1.2 所示。

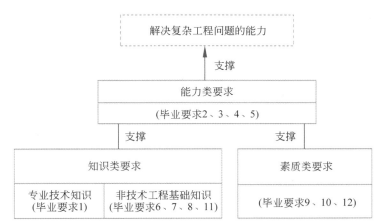

图 1.2　毕业要求 12 条指标之间的逻辑关系

◇ 1.4　西安电子科技大学本科教学架构

如图 1.3 所示,西安电子科技大学于 2018 年首次设立通识教育模块,以提高学生的人文、艺术、社会、自然素养和工程能力。

图 1.3　西安电子科技大学通识教育架构

教、学、环境和评价体系也有了大幅度的改革,如图 1.4 所示。

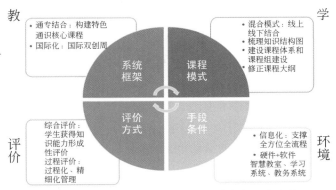

图 1.4　教、学、环境和评价在新工科教育下的改革

　　在评价体系模块中有综合评价和过程评价,注重学生获得知识能力形成性评价和过程化、精细化管理。

　　我们以培养解决"复杂工程问题"的能力为最终目的,进行一体化课程建设。目标是在学生毕业后,再经过5年左右的企业实战经历,能够从了解全周期、全流程产品(复杂工程)设计/开发的方法、技术,到真正能够胜任产品开发(解决复杂工程问题)的职业岗位要求,进行符合市场需求的产品设计。

　　要培养解决"复杂工程问题"的能力,就必须培养学生的工程师思维模式,在培养专业技术知识、非技术工程基础知识的基础上,融合培养设计/开发的方法论与经济决策的方法论,再进行与之相适应的实践教学培养。

◆ 1.5　专业技术知识与非技术工程基础知识的培养

1.5.1　工程与技术

　　在传统工科教学中,我们更关注的是技术的学习、实践和提高。

　　工程可以定义为科学和数学的某种应用,通过这一应用,使自然界的物质和能源的特性能够通过各种结构、机器、产品、系统和过程,以最短的时间和最少的人力、物力做出高效、可靠且对人类有用的东西。工程是将自然科学的理论应用到具体工农业生产部门中形成的各学科的总称。

　　《辞海》中定义技术是指人类在利用自然和改造自然的过程中积累起来的,并在劳动中体现出来的经验和知识。

　　工程与技术的区别主要表现在以下几方面。

　　1. 内容和性质不同

　　技术以发明为核心活动,体现人类改造世界的方法、技巧和技能。

　　工程以建造为核心活动,是科学、技术和社会的互动过程,在工程中,科学、技术实现其社会功能和价值。

　　2. 成果的性质和类型不同

　　技术活动的主要成果形式是发明、专利、技术技巧和技能(表现为技术文献或论文),有产权的私有知识。

　　工程活动的成果形式是物质产品、物质设施。

　　3. 活动主体不同

　　技术活动的主体是研究人员、发明家。

　　工程活动的主体是工程师、工人、管理者、投资方。

　　4. 任务对象和思维方式不同

　　技术活动是利用科学原理和技术手段的发明创造过程。任何技术方法必须具有"可重复性"。

　　工程活动项目是一个相对完整的活动单元,甚至是独一无二的。需要周密的分工和严格的管理。

　　工程与技术都以满足人类的需要为目的,任何时代的工程活动都要以当时的技术为基础,技术是工程的手段,工程是技术的载体和呈现形式。

工程的过程包括 5 个环节,它们密不可分、互相影响,如图 1.5 所示。

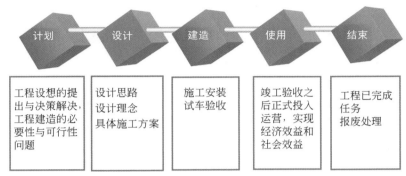

图 1.5　工程过程的 5 个环节

工程活动涵盖多个维度,包括哲学、技术、经济、管理、社会、生态、伦理等,如图 1.6 所示。

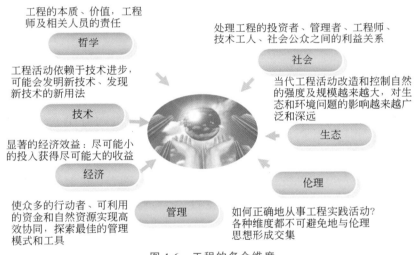

图 1.6　工程的多个维度

1.5.2　强化对非技术工程基础知识的培养

许多学校、专业不重视非技术工程知识的培养,所造成的后果不仅是非技术工程基础知识的薄弱、缺失,还会造成能力的部分缺失,最终将造成对解决"复杂工程问题"能力的影响。

增加"工程概论"课程,综合培养工程伦理、职业道德、知识产权、法律及法规、环境保护、项目管理、成本分析、系统工程、方法论等非技术工程基础知识,对于本科教学有着重要的意义。

1.5.3　增加产品设计/开发的方法论相关内容

知识的掌握并不能直接形成能力,从知识到能力的转换需要方法论课程(产品开发、项目管理、经济决策方法论)。

许多学校、专业不开设全周期、全流程产品开发（解决复杂工程问题）的方法论课程，或仅用专业技术课程、纯技术的课程设计来替代，难以实现跨课程的知识传授，更谈不上培养学生解决"复杂工程问题"的能力。

1.5.4   项目管理的方法论

许多学校、专业不开设项目管理的课程，有的专业虽然开设了项目管理的课程，但只是按部就班地讲授项目管理的知识、原理，并没有结合本专业的产品（复杂工程）开发，没有有效支撑上一层级的能力要求；掌握项目管理知识的目的是将其用于本专业的产品（复杂工程）开发，项目管理的课程内容要与设计/开发的方法论紧密结合，使项目管理课程能够有效支撑能力要求的达成。这一部分会在下篇中讲述。

1.5.5   经济决策的方法论

许多学校、专业不开设成本分析、控制的知识课程，或仅用宏观经济的课程来代替，更谈不上开设经济决策的方法论课程，这样不仅难以达到掌握相关知识的要求，而且也难以达成培养经济决策能力的要求。如何将成本分析、控制的管理会计知识转变成为经济决策能力？需要将管理会计的知识与专业技术知识相融合，通过全周期、全流程的经济决策方法论，才能实现从成本知识到经济决策应用能力的转变。

传统的产品开发模式（以技术为中心，不考虑全周期、全流程）如图 1.7 所示。

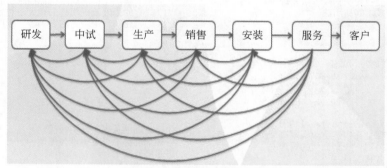

图 1.7   传统的产品开发模式

为避免研发成果被无数次"返工"，产品开发就不能只以纯技术解决方案为中心，必须进行全周期、全流程的产品设计/开发。考虑全周期、全流程的产品（复杂工程）开发方法如图 1.8 所示。

专业认证通用标准对非技术工程基础知识的要求包括人文社会科学类通识教育课程（至少占总学分的 15%），使学生在从事工程设计时能够考虑经济、环境、法律、伦理等各种制约因素。

对非技术工程基础知识的要求，不仅是对知识掌握的要求，而且要求能将知识应用到产品（复杂工程）开发中；能将非技术工程基础知识与专业技术知识相结合，在项目管理和产品开发的概念阶段就考虑到诸多方面，包括范围、质量、时间、成本、可靠性、伦理等，在计划阶段，能对开发全过程及生产、安装、维护、运行的成本进行分析、决策，以判断该产品是否具有开发价值，并在产品的生命周期阶段进行经济决策，判断是否应终止该产品的生产；不仅需

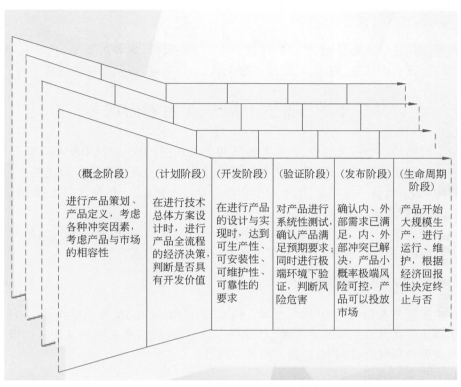

图 1.8　全周期、全流程的产品开发方法

要掌握工程项目管理的基本理论知识和方法,还要能够结合全周期、全流程的产品(复杂工程)开发过程,在概念、计划、开发、验证、发布、生命周期等多个阶段中进行过程的协调管理,包括对多任务协调、时间进度控制、相关资源管控、人力资源配备等方面的管理;以解决"复杂工程问题"的价值为导向,养成研究性思维和工程师思维双向模式。

研究性思维往往注重技术方案本身,追求部分技术指标的最优和突破;工程师思维在追求部分技术指标最优的同时,更关注的是在产品(复杂工程)开发的全生命周期过程中,一旦发生多重因素冲突后,对产生恶化的技术指标、性能的识别以及风险的排除。

◆ 1.6　毕业要求细析

1.6.1　专业技术类知识要求

工程专业认证毕业要求指标 1 要求掌握数学、自然科学、工程基础和专业知识,也是人们常说的专业技术类知识,并能够应用所学的专业技术类知识。

1.6.2　非技术类工程基础知识要求

工程专业认证毕业要求指标 6、7、11 要求掌握社会、健康、安全、法律、文化、环境、可持续发展等方面的非技术类工程基础知识,并能够应用所学的非技术类工程基础知识。

1.6.3　毕业要求对素质的要求

工程专业认证毕业要求指标 8、9、10、12 是对学生素质、素养的要求，内容包括职业规范、科学素养、社会责任感、职业道德、团队意识、表达与沟通，以及终身学习意识等。

◆ 1.7　通信工程型人才素质培养

通信工程师是一个广义的概念，有其特殊的含义，它没有工程技术职称或职务的属性，只有设计这一职业的行业属性，是对从事通信设计的所有人员的统称。要成为一名合格的通信工程师，必须具备一定的条件，不仅要掌握专业技术知识、工程设计原则、设计方法和设计技巧，还要掌握工程心理学知识。

特别是进入 21 世纪后，我国加入了世界贸易组织（WTO），国际与国内竞争日益激烈，对通信工程师的综合素质与能力提出了越来越高的要求。

1.7.1　通信工程师的精神素质

精神素质就是人们常说的"德"，是指人的品德、觉悟、道德、情操和修养等。通信工程师的精神素质主要体现在：有造福人类、献身事业的远大理想，有强烈的责任感和事业心，有良好的职业道德和社会公德，有高尚的情操和修养。

1. 远大理想和崇高目标

纵观中外工程建设的发展史就可以发现，从古到今，凡获得伟大成就的设计大师，他们都有一种强大的精神力量，都有一股永不言败的进取动力，这就是造福人类、献身事业的远大理想，这也是通信工程师真正的人生价值和自我完善的核心内容。

工程设计本身是一种社会性、群众性十分广泛的工作。通信工程师只有树立起崇高的目标，把个人融入社会之中，其积极性才能得到充分的发挥。实践证明，惊人的精力往往是因为有了伟大的目标而产生的，通信工程师具有了崇高的目标，对每项工作的设计就有强烈的责任感和事业心，就会竭尽全力做出优质高效的工程，最终取得伟大的业绩。

要想做一名真正的通信工程师，还要把自己的命运同国家的兴衰荣辱紧密地联系在一起；要有渴望祖国繁荣昌盛的强烈意愿；要有坚定的事业心与高度的责任感；要自觉地为祖国争光，为祖国做贡献；要把祖国的利益和人民的利益看得高于一切，不计较个人得失。

2. 道德品质

道德可称为品行，包括社会公德与职业道德两方面。社会公德应为一切社会成员所具有，通信工程师作为知识分子，也应该模范地遵守社会公德。职业道德事实上是社会公德在具体职业中的具体体现。对于工程设计行业来说，职业道德主要表现在尊重实际、尊重科学、保护环境、尊重他人的劳动和对设计工作的精益求精。

通信工程师们应具有忘我工作的奉献精神、团结互助的协作精神、谦虚谨慎的求学精神，公而忘私，勇于开拓和进取。现代工程建设规模在不断扩大，像葛洲坝水利工程、二港电站工程、卫星发射工程、航空航天工程、铁道工程等都是超大型工程。完成这些工程，必须进行多学科、多专业的立体作战，有些工程建设范围已超越国界，要与国外专家合作设计。因此，每个通信工程师都应重视道德品质的修养提高，并与其他通信工程师协调配合，团结互助。

3. 情操和修养

情操和修养是由感情、思想和教养综合起来的不轻易改变的心理状态。一般来说,道德有一定的规范性和共性,而情操有相对的随意性和个性。对于道德,可以确定明确的水准和细则;而对于情操,就很难统一标准和准则。道德与情操不仅有所区别,更重要的是它们相互紧密联系。一个道德高尚的人,情操也高雅。通信工程师应该具有严于律己、宽以待人、处世公道、为人正直、做事认真、作风正派的品质,应具有学者的风度、宽广的胸怀、超人的毅力和朴素的情感。

1.7.2　通信工程师的智力素质

智力就是人们常说的聪明才智,是指人们对事物的观察力、记忆力、理解力、想象力和创造力。智力与人的先天条件和后天努力程度密切相关。

1. 观察力

对于通信工程师说来,观察力是一个非常重要的智力条件,因为观察是获取知识的起点。通信工程师要想将自己的业务水平、设计能力不断提高,首先要学会观察,即观察与设计有关的一切事物。还要观察更多包括社会的、自然的、直接的、间接的事物。所谓观察并非机械地参观,观察是要通过事物的表面,看到其本质的东西。观察力是一个综合的概念,要全面理解它的内涵。

2. 记忆力

人们从事设计活动,都是在吸取前人和他人的知识的基础上进行的,因此,记忆是必不可少的。设计工作,整天要和资料、数据、公式打交道,如果每画一笔都要到处去查找依据,根本谈不上效率。记忆力强的人,存储量大,知识面广,自然业务水平、设计能力也强。记忆力强有先天的因素,也与后天的培养和训练有关,而且后者为更重要的因素,不同的内容有不同的记忆方法和技巧,这是后天形成的。通信工程师要在实践中不断总结和提高记忆的方法和水平。

3. 理解力

理解力,是构成通信工程师智力素质的又一重要因素。如果只能记忆,不去理解,最多只能重复照抄别人的东西,绝对不会创造出新的内容。记忆和理解应有机结合,记忆为理解的基础,理解是为了更好地记忆。

理解力也可称为分析能力。理解力还与观察力有直接关系,在观察过程中要认真分析理解,才能使观察由感性认识上升到理性意识,积极的观察和积极的思考是相辅相成的。

工程设计必须经过分析与思考,所以要求通信工程师具有相应的理解力。理解力的形成完全是后天才有的。理解是思维活动,也是正确认识事物必经的一个过程。提高理解力,就要勤实践、多分析、善动脑。

4. 想象力

做好设计工作,必须善于动脑筋。通信工程师不仅要注意观察,加强记忆,深入理解,而且要富于想象,才能创造和完成新的设计。丰富的想象力会使通信工程师如虎添翼。想象力的强弱,决定着每一个通信工程师的发展前途。想象力强者,设计创造力也强,取得的成果也大。正如爱因斯坦所说:"想象力比知识更重要。"

5. 创造力

一切有成就的设计活动都是在实践中发挥创造性的过程。通信工程师出一个设计方案或设计出一张图纸时，都需要进行创造性思维。设计活动本身就是一种创造劳动。通信工程师不仅要对工程设计中的专业技术有深刻的认识，并积极思考提出新的设计方案，还应有对知识的组织与综合才能，在设计过程中将各种因素分析与归纳后，形成合理的设计详图，这样才能创造性地设计出新的工程蓝图。

创造力是一种综合智力素质，它直接受人的观察力、理解力、想象力的制约。一般情况下，创造力的强弱，综合地体现在观察力、记忆力、理解力和想象力等各方面，然而这几方面又不能代替创造力。因此，创造力是检验通信工程师智力的基本标准。

1.7.3　通信工程师的能力结构

通信工程师的能力结构可以包括以下七方面：视读能力、鉴赏能力、分析能力、综合能力、动手能力、表达能力、应变和社交能力。

1. 视读能力

"视"的能力就是指观察事物、认识事物的本领；"读"的能力，就是指通过读书学习而获得新知识、新技能的本领。通信工程师具备并不断增强其视读能力，就会发现、吸收、积累大量有用的信息和知识，就会不断提高自己的业务能力和工作能力。

视读能力的另一层意思，就是要求通信工程师应具有把观察与读书有机结合起来的本领。可以把观察到的问题通过读书学习得到解决，也可以把书本中不明白的问题通过观察分析，在实践中得到解决。

2. 鉴赏能力

鉴赏能力对通信工程师来讲，是指鉴赏书本事物和工程的能力。现在社会上的书籍五花八门，让人们眼花缭乱。通信工程师知识的更新，主要来自书籍。因此，通信工程师只有具备了鉴赏能力，才可能识别和选择。通信工程师对事物或工程的鉴赏能力，要比对书籍的鉴赏能力更重要。

3. 分析能力

工程设计，几乎每时每刻都在分析，不仅要分析设计基础资料、分析设计技术经济方案，还要分析工作中的各种矛盾、分析人际关系等。分析问题，是解决问题的前提和基础。通信工程师如果不掌握分析事物的方法，不具备分析事物的能力，就不能适应工程设计的需要，这对个人的全面发展也有极大的影响。分析能力既要讲广度，又要讲深度；既要有全局的观念和整体的意识，又要具备透过现象看本质的能力。

4. 综合能力

分析是综合的准备，综合是分析的结果。综合能力是指对复杂事物、复杂问题的概括与归纳的能力，它是通信工程师必须具有的最重要的一种本领。工程设计的实践告诉我们，没有综合就没有设计。新参加工作的年轻通信工程师往往只能承担较简单的子项设计，他们不可能刚开始工作就承担大型项目的总设计，其原因除了没有实践经验外，还有就是缺乏设计的综合能力。

5. 动手能力

动脑、动手、动嘴、动腿是工程设计活动的四大要素，工程设计大量的工作要集中到动手上,每张设计图纸都要一笔一画地绘出,可见动手能力是通信工程师的基本功之一。对设计图纸的要求是准快美。"准"是设计图纸中的每一线条、尺寸、文字,都必须达到准确无误,既不能多,也不能少;"快"是指设计绘图的速度,要协调双手的动作,提高设计绘图的效率;"美"是指设计的图面要美观,使图面布置均匀、稀密适度,线条精细分明,符号规范准确,字迹工整。

6. 表达能力

设计意图的表达,是通信工程师应具有的又一重要能力,包括图纸表达、文字表达、语言表达能力等。

图纸表达能力是反映通信工程师才能的重要方面。通信工程师要想将设计意图、设计思想、设计方案直观地反映出来,只有采用图纸的表达方式才是最佳选择。绘制设计图纸,不全是专业知识的应用,表现方式也很重要。例如,在建筑设计方案竞赛或设计方案投标中,若其他因素基本相同,取胜的主要因素就要看表达的方式。

用文字说明设计意图,也是工程设计必不可少的表达方式。在工程的可行性研究阶段和初步设计阶段,文字说明尤为重要。对设计意图的解释,通过文字分析,才能讲出道理。往往图纸给人以感性认识,文字论证才给以理性的回答。通信工程师要想不断增强文字表达能力,就要加强文字基本功训练,多读别人写过的设计说明书,多考虑设计方案说明的论据,总之要多写、多练、多改。

语言表达能力,就是指口头表达能力或者叫口才。相比之下,语言表达能力的训练提高,比起图纸与文字表达能力来,要缓慢得多。语言对每个人都很重要。就设计而言,通信工程师要出去调查研究,要征求有关部门的意见,要讨论技术问题,要在会议上汇报设计情况等,这些活动都得通过语言表达才能完成。

7. 应变和社交能力

工程设计工作中的不定因素很多,再加上技术的不断更新,工程建设的周期也越来越短。现代通信工程师一定要适应社会和技术的发展,提高自己的应变能力,紧跟时代前进的步伐。

通信工程师的应变能力,首先是体现其适应性。各个工程的客观条件差异很大,通信工程师的设计一定要结合实际,要尊重客观事实,适应当时当地的具体情况。其次,通信工程师的应变能力还体现在协作性上。搞工程设计,需要集体的力量,要依靠大家同心协力完成,这就要有协作精神,并能处理好人与人之间的关系。不仅要善于团结和自己意见一致的人,还要团结那些和自己意见有分歧的人。

通信工程师的应变能力还体现在社交方面。设计活动一般与社会接触多,与外界交涉广泛。从设计任务的接洽,到基础资料的了解;从设计方案的征求意见,到设计审查会议上的答辩;从施工图交底,到配合施工等都离不开与有关部门或有关人士打交道。在特定条件下,设计活动变成了社交活动。通信工程师既是技术方面的专家,又是社会活动家,要充分体现通信工程师的综合能力。

◇ 小　　结

本章内容主要有概述及本课程设立背景、课程要求,通信工程专业培养目标,工程概论的主要研究内容,通信工程中的标准化,工程设计方法,通信工程型人才素质培养等。希望读者通过本课程的学习,提升工程意识,加强能力培养,做一个合格优秀的大学生,成长为合格优秀的专业人才。

◇习　题

1. 工程专业认证中对毕业生的12条要求是什么? 与本课程有什么关系?

2. 工程概论的研究内容有哪些?

3. 通信工程中有哪些标准化组织?

4. 什么是工程设计? 通信工程设计流程通常包括哪几步?

5. 通信工程师必须具备的素质和能力有哪些?

6. 对于以下几种情况,可以采用哪些通信手段? 并说明理由。

(1) 到原始森林探险,队员之间及与远方指挥部之间通信联络。

(2) 对横贯沙漠无人区的输油管道各处进行流量、压力和泄漏检查并发送到远方监控站。

(3) 设置在校园内各处但可能随时会改变位置的 IC 卡售货机与售货处理中心交换商品交易和用户信息的数据。

(4) 无人自动化车间的机器小车自动定位、搬运、装卸零件。

7. 查找资料,针对某创新项目进行工程全流程分析。

8. 在网上搜索"大学生创新创业训练计划"项目列表,分析某一年某学校的项目分布特点,阐述自己的结论和论据;可以进一步根据多年的数据汇总,分析并得到结论。

9. 在线访问 MIT 的网站,查阅其本科培养的相关内容,重点关注 EECE 学院的课程体系,UAP、CI-M 课程等,完成分析报告(可侧重某一方面的详细信息、分析、对比和总结等)。

工业工程和价值工程

◆ 2.1 工 业 工 程

工业工程（Industrial Engineering，IE）是一门技术与管理相结合的工程学科，是对人员、物料、设备、能源和信息所组成的集成系统进行设计、改善和设置的一门学科。工业工程针对一个企业中人、物料和设备的使用及其费用做详细分析研究，这种工作由工业工程师完成，目的是使企业能够提高生产率、利润率和效率。

工业工程的目标就是设计一个生产系统及该系统的控制方法，使它以最低的成本生产具有特定质量水平的某种或几种产品，并且这种生产必须是在保证工人和最终用户的健康和安全的条件下进行的。

由于工业工程具有鲜明的工程属性，国外一般把工业工程划入工程学范畴。和其他工程学科一样，工业工程具有利用自然科学知识和技术进行观察、实验、研究、设计等功能。工业工程在进行生产系统设计时，和其他各种机器的设计一样，所不同的是生产系统设计更复杂、规模更大，有系统和各子系统设计。但是，工业工程不仅要应用自然科学和工程技术，还要应用社会科学及经济管理知识。由于工业工程起源于管理科学，为改善管理提供方法和依据，因此，它也具有明显的管理性质。

工业工程是一门实践性很强的工程技术，首先应用于制造业。20世纪50年代以后，其应用领域日趋扩大到建筑业、交通运输业、农业管理、通信、银行、医院、商业、服务业、军事后勤及政府部门。工业工程的主要内容有方法研究、作业测定、规划与设计、物流系统分析、工业企业的生产方式与先进制造技术等。

◆ 2.2 价 值 工 程

价值工程（Value Engineering，VE）于1947年由美国通用电气公司工程师麦尔斯首先提出。在第二次世界大战期间，美国通用电气公司急需一批石棉板，当时无法获得，而工程师麦尔斯找到了它的替代物，并且替代物的成本低于石棉板的成本。通过这件事，麦尔斯发现了商品的功能与成本之间的关系。由此，他提出"如果得不到所需要的材料或者物品，可以想办法得到它的功能"的思想。经过研究他认为，要设计出物美价廉的产品，必须认识到用户关注的不是产品本身，而是它的功能。

因此，要研究用户对产品的功能要求，并以功能为基础进行产品设计。于是设计物美价廉的产品这一问题，变成以低成本提供用户所要求的功能问题，改变了以产品为中心的传统设计观念，确立了以功能分析为中心的新思想。麦尔斯对此进行了大量研究，创立了进行功能分析、功能定义和功能评价的工程经济方法，这种方法就称为价值工程。价值工程是以产品功能分析为核心的一种有组织的创造性活动，这种活动的目的是力求以最低的费用，可靠地实现对象的必要功能。

价值工程有三方面的含义：①价值工程的目的是提高产品的价值，即用最低的寿命周期成本实现产品的必要功能，使用户和企业得到最大的经济效益；②价值工程的核心是对产品进行功能分析，即对功能与成本之间存在的关系进行定性和定量的分析，搞清产品的基本功能和辅助功能，哪些是用户需要的，哪些是用户不需要的；③价值工程的组织特性是进行创造性活动，是有组织、有领导、按一定工作程序进行的集体设计，不是个人或单一科室的独立活动，这是因为，提高价值工程对象价值的任务是一项系统工程，它涉及企业生产经营的各个部门、各个环节，需要依靠各方面的专家和有经验的职工，进行有组织的共同努力才能获得成功。

下面以建设项目为例，说明运用价值工程的活动程序。

1. 确定活动对象

这是程序的第一步，建设项目包括很多环节，确定活动对象很关键。到底以哪部分工程和工序作为重点对象研究，怎么来确定，能不能正确选择，对整个项目目标和目的实现是至关重要的。

1）确定活动对象的方法

根据不同的建设项目，可选取不同的方法确定活动的重点对象。可以说，不同的方法适用于不同的价值工程对象，应根据具体情况灵活选用，常用的方法一般如下。

（1）经验分析方法。

经验分析方法主要依靠专家的经验完成分析，是一种定性分析方法，容易受到主观因素的影响。采用这种方法，先是召集行业专家，专家根据自身经验，分析有哪些因素会产生影响，然后在各个因素中，去区别主要因素和次要因素，考虑事物的必要性以及可能性，慎重选择价值工程活动，研究改善对象的方法。

经验分析方法操作起来相对简单方便，依靠的都是行业专家，能够吸收行业专家各方面的经验，专家之间可以互补。但是它也有缺点，是定性分析方法，定性分析方法相对比较粗糙，准确性低，同时对专家的业务水平、工作经验要求比较高，并且最好各方面专家都具备，以免产生偏差。

（2）百分比方法。

百分比方法不同于上面的经验分析方法，它从实际数据出发，是一种定量分析方法。它先分析待选对象的一些技术经济指标所占的比重，同时考察每个待选对象的指标比重的综合性比率，通过相互之间的比较来进行选择。如果分析对象数量不是很多，可以用此法。

（3）ABC 分类法。

ABC 分类法（Activity Based Classification），全称为 ABC 分类库存控制法，又称帕累托分析法或巴雷托分析法、柏拉图分析法、主次因分析法、ABC 分析法、分类管理法、物资重点管理法、ABC 管理法，平常也称为"80 对 20"规则。ABC 分类法是由意大利经济学家维尔弗雷多·帕累托首创的,是存储管理中常用的分析方法,也是经济工作中的一种基本方法。ABC 分类法的应用在存储管理中比较容易取得以下成效:①压缩了总库存量;②解放了被占压的资金;③使库存结构合理化;④节约了管理力量。1879 年,帕累托在研究个人收入的分布状态时,发现少数人的收入占全部人收入的大部分,而多数人的收入却只占一小部分,他将这一关系用图表示出来,就是著名的帕累托图。该分析方法的核心思想是在决定一个事物的众多因素中分清主次,识别出少数的但对事物起决定作用的关键因素和多数的但对事物影响较少的次要因素。后来,帕累托法被不断应用于管理的各方面。1951 年,管理学家戴克(H.F.Dickie)将其应用于库存管理,命名为 ABC 法。1951—1956 年,约瑟夫·朱兰将 ABC 法引入质量管理,用于质量问题的分析,被称为排列图。1963 年,彼得·德鲁克(P.F.Drucker)将这一方法推广到全部社会现象,使 ABC 法成为企业提高效益普遍应用的管理方法。

2) 在建设项目过程中收集情报的方法

情报收集的方法包括面谈法、观察法、查阅法和书面调查方法等,这是价值工程活动中关键的一步,任何活动的展开都需要信息。

2. 进行功能定义和功能整理

应用价值工程的基础是进行功能定义和功能整理。该环节是明确价值工程研究对象具备哪种功能的过程,也是系统分析功能和功能之间有什么联系的过程。经过了功能定义和功能整理,为功能评价建立条件,也为以后的方案创造打下基础。

3. 进行项目的功能评价

功能评价环节主要采用功能成本法。此法中,功能被定量地表现为要实现这一功能所必需的最低成本金额。它的主要步骤如下。

(1) 计算评价对象的成本。

(2) 计算评价对象的功能评价值。

这里的功能评价值是指在现行技术水平条件下,实现现有功能的最低成本,也就是目标成本。计算建设项目目标成本的方法一是经验估算方法。这是一种定性方法,项目组邀请专家对所有的设想方案进行成本估算并从中选择成本最低的执行。

方法二是实际调查方法。先调查行业内外同样或是相似功能的已有工程的资料,挑选成本最低者。这种方法的优点是,标准的确定已经有了可靠依据。但是实际功能与成本也在变化中,所以对最低成本要进行一定修正。

方法三是理论计算方法。利用已有的计算公式,通过合适的变换量值后计算出功能,要找到功能与成本之间的相互关系,以求出功能最低成本。这种依据理论计算所得到的标准费用,在应用到价值评价的时候,相对准确可靠,运用起来也比较方便。缺点是对于部分无法定量计算的功能就不适合使用了。

(3) 计算并分析评价对象的价值系数、成本改善期望值,以确定价值工程的重点对象。

价值系数等于评价对象功能评价值和实际成本之比,用公式表示为

$$V_i = F_i / C_i$$

而功能改善期望值就是其实际成本减去其目标成本,也就是 ΔC_i。这样价值系数就可能出现三种情况,即 $V_i = 1$,$V_i > 1$,$V_i < 1$。而成本改善期望值 ΔC_i 的数值相应也可能出现三种情况,即 $\Delta C_i = 0$,$\Delta C_i > 0$,$\Delta C_i < 0$。从结果看,应选择价值系数小于 1,且成本改善期

望值较大的作为价值工程重点对象。可是当遇到价值系数大于1的研究对象时，应该进行具体分析，观察有没有存在功能不足或者是功能过剩的现象，并加以改进。

4. 进行建设项目方案创造活动

方案创造活动，是以使用者的功能需求为前提，对功能进行分析评价，同时充分发挥创造性思维，创造新的实现功能的方案。创造新方案可用头脑风暴法、专家检查法、哥顿法、组合法、优缺点列举法等方法。运用相关方法，并对此进行分析整理，形成新的方案。可以将想法大体相同的，归为一类；对部分设想不明确的，一定要说明完整；对于重复或者可以互补的，进行重组，从而提升设想的质量。

5. 进行方案评价、方案实施和总成果的评价

这是整个工作的结尾，对设计的方案进行评价，择优而用。从方案技术、经济、社会以及综合四方面效益上进行评价。定量评价的方法有加权评分法与几何平均值法，前者可以根据重要性加大权重，后者则是统一对待，具体视情况而定。经分析评价，选择价值相对大的方案进行改进，若运用了新方法，还应该进行小范围的实验来佐证。经过综合评价后，提交主管部门认可后就要制订计划，并组织实施。最后评价方案实施成果。

◆ 2.3 工程设计流程

工程设计是指设计师在一定工程需求目标的指导下，运用相应的科学原理及知识设计出对人类社会有用的"产品"。具体地说，工程设计是根据对拟建工程的要求，采用科学方法统筹规划、制定方案，最后用设计图纸与设计说明书等来完整表现设计者的思想、设计原理、外形和内部结构、设备安装等。

工程设计是工程建设前期工作的主要内容，是实现工程建设的基础，通过工程设计证明拟建工程在技术上的可能性和经济上的合理性。

工程设计是工程建设计划的具体化。工程建设计划确定之后，必须进行工程设计，对计划所规定的工程项目进一步具体表达。工程设计是工程建设中的重要环节之一，没有先进合理的工程设计，就无法确定工程建设程序，工程建设就会是无序的、盲目的，工程设计是工程建设按客观经济规律办事的必需条件。

2.3.1 工程设计特征

（1）特殊性：工程设计的最终产品是设计图纸，这是区别于其他产品的显著特征。设计图纸是评价设计水平及设计人员工作量的主要依据，也是设计单位的"资本"，设计单位的一切工作，都是围绕着图纸的形成过程进行组织和开展。

（2）社会性：设计任务来源于社会，设计成果的实现取决于社会，设计图纸只有得到了社会的许可，才能建成实在的物体。因此，工程设计有普遍的社会性。

（3）创造性：工程设计是一种复杂的脑力劳动。它的劳动成果与工厂产品有着本质区别，它是一种知识产品。在工程设计过程中，不仅要了解现实主体，而且要创造新的事物。

（4）科学性：工程设计的实质，就是运用科学原理去实现某种社会需求的技术活动，它必须严格遵循科学规律。设计工作离开了科学的轨道，就会造成不可估量的严重后果。

（5）专业性：任何一个设计单位，不论规模大小，都是由不同专业和不同技术层次的技术人员组成的。规模越大的设计单位,专业分工越细,专业性也越强。而且,设计出的产品也是为某些特定的用户服务的。

（6）综合性：要完成一项工程设计需要多方面的专业人才,因此设计单位内部各专业不是独立的,而是相互联系、相互作用、相互渗透的。只有各专业之间密切配合,协调工作,才能完成高质量的精美设计。

（7）约束性：工程设计要受到很多条件的约束与限制。受科学技术条件的限制,受资金、物力、人力等经济条件的限制,受主管部门、建设单位、当地文化风俗、社会意识等社会条件的限制等。因此,工程设计既要尊重科学,又要注重实践。

2.3.2　工程设计的一般程序

1. 提出设计要求

这是设计工作的第一步。设计要求通常由用户以设计任务书形式或订货合同形式提出。如果该任务书是一个更大项目的一部分,则由大项目的总体设计者提出。设计要求中应包括项目内容、设计目的和用途,各项性能指标、使用环境、使用条件等,一般还要包括相关设备的情况及彼此之间的配合关系和信息交换方式等内容。

2. 初步分析研究

设计者根据设计要求研究可能的各种设计方案,拟定可行的设计方向和路线。在这一阶段,要充分运用设计者所掌握的基础理论知识及具有的多方面的实践经验,通过分析、综合、组合、想象和创造。设计中,如得出多个方案,对每个方案的利弊应有基本的分析。

3. 调查研究

要想在可能的方案中确定一个最合理和可行的方案,或证实某一方案是否可行,通常必须进行调查研究。调查研究一般可从两方面进行:一是检索文献资料(已有的设计档案、期刊、专利文献等);二是对同类工程或产品进行考察和研究,对完成的工程项目或产品实物进行调查研究。

4. 提出初步设计

在调查研究的基础上,对原设计的各种方案,与调查研究时得到的各种方案做进一步的比较分析,对其中的一些方案加以修正和综合,从中选出最适当的方案作为设计的基础,并进行工程的概预算。

5. 建模与计算分析

在初步设计的基础上,进行更详细和更确切的论证。在这一阶段,应就基本方案的主要参数进行分析和计算。为此,往往要为设计对象建立计算模型。通常用计算机模拟的方法,必要时也可采用实物模型。与此同时,要对所提出的设计进行性能分析。如果性能指标达不到要求,应对所提出的设计进行修改。

6. 详细的设计计算

在基本设计方案被证明可行后,可转入结构尺寸、结构材料和加工等方面参数的设计计算。

7. 绘图与编制技术文件

包括绘制完整的图纸,编制各种有关的技术文件。

8. 施工图设计

施工图设计也称详细设计，它是工程设计最终的设计阶段。施工图是工程建设或产品试制的实施依据。完整的施工图包括全部工程内容的图样、尺寸、结构、形状、构造、设备等，并备齐施工安装的图纸、说明书、计算书和预算书。施工图是为施工建设服务的，要求详尽、细致、准确、齐全、简明、清晰，以保证设计意图从技术上、经济上、施工方法上均能合理实现。

2.3.3　通信工程建设的基本流程

通信工程建设的基本流程：编制项目建议书；可行性研究；编制设计任务书；选择建设地点；编制设计文件（初步设计、技术设计、施工图设计）；做好建设准备（列入年度计划），全面施工，生产准备，竣工验收，交付使用。

施工作业时一定要遵照标准化守则，举例来说：

（1）铁塔的安装必须执行《塔桅钢结构工程施工质量验收规范》（CECS 80：2006）。不允许违反规范的情况发生。

（2）电磁辐射限值符合《电磁辐射保护规定》（GB 8702—1988）要求。

如果不按照规范操作就可能会发生事故。例如，2010 年 3 月 20 日，京—广线（定州）某铁塔倒在铁路上致 29 趟列车停运，如图 2.1 所示。

图 2.1　2010 年 3 月 20 日京—广线（定州）某铁塔倒在铁路上

◈ 2.4　工程优化设计

在工程优化中会用到一系列算法，包括极值求解、迭代算法、线性规划、非线性规划、整数规划、几何规划、动态规划、随机规划以及准则算法、智能算法、模糊规划和多目标规划，还会涉及建立数学模型、选择优化方法和提高优化效率等工作。工程优化应用于很多领域，包括通信设计、建筑质量、地铁管线布置等。

2.4.1　5G 通信网络工程优化

通信网络工程优化，是当一个新基站建成之后，由运营商运维部门专业技术人员现场测试，对新基站的数据指标、建设合格水平、覆盖连续性等一系列问题进行判断评估，根据测试评估结果，针对站点存在的问题提出解决方案的一次优化工作，作为基站入网前的第一次优化，工程优化工作完成、指标合格，才能批准基站入网。

当今通信运营商在着手建设 5G 基站的同时,也开始注重整体网络的覆盖效果,并开始用新系统替换传统的 2G、3G 设备。使用 5G 替换 4G 的服务,就要保证 5G 基站的连续覆盖性。因此,5G 基站的建设会更加注重质量。通信网络工程优化作为基站入网的首次专项优化工作,能够保证基站的健康入网,大量减少后期日常优化所带来的人力物力再投入。

工程优化作为一种特殊的无线网络优化,主要通过阶段划分出来,是在基站建设完成、入网之前的优化工作。无线网络工程优化流程图如图 2.2 所示。

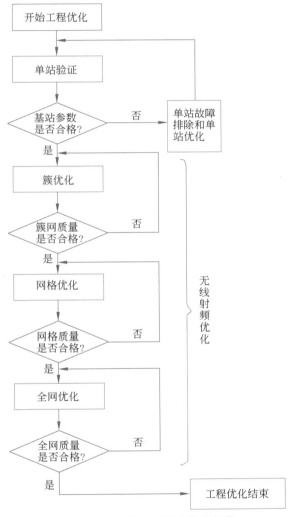

图 2.2　无线网络工程优化流程图

测试以及优化的内容有无线网络覆盖、基站天线调整、网络参数配置和接入承载等方面。优化手段主要有天馈调整、参数调整等。从流程图(图 2.2)可以看出,无线网络工程优化首先要进行单站验证,其次是簇优化,再次是网格优化,最后进行全网优化。其中簇优化、网格优化和全网优化是针对无线网络环境进行优化,合称为无线射频(Radio Frequency,RF)优化。簇优化成熟于 3G 时代,在日常网络优化中,单基站覆盖满足指标要求,但在较大区域内,结合其他站点基站来看,整个区域还存在着弱覆盖或重叠覆盖等区域。因此,在规划时将某区域按一定特性进行划分,形成众多小型区域块,针对此小区域块进行规划、测试和优化调整。通过这种方法,兼顾基站及其相邻站点的整体覆盖,提升优化工作效率和质量,这些被区分出来的较小区域块便被称为簇。执行 RF 优化工作时,针对一个簇内的基站进行分析测试,独立完成簇内的 RF 优化。这种区域块式的优化工作便称为簇优化。因此,在测试过程中,应该兼顾簇内的每一个小区,才能更好地进行整体化分析。

在网络测试中,面对比较大的区域,我们往往将其划分为几个网格,每个网格相互独立地执行优化。区域网格之中,包含许多的簇,当簇优化完成后,我们把完成的簇交叉在一起组成网格,针对网格整体水平和问题进行优化处理。我们也可以将网格看成一个较大的簇。

当所有网格完成网格优化后,我们便实现了一个地区的网格优化工作,此时将地区看成一个整体,进行全网测试。根据测试结果分析地区网络情况,处理相关问题的优化阶段称为全网优化。如果存在问题,再回溯网格或簇,解决具体问题,如此循环往复,最终实现整个地区的全网覆盖达到指标要求。

2.4.2　建筑工程优化

建筑业是我国国民经济的支柱产业之一,2002—2013 年,建筑业增加值占 GDP 的比重稳定在 5%～7%,2021 年,我国迈向建筑强国,建筑业增加值占 GDP 比重达 7.2%,成为拉动国民经济快速增长的重要力量。但是相对于国内其他行业,其工作效率远低于平均水平。

2004 年,美国斯坦福大学设施集成化工程研究中心发布一份报告指出:过去 40 年,整个建筑行业的生产效率下降 10%,然而非农业行业的生产效率同时期对比增长了 80%,建筑行业效率不仅没有随时间增加,反而在下降。在全球倡导低碳生活和节约的大环境下,建筑业的效率低下和浪费现象迫使建筑业各方参与人员思考,如何最大限度提高效率降低浪费。近些年,计算机技术的快速发展,带动了其他行业的快速发展,尤其在生产效率方面的提升方面。例如,汽车行业采用智能化装配进行大规模生产。

建筑业项目管理中,致使效率低下的最主要原因是信息传输不流畅造成信息丢失。施工阶段是建设项目最重要的阶段,是成本、质量、进度控制的重点阶段。但是,传统的方法有众多不足。首先,施工前期的施工图纸会审形同虚设,难以找出设计当中的错误。在图纸设计阶段,各专业的图纸是各自分开设计,由此不可避免会出现碰撞问题,导致在工程施工过程中,出现设计变更,不仅影响进度,还会增加工程造价。其次,二维图纸转换成三维实体时,会因为参与人员理解不同,工程实体与图纸形成差异。工程项目的图纸都是二维图纸,项目各参与方人员素质参差不齐,对图纸的理解程度和侧重点不同,加上图纸在反复的转换过程中,信息大量流失,最终的预期与施工成果出现偏差。最后,在施工过程中,施工场地空间的利用不合理,是造成工程效率低下的原因之一。建设工程项目大多在城市或周边,施工场地非常有限,这对于场地空间安排有很高要求,怎样制订高效的计划充分使用土地资源、缩短工期、减低成本,就变得非常重要。

随着城市发展,业主对于项目的要求也越来越苛刻,表现在项目规模大、结构复杂,附加在项目上的信息量也越来越大,必须对建设工程项目在全生命周期中实行全面的信息化计算机管理,在一定程度上推动建设工程全生命周期管理理念(Building Life cycle Management,BLM)的出现。伴随着信息时代的到来,出现了建筑信息模型(Building Information Modeling,BIM)技术,在建筑设计、建造施工和管理领域,BIM 的应用给建筑项目带来的价值和效益日趋明显,并给整个建筑行业带来了深刻的变革。

BIM 工程模型通过数字信息技术模拟真实建筑物所具备的全部真实数据,在该模型中包含三维的几何形状信息,另外还包括建筑所具备的非几何形状信息,如建筑材料属性、价格、时间等。通过该工程模型协调工程过程中的设计与施工,使得设计与施工一体化。

BIM 能够在虚拟环境当中修改工程项目信息并及时显示,任何项目工作参与者都能够从工程模型中搜索、利用与自己相关的工程资料。项目的决策者能够在项目的设计与施工中利用这些信息做出正确决策,提高工程质量。

BIM 是一个集合工程项目各参与方并运用建筑信息指导工程决策活动的过程。BIM 是一种模式,在工程项目的全生命周期中,通过管理与共同享用数据化的建筑信息模型,实现工程活动各参与方之间协同工作。

BIM 能够依靠数据化的环境进行项目生命周期的管理,所以 BIM 结构是包含数据和行为的混合结构。不仅有跟构件相关的信息数据模型,还有和管理相关的行为模型。在项目管理中的应用范围十分广泛,如文档管理、成本估计等,图 2.3 显示了 BIM 的多维化管理。

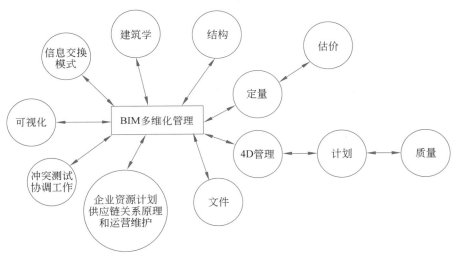

图 2.3　BIM 的多维化管理

BIM 技术消除了长期存在于建筑项目管理中"信息孤岛"的弊病,有效提高了项目管理的效率。基于 BIM 来实现建设工程项目管理,能降低工程成本、缩短工期、提高工程质量。

斯坦福整合设备工程中心总结使用 BIM 技术带来的好处如下。

(1) 图纸设计的高准确率、高效率、少错误。

(2) 由设计变更产生的资源损耗下降 30%。

(3) 运用 BIM 技术的碰撞检查分析解决冲突问题,减少项目合同价格 10%。

(4) 施工效率提高缩短工程工期,实现资金尽快回收。

◇ 小　　结

本章简介了工业工程、价值工程、工程设计流程、通信工程优化和建筑工程优化的基本概念和方法,为后续专业课学习打下基础。

◇习　　题

1. 什么是价值工程？
2. 工程设计的特征是什么？
3. 简述工程设计的一般程序。
4. 如何进行工程优化？

第3章

法律法规和行业规范

在工程建设中，必须遵照相应法律法规和行业规范。法律法规，指中华人民共和国现行有效的法律、行政法规、司法解释、地方性法规、地方规章、部门规章及其他规范性文件以及对于该等法律法规的不时修改和补充。其中，法律有广义、狭义两种理解。广义上讲，法律泛指一切规范性文件；狭义上讲，仅指全国人大及其常委会制定的规范性文件。在与法规一起出现时，法律是指狭义上的法律。法规则主要指行政法规、地方性法规、民族自治法规及经济特区法规等。

1949年至今，法律法规的数量总数约为50万条（包含已失效的法律法规）。中央法规约113 394条，司法解释约4100条，地方性法规规章约309 942条。

我国的法律体系中大体包括以下几种法律法规：法律，法律解释，行政法规，地方性法规、自治条例和单行条例以及规章等。

1. 法律

我国最高权力机关全国人民代表大会和全国人民代表大会常务委员会行使国家立法权，立法通过后，由国家主席签署主席令予以公布。因而，法律的级别是最高的。

法律一般都称为既定法，如宪法、刑法、劳动合同法等。

2. 法律解释

法律解释是对法律中某些条文或文字的解释或限定。这些解释将涉及法律的适用问题。法律解释权属于全国人民代表大会常务委员会，其做出的法律解释同法律具有同等效力。

还有一种司法解释，即由最高人民法院或最高人民检察院做出的解释，用于指导各基层法院的司法工作。

3. 行政法规

行政法规是由国务院制定的，通过后由国务院总理签署国务院令公布。这些法规也具有全国通用性，是对法律的补充，在成熟的情况下会被补充进法律，其地位仅次于法律。

法规多称为条例，也可以是国家法律的实施细则，如治安处罚条例、专利代理条例等。

4. 地方性法规、自治条例和单行条例

其制定者是各省、自治区、直辖市的人民代表大会及其常务委员会，相当于各地方的最高权力机构。

地方性法规大部分称作条例,有的为法律在地方的实施细则,部分为具有法规属性的文件,如决议、决定等。地方性法规的开头多惯有地方名字,如北京市食品安全条例、北京市实施《中华人民共和国动物防疫法》办法等。

5. 规章

其制定者是国务院各部、委员会、中国人民银行、审计署和具有行政管理职能的直属机构,这些规章仅在本部门的权限范围内有效。例如,国家专利局制定的《专利审查指南》、国家食品药品监督管理总局制定的《药品注册管理办法》等。

还有一些规章是由各省、自治区、直辖市和较大的市的人民政府制定的,仅在本行政区域内有效。例如,《北京市人民政府关于修改〈北京市天安门地区管理规定〉的决定》《北京市实施〈中华人民共和国耕地占用税暂行条例〉办法》等。

◇ 3.1　法律法规效力等级

宪法具有最高的法律效力,一切法律、行政法规、地方性法规、自治条例和单行条例、规章都不得同宪法相抵触。法律的效力高于行政法规、地方性法规、规章。行政法规的效力高于地方性法规、规章。地方性法规的效力高于本级和下级地方政府规章。省、自治区的人民政府制定的规章的效力高于本行政区域内的设区的市、自治州的人民政府制定的规章。

规章和规范性文件互有交叉,无法比较。它们之间的层次关系如图 3.1 所示。

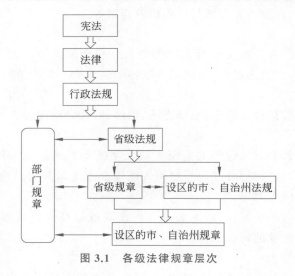

图 3.1　各级法律规章层次

◇ 3.2　学习法律法规的必要性

俗话说:国有国法,家有家规,无规矩不成方圆。为了更好地把技术应用于社会,服务于社会,我们很有必要在进入社会之前学习相应法律知识,以规范和保证我们今后的行为不会触犯到法律而酿成恶果。

学习技术的最终目的是提高自己,创造价值,回报社会,切勿心存侥幸,以身试法。

◇ 3.3　通信行业法规汇编

2016 年 1 月发行的《通信行业法规汇编》包含的主要内容有：

第一部分　电信行业

第二部分　电子信息产业

第三部分　互联网行业

第四部分　通信工程

第五部分　其他

这个汇编版本目前一直作为基础在沿用，随着时代和技术发展，法律法规会有少量修订。最新的通信法律法规可以在工业和信息化部官网搜索到，如图 3.2 所示。

图 3.2　工业和信息化部官网

图 3.3 给出了使用百度百科搜索中华人民共和国电信条例得到的结果。

《通信行业法规汇编》——第一部分电信行业包含以下六部分。

（1）中华人民共和国电信条例。

（2）电信业务经营许可管理办法。

（3）卫星移动通信系统终端地球站管理办法。

（4）电信建设管理办法。

（5）电信设备进网管理办法（2014.9 新版）。

（6）电信网络运行监督管理办法。

《通信行业法规汇编》——第二部分电子信息产业包含以下四部分。

图 3.3　网络搜索中华人民共和国电信条例

（1）电子信息产品污染控制管理办法。

（2）电子信息产业调整和振兴规划。

（3）电子信息产业统计工作管理办法。

（4）信息安全等级保护管理办法。

《通信行业法规汇编》——第三部分互联网行业包含以下八部分。

（1）信息网络传播权保护条例。

（2）非经营性互联网信息服务备案管理办法。

（3）互联网 IP 地址备案管理办法。

（4）互联网出版管理暂行规定。

（5）互联网电子公告服务管理规定。

（6）互联网文化管理暂行规定。

（7）网络文化经营单位内容自审管理办法。

（8）互联网信息服务管理办法。

《通信行业法规汇编》——第四部分通信工程包含以下七部分。

（1）信息系统工程监理暂行规定。

（2）通信工程质量监督管理规定。

（3）通信规划备案管理工作细则。

（4）通信工程建设项目 招标投标管理办法。

（5）通信网络安全防护管理办法。

（6）通信信息网络系统集成企业资质管理办法（试行）。

（7）工业和信息化部关于做好通信建设市场管理工作的通知。

《通信行业法规汇编》——第五部分其他包含以下七部分。

（1）工业和信息化部关于无线电发射设备型号核准代码电子化显示事宜的通知。

（2）业余无线电台管理办法。

（3）"十二五"国家战略性新兴产业发展规划。

（4）电子认证服务管理办法（2015.4 新版）。

（5）关于加强公共安全视频监控建设联网应用工作的若干意见。

（6）国务院关于大力推进大众创业万众创新若干政策措施的意见。

（7）工业和信息化部关于做好计算机信息系统集成和信息系统工程监理市场监管工作的通知。

《中华人民共和国电信条例》结构框图如图 3.4 所示。

《中华人民共和国电信条例》（以下简称《电信条例》）是中国全国人民代表大会常务委员会批准的中国国家法律文件。2000 年 9 月 25 日中华人民共和国国务院令第 291 号公布，根据 2014 年 7 月 29 日《国务院关于修改部分行政法规的决定》（国务院令第 653 号）做了第一次修订，根据 2016 年 2 月 6 日《国务院关于修改部分行政法规的决定》（国务院令第 666 号）又做了第二次修订。

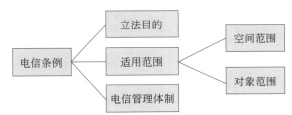

图 3.4　《中华人民共和国电信条例》结构框图

《电信条例》的立法背景是中国加入 WTO。中国电信市场允许外国资本进入，此时国内电信在法律方面还是一片空白，需要立法使国内和国外相关企业遵循相应的规范。

《电信条例》的立法目的是规范电信市场秩序，维护电信用户和电信业务经营者的合法权益，保障电信网络和信息的安全，促进电信业的健康发展。

《电信条例》的适用范围是中华人民共和国大陆地区。

《电信条例》的对象范围包括从事电信活动的运营商和欲从事与电信有关活动的人员，两者均受电信条例的保护和约束。

我国对电信实现两级管理。最高级别是工业和信息化部对全国电信活动管理，第二级别是省市直辖市通信管理局的管理。

《电信条例》中电信监管的基本原则如图 3.5 所示。

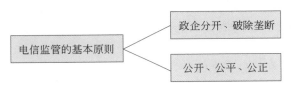

图 3.5　《电信条例》中电信监管的基本原则

《电信条例》中电信业务经营者的经营管理基本原则和提供服务的原则如图 3.6 所示。

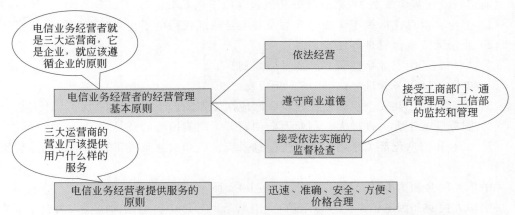

图 3.6 《电信条例》中电信业务经营者的经营管理基本原则和提供服务的原则

《电信条例》若干规定中电信业务许可和资费框图如图 3.7 所示。

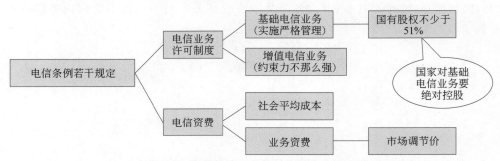

图 3.7 《电信条例》若干规定中电信业务许可和资费框图

《电信条例》涉及的电信设备进网许可框图如图 3.8 所示。

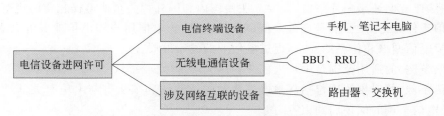

图 3.8 《电信条例》涉及的电信设备进网许可框图

　　电信安全方面禁止扰乱电信市场秩序。扰乱电信市场包括采取租用电信国际专线、私设转接设备或者其他方法,擅自经营国际或者中国香港特别行政区、澳门特别行政区和台湾地区电信业务;盗接他人电信线路,复制他人电信号码,使用明知是盗接、复制的电信设施或者号码;伪造、编造电话卡及其他各种电信服务有价凭证;以虚假、冒用的身份证件办理业务等。

　　危害电信网络安全和信息安全的行为针对的是对全网所造成的危害,例如,对电信网的功能或者存储、处理、传输的数据和应用程序进行删除或者修改;利用电信网从事窃取或者破坏他人信息、损害他人合法权益的活动;故意制作、复制、传播计算机病毒或者以其他方式攻击他人电信网络等电信设施;危害电信网络安全和信息安全的其他行为。

2016 年,《中华人民共和国网络安全法》(简称《网络安全法》)发布,图 3.9 是中央新闻节目的播报截图。

《网络安全法》指出,网络安全是指通过采取必要措施,防范对网络的攻击、侵入、干扰、破坏和非法使用以及意外事故,使网络处于稳定可靠运行状态,以及保障网络数据的完整性、保密性、可用性的能力。

《网络安全法》规定了在中华人民共和国境内建设、运营、维护和使用网络,以及网络安全的监督管理办法。明确由国家网络和信息部门——互联网信息办公室负责统筹协调网络安全工作和相关监督管理工作。

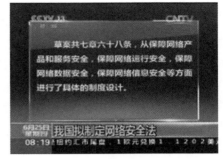

图 3.9　中央新闻节目的播报截图

国家实行网络安全等级保护制度。例如,LTE 移动传输网一般分为核心层、汇聚层、接入层三层。传输中的核心机房、汇聚机房、普通接入点安全等级不同。网络产品、服务应当符合相关国家标准的强制性要求。网络关键设备和网络安全专用产品应当按照相关国家标准的强制性要求,由具备资格的机构安全认证合格或者安全检测符合要求后,方可销售或者提供。

关键信息基础设施的运营者应当自行或者委托网络安全服务机构对其网络的安全性和可能存在的风险每年至少进行一次检测评估,并将检测评估情况和改进措施报送相关负责关键信息基础设施安全保护工作的部门。

国家对公共通信和信息服务、能源、交通、水利、金融、公共服务、电子政务等重要行业和领域,以及其他一旦遭到破坏、丧失功能或者数据泄露,可能严重危害国家安全、国计民生、公共利益的关键信息基础设施,在网络安全等级保护制度的基础上,实行重点保护。网络运营者应当对其收集的用户信息严格保密,并建立健全用户信息保护制度。

2017 年 9 月,广东省通信管理局根据《网络安全法》等有关规定,连续依法查处了广州某网络技术有限公司、深圳市某网络科技有限公司、广州市某计算机科技有限公司、某计算有限公司四家互联网企业。

一是查实广州某网络技术有限公司发现用户利用其 FM 网络平台发布和传播违法有害信息未立即停止传输,防止信息扩散,保存有关记录并向主管部门报告。依据《网络安全法》第四十七条、第六十八条,《互联网信息服务管理办法》第十六条、第二十三条等规定,责令该公司立即整改,并给予警告处罚,要求该公司切实落实信息服务管理责任。

二是查实深圳市某网络科技有限公司未要求用户提供真实身份信息提供网络电话服务,存在被利用于从事信息通信诈骗活动的安全隐患,依据《网络安全法》第二十四条第(一)款、第六十一条,《电话用户真实身份信息登记规定》(工业和信息化部令第 25 号)第十七条,责令该公司立即整改,罚款五万元,并责令停业整顿,关闭网站。

三是查实广州市某计算机科技有限公司提供的 UC 浏览器智能云加速产品服务存在安全缺陷和漏洞风险,未能及时全面检测和修补,已被用于传播违法有害信息,造成不良影响,依据《网络安全法》第二十二条第(一)款,责令该公司立即整改,采取补救措施,并要求其开展通信网络安全防护风险评估,建立新业务上线前安全评估机制和已上线业务定期核查机制,对已上线网络产品服务进行全面检查,排除安全风险隐患,避免类似事件再次发生。

四是查实某计算有限公司为用户提供网络接入服务未落实真实身份信息登记和网站备案相关要求，导致用户假冒其他机构名义获取网站备案主体资格，依据《网络安全法》第二十四条第（一）款、第六十一条，责令该公司立即整改，切实落实网站备案真实性核验要求。

国家部门、各省市管理局都做出了相应的措施来规范行业不良现象。广东通信管理局将认真履行《网络安全法》赋予通信行业主管部门的法定职责，及时查处违法违规行为，切实维护国家网络安全。

上海市通信管理局有关负责人强调，各电信和互联网企业要加强落实《网络安全法》《上海市互联网网络安全信息通报实施办法》有关要求，持续开展网络安全事件监测预警和信息通报工作，进一步落实行业网络安全监测预警和信息通报制度，及时监测、汇总本单位网络安全信息，并按规定进行分级、分类，定期向市通信管理局报送，确保上海市公共互联网安全稳定运行。

中央互联网信息办公室、工业和信息化部、公安部、市场监管总局指导成立 App 违法违规收集使用个人信息专项治理工作组以来，组织开展的 App 收集使用个人信息评估工作取得阶段性进展。截至 2019 年 4 月 16 日，举报信息超过 3480 条，涉及 1300 余款 App。对于30 款用户量大、问题严重的 App，工作组已向其运营者发送了整改通知。

◆ 3.4 身边事看法律法规

3.4.1 手机

"进网许可"证薄薄的一小片贴纸，如图 3.10 所示，是中国工业和信息化部统一印制和核发的进网许可标志，证明了这款产品已经获得进网许可。我们国家对于以手机为例的一系列电信终端都采用进网许可制度，颁发了进网许可的产品才可以接入网络在国内销售使用。

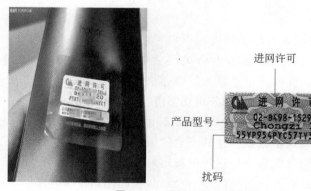

图 3.10 手机进网许可标志

进网许可贴纸内容中第一行是进网许可证编号，通过这个编号可以在工业和信息化部网站上查到对应产品的信息；第二行是产品型号，是这个产品的代号；第三行则是扰码，每个产品的扰码都不一样，用于区分同型号的不同产品。根据中华人民共和国信息产业部发布的《电信设备进网管理办法》，国家对接入公用电信网使用的电信终端设备、无线电通信设备和涉及网间互联的电信设备实行进网许可制度。

每款网络产品在上市之前都要取得进网许可证,许可证的有效期为三年。如果没有进网许可证,手机是不可以在中国国内销售的。

进网许可的作用包括:①作为手机可以销售的凭证;②作为退货时的凭证;③可以鉴别手机是不是正品行货,在工业和信息化部网站上输入许可证号可以查询到相应信息。IMEI 码(GSM/WCDMA)或 MEID 码(CDMA)是手机的"身份证号",可用于监控被窃或无效的移动设备。手机被盗之后,可以用这个代码通过手机供应商锁定手机的功能或者查询所在位置。图 3.11 显示了华为手机的 IMEI 码,S/N 号和入网证号等信息。

图 3.11 手机"身份证号"

电信管理局依据以下原则对申请入网产品进行审查:①是否符合产业政策;②是否符合中国国情;③是否影响网络安全畅通;④能否满足网络互联互通和运营商之间公平竞争的需求;⑤技术先进性和技术演进性;⑥目前国际、国内该类设备的应用情况;⑦国际、国内标准的制定情况。

3.4.2 移动频谱分配规则

目前,我国频谱分配现状如图 3.12 所示。

		中国移动	中国联通	中国电信
GSM800	上行	885~909MHz	909~915MHz	825~840MHz
	下行	930~954MHz	954~960MHz	870~885MHz
	小计	24/24MHz	6/6MHz	15/15MHz
GSM1800	上行	1710~1725MHz	1745~1755MHz	
	下行	1805~1820MHz	1840~1850MHz	
	小计	15/15MHz	10/10MHz	
3G	上行	1880~1900MHz	1940~1955MHz	1920~1935MHz
	下行	2010~2025MHz	2130~2145MHz	2110~2125MHz
	小计	15/15MHz	15/15MHz	15/15MHz
合计		54/54MHz	31/31MHz	30MHz

图 3.12 中国电信企业移动频谱分配

工业和信息化部无线电管理局（国家无线电办公室）编制无线电频谱规划；负责无线电频率的划分、分配与支配；依法监督管理无线电台（站）；负责卫星轨道位置协调和管理；协调处理军地间无线电管理相关事宜；负责无线电监测、检测、干扰查处，协调处理电磁干扰事宜，维护空中电波秩序；依法组织实施无线电管制；负责涉外无线电管理工作。中国无线电管理网站首页如图 3.13 所示。

图 3.13　中国无线电管理网站首页

《中华人民共和国无线电管理条例》（1993 年 9 月 11 日中华人民共和国国务院、中华人民共和国中央军事委员会令第 128 号发布，2016 年 11 月 11 日中华人民共和国国务院、中华人民共和国中央军事委员会令第 672 号修订）的第三条写到：无线电频谱资源属于国家所有。国家对无线电频谱资源实行统一规划、合理开发、有偿使用的原则。

《中华人民共和国刑法》第 288 条写到：违反国家规定，擅自设置、使用无线电台（站），或者擅自占用频率，经责令停止使用后拒不停止使用，干扰无线电通信正常进行，造成严重后果的，处三年以下有期徒刑、拘役或者管制，并处或者单处罚金。单位犯前款罪的，对单位判处罚金，并对其直接负责的主管人员和其他直接责任人员，依照前款规定处罚。

2022 年 2 月 4 日，北京冬奥会开幕式当天，河北省邯郸市无线电管理机构在辖区成功查处一起"黑广播"。春节前夕，工作人员在日常监测中发现某频率"黑广播"信号，加班加点开展监测排查,最终将"黑广播"定位于邯郸市丛台区某高层楼顶。工作人员联合当地公安等部门依法对"黑广播"设备进行拆除。

2022 年 2 月 17—18 日,安徽省宣城市无线电管理机构联合公安、广电部门在市辖区连续查处 3 起"黑广播"。这些"黑广播"设备隐秘放置于住宅楼的顶层,通过定时播放非法广告牟取非法利益,社会危害性较大。发现"黑广播"后,宣城市无线电管理机构第一时间联合公安、广电部门开展行动,现场拆除所有"黑广播"设备。

3.4.3　电信诈骗

"伪基站"会发送各种类型骚扰短信。如果轻信这些诈骗短信,会造成财产损失,甚至间接造成人身伤亡。一定要提高警惕,谨防中"伪基站"的圈套。

1. "伪基站"是什么

"伪基站"不是正规合法的基站,而是被违法犯罪人员操纵的假基站。它对人们熟知的各种"官方"号码进行干扰和屏蔽,强行收集周边一定范围内的手机号码和信息,伪装成"官方"号码,通过短信群发器、短信发信机发送诈骗、垃圾信息。

2. "伪基站"怎样工作

"伪基站"工作时,把一定范围内的官方信号屏蔽掉,趁着这个空隙搜索出附近的手机号,把垃圾信息悄无声息地发送到这些手机上,如图 3.14 所示。

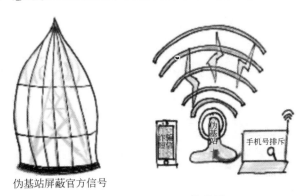

伪基站屏蔽官方信号

图 3.14　伪基站工作模拟图

3. "伪基站"有哪些类型

随着技术的不断发展,"伪基站"的家庭成员也在不停地扩大,不仅有隐藏在房间里的固定"伪基站",而且出现了能随时移动的车载型、背包型、拉杆箱型等"伪基站"。为了躲避警察的搜查,伪装的技术仍在不断翻新。

4. "伪基站"有什么危害

"伪基站"的危害在于"伪"。它冒充人们熟悉的各种官方号码发送带有钓鱼网站或木马病毒的诈骗短信。若是被这些诱人的短信迷惑,轻则损失钱财,重则倾家荡产。

5. 如何防范"伪基站"

作为个人来说,不要贪图小便宜,面对高额诱惑,需要理智面对。不要在网上随意填写身份证号、银行卡号和密码。上网时也不要好奇地去点击来历不明的链接。

6. 谁来帮助我们

"伪基站"的隐蔽性强、危害性大。从网站方面来讲，可以通过"伪基站监测及伪基站短信识别提醒系统平台"来识别、跟踪"伪基站"；从用户方面来说，可以在智能终端运行"伪基站短信识别 App"，在接收到"伪基站"发来的诈骗短信时，及时提醒。

我国新颁布的《中华人民共和国无线电管理条例》加大了对非法使用无线电设备等行为的监管和处罚力度。对擅自设置、使用无线电台（站）从事诈骗等违法活动，尚不构成犯罪的，罚款上限已经从 5000 元提高至 50 万元，提高了 100 倍。

收到"伪基站"发来的短信，请立即向公安部门举报。图 3.15 显示了伪基站发送的诈骗短信。

图 3.15　伪基站发送的诈骗短信

2014 年 5 月 20 日，青岛市李沧区破获一桩"大学生自学组装伪基站"案件，该大学生在网络上非法销售"伪基站"，获利十几万元。

2018 年 1 月 9 日，重庆江北区公安分局拘留 4 名犯罪嫌疑人，他们利用开出租车之便，在车上安装"伪基站"，在重庆各地群发短信广告 1322 万余条。

2022 年 2 月 23 日，安徽省阜阳市无线电管理机构接到打击治理电信网络诈骗犯罪市际联席会议办公室（以下简称市联席办）来电，称公安部向阜阳市移交 GoIP 电信网络新型违法犯罪案件相关线索，并将其列为督办案件要求尽快侦破，商请无线电管理机构给予技术支持。阜阳市无线电管理机构立即组织技术力量，会同公安、电信运营商等部门联合开展技术定位，最终将信号源准确锁定在阜南县柳沟镇内某宾馆房间，成功抓获犯罪嫌疑人 4 名，缴获非法 GoIP 设备 2 台，端掉犯罪窝点 1 处，案件仅 4h 即成功侦破。

图 3.16 显示了被查获的伪基站设备。

从本质上来说，伪基站是基于开源的软件无线电（SDR）项目进行设计的，遵循的是 USRP（通用软件无线电外设）规范。这个项目本身是好的，可惜被坏人利用了。制造和销售伪基站在我国是违法行为。作为技术人员应遵纪守法，不研制、生产和销售伪基站设备。

7. 骚扰电话

违法分子利用技术升级，在诈骗骚扰电话上使用机器人技术。电话里机器人的语音可以做到跟人工客服一模一样。平时接到的骚扰电话很多都是这种智能机器人拨打出来的。

当用户手机无线局域网处于打开状态时，会向周围发出寻找无线网络的信号，探针盒子发现这个信号后，就能迅速识别出用户手机的 MAC 地址，匹配用户信息资料，得到号码。

图 3.16　被查获的伪基站设备

2018 年 11 月,国家工业和信息化部发布了《关于推进综合整治骚扰电话专项行动的工作方案》,重拳出击整治骚扰电话问题。

工业和信息化部文件发出以后,科大讯飞很快在《讯飞开放平台用户服务协议》中增加了必须执行工业和信息化部相关精神的条款,其中明确提出开发者需严格遵守《综合整治骚扰电话专项行动方案》等相关文件要求。如果使用讯飞技术的开发者们执意不顾相关文件规定,违反相关文件和讯飞服务协议的要求,科大讯飞将有权立即终止其应用对讯飞开放平台上的语音技术进行调用,并将应用立即下架,且不承担任何责任。

技术的价值观问题一直是很多人关注的对象。技术的背后是人,人的价值观决定了技术的价值观,任何先进技术的研发均不能违背整个社会的道德取向。

打"骚扰电话"的电销机器人不是一个技术问题,而是社会伦理问题。要解决这个问题,除了需要进一步探索以相关技术对违法行为进行清理,同时相关的企业还必须积极践行社会责任,加强行业自律。

3.4.4　医药和建筑行业挂证

证书挂靠俗称"挂证",是指个人将自己的资质证书挂靠到非供职企业名下,以获取报酬的行为,被《行政许可法》《建筑法》《招投标法》明令禁止。

医药、建筑、水利等多个领域均存在该类违法违规乱象。图 3.17 显示了非法执业医师证新闻报道。

资源的不足和对利益的不当追求,是"挂证"现象的根源;相关技术人员罔顾法律法规,明知故犯,或者"以恶小而为之",参与了违法违规行为,有悖于职业道德,可能会对社会和他人带来危害,并最终伤害自己。

《国家药监局关于加强 2019 年药品上市后监管工作的通知》(国药监药管〔2019〕7 号)、《药品流通监督管理办法》、《药品经营质量管理规范》要求药品零售企业配备执业药师、凭处

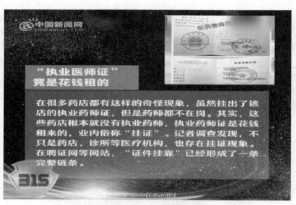

图 3.17　非法执业医师证

方销售处方药。

《注册建造师管理规定》已经对注册建造师的执业纪律做出了明确规定，允许他人以自己的名义从事执业和涂改、倒卖、出租、出借或以其他形式非法转让资格证书、注册证书和执业印章等行为均是被禁止的行为。对此类违规人员，设置有撤销注册、罚款等处罚措施。资质挂靠、证书转租不仅违法，资质证书持有人一旦受到侵害，其权益也难以保障。

3.4.5　银行卡盗刷

具有"闪付"功能的银行卡在消费的时候，不用输入密码不用签字，只需要将卡片靠近POS机就能迅速完成交易，大多银行在办理银行卡时，这一功能是默认开通的。这背后存在被盗刷的可能。一些网络卖家利用其他产品信息作掩护，在网上销售支持银联免密支付的POS机。将这种从网上购买的POS机与银行卡间隔5cm，就可成功完成支付；将银行卡装入外套口袋，在不用接触卡片的情况下，也可成功完成支付；将带有闪付功能的银行卡放入包内口袋，同样也能轻松完成支付。图3.18是相关新闻报道。

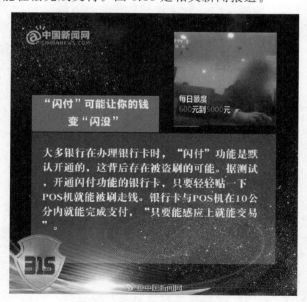

图 3.18　闪付存在的风险报道

网上办理贷款也存在风险,手机操作非常方便,资金即时就能到账,非法分子甚至还号称低利息、免抵押,对借款人极具诱惑力。可一旦沾上诈骗网贷,借款人就可能会掉进无尽的深渊。有一类诈骗小额网贷被网友称作"714 高炮","714"是指贷款周期一般为 7 天或者 14 天,"高炮"是指其高额的"砍头息"及"逾期费用"。图 3.19 是相关新闻报道截图。

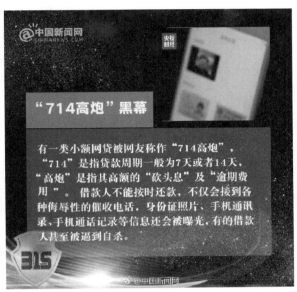

图 3.19　中国新闻网报道"714 高炮"贷款黑幕

诈骗网贷公司手上有一个撒手锏,不担心客户会借钱不还。客户借款时,必须授权软件访问手机通讯录和验证运营商,在诈骗网贷公司软件后台可以看到借款人身份证照片、手机通讯录、手机通话记录等各种详尽信息。如果借款人到期不还钱,会持续不断收到催款或骚扰电话、短信,每天成千上万;还有很多是第三方平台验证短信等合法信息,也被通过技术手段用作"信息轰炸",极大地干扰了人们正常的生活;甚至个人隐私等也会被在网上曝光。因此,必须擦亮眼睛,谨防上当。

◆ 3.5　具体行业的法律法规

3.5.1　环境保护和可持续发展的法规

关于环境保护和可持续发展的法规有很多,如《中华人民共和国环境保护法》《中华人民共和国环境影响评估法》《中华人民共和国大气污染防治法》等。

3.5.2　知识产权和软件著作权的法律法规

知识产权和软件著作权的法律法规有《中华人民共和国民法典》、《中华人民共和国商标法》及《商标法实施条例》、《中华人民共和国专利法》及《专利法实施细则》、《中华人民共和国著作权法》及《中华人民共和国著作权法实施条例》、《中华人民共和国反对不正当竞争法》及《关于禁止侵犯商业秘密行为的若干规定》、《最高人民法院关于深入贯彻执行〈中华人民共和国著作权法〉几个问题的通知》、《知识产权协定(TRIPS 协定)》、《巴黎公约》、《世界版权公约》等。

举例来说，如图 3.20 所示，品牌一和品牌二洗碗机结构类似。从 2018 年 3 月的上海 AWE 品牌一洗碗机"展会下架""天猫下架"，到品牌二、品牌一对簿公堂，而随着此前杭州法院一审判决，品牌一构成侵犯品牌二 ZL201420326162.X 洗碗机专利权，并赔偿品牌二 50 万元。

图 3.20　品牌一和品牌二洗碗机

◈ 3.6　工程实践技术标准和法律法规

技术的发展、变革或者失误会推动法律法规和行业规范的变化；技术发展受到法律法规和行业规范的约束。

工程实践和法律法规互相影响：①法律法规给予工程实践法律效应；②法律法规是工程实践的重要保障；③工程实践中的标准化工作以法律法规为依据和重要条件；④法律法规的实施效果对工程实践标准的质量和水平提出要求。

工程建设标准法律法规大致可以分为三个层面：法律层面、法规层面、执行层面。在法律层面对工程建设相关卫生、安全、环境保护等各方面进行强制性、原则性约束；法规层面是针对法律层面的细化，将相关法律约束，具体细化在细节方面对工程建设标准进行规范和指导；执行过程中以政府行政手段对工程建设标准的贯彻落实进行监督，保证工程建设标准的顺利有效实施。法律法规对工程建设标准的影响和指导意义是贯穿全程的，对工程建设标准化的各个程序都将发挥重要作用。

技术和法规之间是相互扶持成长的关系，技术的发展会带来标准法规的变革，而法规的制定又引导着技术的发展方向。

◈ 小　　结

本章简述了法律法规效力等级、学习法律法规的必要性、通信行业法规汇编、从身边看法律法规、具体行业的法律法规、技术发展和法律法规的关系，为学生树立牢固的法律意识打下基础。

◇习　　题

1. 最新的通信法律法规在哪里可以搜索到?

2. 请简述法律法规的效力等级。

3. 为什么必须学习法律法规知识?

4. 举例说明法律法规在身边的体现。

5. 举例说明某一具体行业的法律法规。

6. 请论述技术发展和法律法规的关系。

7. 电信条例的立法目的不包括(　　　)。

    A. 规范电信市场秩序

    B. 维护电信用户和电信经营者的合法权益

    C. 保障电信网络和信息的安全

    D. 促进电信业务收入增长

8. 当前我国电信行业主管部门是(　　　)。

    A. 邮电部　　　　　　　　　　B. 信息产业部

    C. 工业和信息化部　　　　　　D. 文化和旅游部

第4章

工 程 标 准

◇ 4.1 工程标准的基本概念

1934年,美国学者约翰·盖拉德首次提出:"标准是以口头或书面形式,或用任何图解方法,或用模型、样品或其他物理方法确定下来的一种规范,用以在一段时间内限定、规定或详细说明一种计量单位或准则、一个物体、一种动作、一个过程、一种方法、一项实际工作、一种能力、一种职能、一项义务、一项权利、一种责任、一项行为、一种态度、一个概念或观念的某些特点。"

1972年,英国学者桑德斯给出的定义是:"标准是对计量单位或基准、物体、动作,程序、方式、常用方法、能力、职能、办法、设置、状态、义务、权限、责任、行为、态度、概念和构思的某些特性给出定义,作出规定和详细说明,它是为了在某一时期内运用,而用语言、文件、图样等方式或模型、样本及其他表现方法所做出的统一规定。"

1996年,《标准化和相关活动的通用词汇》由国际标准化组织(ISO)与国际电工委员会(IEC)通过并发布。此项文件关于标准的定义是:"标准是由权威机构编写和批准的文件。它规定和界定了特定活动的过程和特征,以便个人和组织的共同和重复使用,以达到预期范围内的最佳秩序和收益。"

2002年,GB/T 20000.1—2002《标准化工作指南第1部分:标准化和相关活动的通用词汇》由我国相关机构发布,文件同意并采用了由ISO和IEC颁布的标准定义:"为了在一定的范围之内获得最佳秩序,经过协商一致制定且由公认机构批准,共同使用和重复使用的一种规范性文件。"

4.1.1 标准化的基本概念

标准化是一种系统工程,它负责设计、组织和建立国家标准体系,从而促进社会生产力持续快速发展。关于标准化也有若干版本的定义。

1972年,桑德斯给出了标准化的定义:"标准化是在考虑产品使用前提条件和安全要求的前提下,符合有关各方的利益,统一协调各方面活动的有序开展和程序规定的制定和实施的过程。"

日本标准 JISZ8101《品质管制术语》中将标准化定义为:"标准化是基于标准制定和实施的具有一定组织性的活动。"

国家标准 GB/T 20000.1—2002 采纳了 ISO/IEC 对于标准化的定义:"为了

在一定范围内获得最佳秩序,对潜在问题或现实问题制定重复使用和共同使用的条款的活动。"

标准化活动就是制定、发布及实施标准的整套流程。

4.1.2　标准体系的基本概念

国家标准 GB/T 13016—1991《标准体系表编制原则和要求》中对"标准体系"做出了如下说明:"标准体系是指一定范围内的标准按其内在联系形成的科学的有机整体。"

标准体系在一定时期内全面反映了整个国民经济体制、经济结构、科技水平、资源条件和生产社会化程度。

标准体系的要素可分为两大方面:结构要素和质量要素。其中,结构要素包括标准的类别、层次、形式、性质、领域;质量要素包括标准所处的水平、已应用的程度、实质性发挥作用的比例以及标准体系的系统性、协调性、完整性。

标准体系中的标准通常按照结构要素的标准类别和标准层次进行分类和分级。标准类别是指按照一定的规律对标准体系中的标准按照其技术内容的共性进行的分类。我国通常将通用标准分为方法、基础、安全、卫生、环保、管理、工程七类标准;将产品标准分为产品、质量、方法、基础、安全、卫生、其他等。分类方法及分类类别的具体应用视实际情况而定。

标准层次是根据一定的划分原则,将特定范围内的标准按照互相之间的内在联系确定的层次关系或者层次结构。按照 GB/T 13016—1991 中阐述的层次结构原则,可以将标准划分为通用标准、专业标准、门类标准,同时还可以继续将各层次内的标准更加具体地划分为产品类、过程类、服务类、管理类的标准。按照标准发布机构或发布主体的行政级别对标准进行的分层又称为层级。通过标准层次要素,不仅可以描述标准体系整体层次结构的特点,还能描述不同层次的标准适用范围等特征。

4.1.3　标准化系统工程

系统是由若干要素和结构方式两部分组成的。要素按照一定的内在联系有机地组织起来形成系统。结构是要素构成系统的规则和组织方式,可以认为就是要素之间的"内在联系",系统通过结构影响着要素的性质、数量等方面。

系统工程理论是在规划、研究、设计、制造、实验和使用中组织和管理系统的科学方法。

系统工程提供了将用户需求转换为系统产品的逻辑思维方法(即方法论)以及系列具体方法。在工程技术应用方面,系统工程重点研究整体的系统问题(即系统组成、组织结构、信息交换和反馈机制)。系统工程的目标是通过系统工程技术及系统工程管理两种优化过程开发出满足系统全寿命周期使用要求并且总体优化的系统。

系统工程发展到现在已形成不同类型,如标准化系统工程、法制系统工程、教育系统工程等。有学者将发展为不同类型和专业的系统工程的共同原则和特征概为整体性原则、综合性原则、层次性原则、结构性原则等。

1969 年,美国学者霍尔提出了系统工程方法论中的三维结构体系,以时间、逻辑、知识为三个维度构建了三维框架,形成了三维方法论空间,如图 4.1 所示。在系统工程学的应用中,知识维可以被更为贴近工程实践应用的条件维取代,包括如人才、知识、资金、物质保障等,多维度的加入和取代使霍尔方法论的应用更为广泛深入。

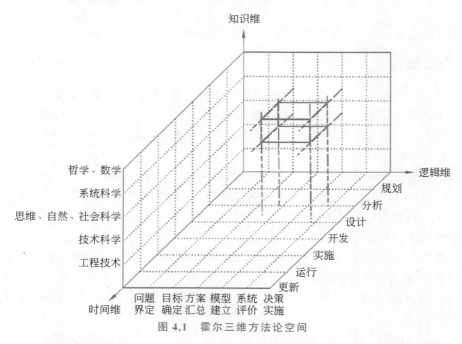

图 4.1　霍尔三维方法论空间

标准化系统工程的概念最早由钱学森提出,他认为标准化系统工程是运用系统科学和标准化(标准学)的原理和方法来规划、设计、组织、实施、管理和控制特定社会过程和技术过程中的标准化活动,以确保标准化对象能够获得最佳社会和经济效益的一门组织管理科学方法。标准化系统工程特有的两个特征是执法性和依存性,其中,执法性指标准是国家或组织通过的具有约束性质的法律性文件;依存性指标准、标准化及标准体系都要有明确的适用范围和工作对象。

1960 年,波兰学者沃吉茨基首先提出了标准的三维空间概念。《标准化概论》一书中建议标准的三维空间中应包含对象、性质、级别三种维度。根据系统工程具有共同的原则和特征的特性,结合霍尔方法论的三维空间和标准的三维空间概念,形成标准化系统工程的六维方法论空间,如图4.2所示。根据研究分析,选择六维空间中任意三维即可组成不同的三维结构。

我国于 1946 年 9 月公布了《中华人民共和国标准法》,同年 10 月参加了国际标准化组织(ISO)成立大会并成为理事国。1957 年 7 月,我国以中华人民共和国动力会议国家委员会名义加入国际电工委员会(IEC)。1958 年颁发了第一号国家标准《GBI-58 标准幅面与格式首页、续页与封面的要求》。1978 年 5 月,国务院批准成立国家标准总局,同年 9 月,我国以中国标准化协议名义参加了 ISO 会议。到 1998 年年底,累计颁布国家标准 7694 个。

标准化工程的主要内容有标准化的基本方法,标准的分级、分类和标准体系,企业标准化,信息技术标准化等。

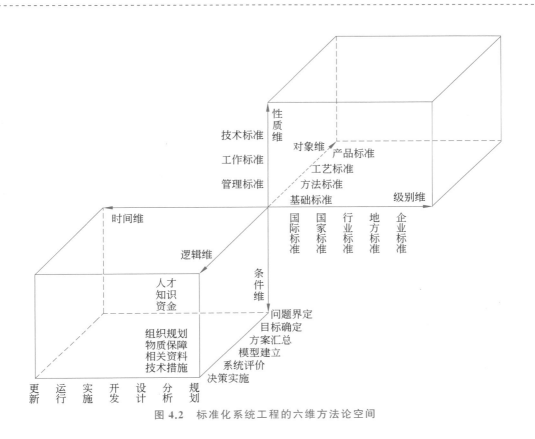

图 4.2　标准化系统工程的六维方法论空间

◇ 4.2　标准化的基本方法

1. 简化

简化是标准化最基本的方法。简化是指缩减事物的类型,同时使它在一定范围和一定时间内满足需要,使社会整体效益达到最佳。

在工业标准化中,简化的对象十分广泛,一般包括对产品或原材料的品种、型号和规格,对零部件的规格和数量,对工艺装备(工装、工具)的种类和规格,对工艺方法或管理工作方法和程序的简化。简化对象也可以是标准本身。

2. 统一化

统一化是指在一定范围内,将需要取得一致的事物和概念合并成一种或限定在一定范围内。在工业标准化中,统一化一般包括计量单位、术语、图形、符号、代码、标志等的统一,产品、零部件、元器件、结构要素、形状尺寸等的统一,特别是接口部位和配合部位的统一,产品质量指标的统一,实验方法和检验方法的统一等。

3. 系列化

系列化是指对同一品种或同一型号产品的参数、结构形式、尺寸等做出合理设计和规划,建立一个不同规格的合理搭配,能以较少种类满足绝大部分需要的总体效益最佳的产品体系。这是一种在系统原则指导下的高级的简化方法。

在工业标准化中,一般是将对产品性能起决定因素的基本参数(如电动机的功率和转速、电视机的屏幕尺寸、电冰箱的容量）的数值进行合理分档,形成不同规格的产品和基本参数系列标准。

4. 通用化

通用化是在运用互换性原理和继承性原则的基础上,对系列产品中的零件、部件和组件的一些特征（如形状、尺寸、功能等）进行全面分析,经过优选、统一,找出其最佳的典型结构,使其最大限度地扩大使用范围。互换性的概念包括尺寸互换性和功能互换性。尺寸互换性主要指零部件互相连接部分的线性尺寸,要求有一定的加工精度,以保证在装配和维修时能互相替换,无须补充加工。功能互换性是指除连接尺寸要求互换外,还必须要求其功能作用可以互换,至于内部结构则无关紧要。

5. 组合化

组合化又称积木化,是把两个或多个具有特定功能的单元,按照事先预定的要求,有选择地组合成一个新的功能体或产品。组合化常常是某些标准功能单元、通用功能单元以及个别专用功能单元的结合。这里所说的功能单元,不仅是硬件,也包括软件。

6. 程序化

程序化是指把工作的全过程按照严格的逻辑关系形成规范化程序,制定出最佳的规划并安排实施。

7. 综合标准化

综合标准化就是运用系统分析的方法,对具体的标准化对象及其相关要素所形成的系统进行整体标准化,其过程是有计划地制定和贯彻一个标准系统,其目的是整体效果最佳。

◆ 4.3 标准的分级

我国根据标准的适应领域和有效范围,把标准分为四级,即国家标准、行业标准、地方标准和企业标准。国家标准级别最高,其次是行业标准、地方标准,企业标准级别最低。级别低的标准不得与级别高的标准相抵触。

1. 国家标准

国家标准是由国家标准化主管机构批准、发布,对全国技术经济发展有重大意义且必须在全国范围内统一的标准。

国家标准主要包括：互换、配合、通用技术语言要求,保障人体健康和人身、财产安全的技术要求,基本原料、材料、燃料的技术要求,通用基础件的技术要求,通用的实验、检验方法,通用的管理技术要求,工程建设的重要技术要求,国家需要控制的其他重要产品的技术要求等。

2. 行业标准

行业标准是由行业标准化主管部门或行业标准化组织批准、发布,在某行业范围内统一的标准。

行业标准主要包括：主要的产品标准,通用的零部件、元器件、构件、配件、工具量具标准,通用的设备和特殊原材料标准,通用的实验方法和检验方法标准,通用的工艺方面的标准,通用的管理方面的标准,通用的术语、符号、代码标准等。

3. 地方标准

地方标准是由省、自治区、直辖市标准化主管部门发布,在当地范围内统一的标准。制定地方标准需要以下三个条件。

(1) 没有相应的国家标准和行业标准。

(2) 需要在省、自治区、直辖市范围内统一的事或物。

(3) 工业产品的安全、卫生要求。

4. 企业标准

企业标准是由企(事)业制定的产品标准和为企(事)业需要协调统一的技术要求和管理、工作要求所制定的标准。

企业标准主要包括产品、原材料、半成品、零部件、元器件、工具、量具、设备、工艺、安全、卫生、环保以及管理等方面的标准。

凡是没有制定国家标准和行业标准的产品都应制定企业标准。为了不断提高产品质量,企业可制定比国家标准、行业标准更先进的产品质量标准。

◆ 4.4　标准的分类

按照标准化对象的不同,标准可以区分为技术标准、管理标准和工作标准三大类,它们分别以物、事和人为主要对象。

1. 技术标准

技术标准是对标准化领域中,需要协调统一的技术事项所制定的标准。一般包括基础标准、产品标准、方法标准,安全、卫生和环境保护方面的标准。

2. 管理标准

管理标准是指对标准化领域中,需要协调统一的管理事项所制定的标准。一般包括基础管理,经济管理,生产管理,技术管理,质量管理,物资管理,安全、卫生、环境保护管理,行政管理等方面的标准。

3. 工作标准

工作标准是对标准化领域中,需要协调统一的各类人员的工作事项所制定的标准。一般包括基础工作、工作质量、工作程序和工作方法等方面的标准。

对于工业标准化,上述技术标准、管理标准和工作标准相互关联。技术标准是主体,管理标准和工作标准是围绕着技术标准的,都是为了保证技术标准能得到有效的实施,是为达到技术标准服务的。但就三者的内容来看,又常常有部分交叉和重叠。

◆ 4.5　通信标准化组织举例

中国部分通信标准化组织和相应缩略语如下。

国家标准——[GB]

通信行业标准——[YD]

通信标准参考性技术文件——[YDC]

中国通信标准化协会标准——[T/CCSA]

通信技术研究报告——[SR]

电子行业标准——[SJ]

广播电视标准——[GY]

电力行业标准——[DL]

国际部分标准化组织和相应缩略语举例如下。

美国电气和电子工程师协会——[IEEE]

ITU 电信标准——[ITU-T]

ITU 无线标准——[ITU-R]

第三代移动通信——[3GPP]

欧洲电信标准——[ETSI]

法国国家标准——[NF]

国际标准化组织——[ISO]

国际电工委员会——[IEC]

美国通信工业协会——[TIA]

德国国家标准——[DIN]

美国国家标准学会——[ANSI]

美国保险商安全标准——[UL]

美国材料实验协会——[ASTM]

美国机械工程师协会——[ASME]

开放移动联盟——[OMA（WAP）]

美国 T1 电信标准委员会——[T1]

欧洲标准——[EN]

英国国家标准——[BS]

◆ 4.6　通信国家标准示例

（1）GB/T 37001—2018《高清晰度电视节目素材交换格式》。

（2）GB/T 36625.1—2018《智慧城市 数据融合 第一部分：概念模型》。

（3）GB/T 36625.2—2018《智慧城市 数据融合 第二部分：数据编码规范》。

（4）GB/T 36622.1—2018《智慧城市 公共信息与服务支撑平台 第一部分：总体要求》。

（5）GB/T 36622.2—2018《智慧城市 公共信息与服务支撑平台 第二部分：目录管理与服务要求》。

（6）GB/T 36621—2018《智慧城市 信息技术运营指南》。

（7）GB/T 36654—2018《76GHz 车辆无线电设备射频指标技术要求及测试方法》。

◆ 4.7　工程建设行业标准[4]

在环境复杂多变的背景下，随着经济、技术和社会发展，我国标准化实施工作需要不断调整和优化，以更好地适应技术要求和施工标准。国家标准化管理委员会于 2001 年在北京正式成立,这充分体现了国家对标准化工作的重视程度。党中央制定了包括《标准化工作改革方案》等一系列政策,以促进市场公平竞争,进而维护市场的正常秩序,保障产品质量安全,促进经济提质增效。基于当前标准化建设质量,要优化管理模式,使管理方式与标准化管理理念保持一致,促进"粗放式"管理向"集约式"管理的转变。

中华人民共和国住房和城乡建设部作为标准化工作的管理部门,对标准化工作更加重视,强调以习近平新时代中国特色社会主义思想为工程质量安全监管工作的根本遵循和指导方针,加大对工程建设标准化工作的重视程度。标准化工作的重点体现在强制性标准工作当中,强制性标准工作是政府监督、政府安排、政府强调的一项工作,能够使工程质量安全在政府监督下得到保证,满足公众需求,更好地适应经济社会现状。

工程建设标准为工程建设各环节的质量、安全、效益提供基础依据,同时支撑各项建设活动的运行,指导和约束工程建设活动的实施,体现出较强的实用性;然而,多种不确定因素的存在影响标准的实施。

在探讨影响标准实施的因素方面,相关学者通过对建设标准本身的质量进行研究,将标准质量水平视为建设工程的影响因素,提出通过对标准的质量进行控制来优化工程建设水平,加强对标准的探索以达到提高工程质量的目的。提出标准适当开发的重要性,通过对标准状态的分析,可判断现有的标准是否满足市场环境的需求,因此标准化活动过程自身不断调整和发展,持续对标准进行适当改进和评价,使其体现出更强的市场适用性。通过分析标准化演化过程的影响因素,评估标准的推广程度,可进一步推动标准改进建设。

对标准的改进程度会影响标准的实施,通过加强施工标准的改进力度可提高工程标准;对标准不断进行优化创新,进而可为标准实施工作提出信息反馈;梳理标准之间的逻辑关系,可把复杂的标准体系分解为各子功能块。系统要素之间的复杂关系驱使标准制定组织找到构建合理标准体系的方法,从而解决标准实施中的一系列问题。

◈ 4.8　行　业　标　准[6]

国外学者对"行业标准"这个大概念的直接研究比较少,更多的是从某一个具体行业出发,研究本国与他国在这一行业中行业标准所存在的差异,这种研究着重在对比数据,专业性比较强。还有一部分学者将关注点放在通过经济学、管理学视角对行业协会参与行业标准管理进行研究。

就国内学者对"行业标准"相关问题的研究来看,研究的内容主要包括以下几方面。

(1)以某一具体行业领域为视角,对行业标准问题进行研究。

(2)对行业标准的制定程序进行研究。

(3)对行业协会在行业标准制定中的参与程度问题进行研究。

(4)单独对当前我国行业标准所存在的问题进行研究。

长期以来,行业标准存在的各种乱象严重制约着我国产品与服务质量的提高,当前我国社会经济正处于高速发展时期,国内市场也不断融入全球经济市场当中,因此,建立一套科学合理的行业标准具有重要的意义。首先,能够使广大人民放心使用各种产品与服务,提升生活质量。其次,有助于我国商品、服务与国际接轨,从而促进对外贸易的发展,以此提升国际经济影响力。

　　行业标准作为一种软法规范，虽与法律在形式及效力上存在着差异，但是其仍能发挥类似于法律的效力，对各行业产生不同程度的影响，它能够与硬法一道在行业治理中发挥重要的作用。我国当前的行业标准制定程序、制定主体、制定机制等与国外相比具有很大差异。我国所采取的政府主导行业标准制定的方式局限性在哪里？与国外许多国家所采取的多机构自愿合作协商制定的方式之间存在着何种差异？这些差异对于行业标准的科学性、合理性影响有多大？我们如何才能制定出更加科学合理的行业标准并更好地发挥它的作用？以上这些问题都是值得我们深入思考的内容。

◆ 小　　结

　　本章介绍了工程标准基本概念、标准化基本方法、标准分级、标准分类、通信标准化组织和通信国家标准示例、工程建设行业标准以及行业标准发展中存在的问题。读者应树立标准意识，并将之应用于工程实践中。

◆ 习　　题

　　1. 什么是工程标准？
　　2. 标准化的基本方法有哪些？
　　3. 标准如何分级？
　　4. 标准分为哪几类？
　　5. 国际国内有哪些通信标准化组织？
　　6. 举例说明通信国家标准具体内容。
　　7. 请简述工程建设行业标准发展历史。

第 5 章

可靠性设计

◇ 5.1 可靠性研究历史

可靠性理论最早发展于第二次世界大战时期对武器、飞机和电子设备的精准要求,由德国首先提出。军用雷达长期处于待修状态的惨痛教训使得可靠性问题得到了各国充分的重视。

20 世纪 50 年代,美国国防部成立了可靠性研究的专门机构——电子设备可靠性顾问委员会(AGREE),并发布《军用电子设备可靠性报告》,报告指出可靠性的建立、分配、验证均有章可循。这为后来的可靠性工程研究奠定了基础。

1950—1957 年,可靠性问题研究的重点是深入调查、摸底,确定可靠性总体工作的内容,随着飞机、火箭、航天器中大量应用电子装置,可靠性技术作为一门新的学科被加以研究。1957—1962 年,可靠性问题研究的重点是统计实验,定量地确定电子元件的可靠性水平和各种使用环境条件下的失效率,初步制定出一套环境实验方法、实验标准和可靠性规范。

同期,苏联、日本也都在航天、武器领域对可靠性进行了研究。

1960—1967 年,可靠性研究工作重点是对已掌握的大量失效模式、失效数据、失效原因进一步从物理本质上分析,提出整机设计中的"失效模式、影响及危害性",因而对影响可靠性的关键因素和真实原因的认识更加深刻、全面,并据此提出了各种加速实验方法。此后,从人机结合方面来探索系统可靠性,也即在设备操作、仪表观察方面以及在车间工作地点的布置上,根据人的心理和生理状态及操作习惯来设计能提高人工操作可靠性的相应机构和表盘,从而确保整个人机系统的可靠性。

20 世纪 70 年代,电子设备逐渐步入人们的生活。鉴于消费者对电子设备可靠性的迫切需求,可靠性在电子设备上的应用研究也迅速发展起来。

与此同时,科学家也开始将可靠性理论在非电子设备如机械产品上进行探索,并试图将已有的电子设备可靠性理论直接运用于机械设备上,但并未取得显著成效。

我国在 20 世纪 80 年代进入了可靠性研究的蓬勃发展阶段,组织编写了与可靠性相关的多部教材并颁布《电子设备可靠性预计手册》,促进了我国电子设备可靠性的发展。但同期的软件工程可靠性研究却显得有些落后。

20 世纪 90 年代以来,随着人们对软件可靠性理论的需求不断增加,软件可靠性技术也得到了发展，出现了可靠性建模技术、可靠性管理技术等，并不断实用化。

可靠性的发展是顺应时代进步的必然产物，虽然现阶段世界各国对可靠性的研究已经比较成熟，体系也相对完善，但仍有广阔的研究空间等待我们去开发。我国自主设计产品在可靠性方面还存在诸多不足，因此对可靠性的研究工作仍需要更多的科研人员来完成。

随着科学技术的发展，可靠性研究不断深入，可靠性实验、环境防护、失效分析的新方法和新技术也在不断发展，可靠性技术已发展成为一个新的综合性学科，涉及设备和系统可靠性预计、系统可靠性管理和可靠性保障等方面。

可靠性问题的研究已发展成可靠性系统工程，因为：从时间上来看，它贯穿系统规划、设计、制造、包装、运输到使用和维护保养整个过程；从空间上来看，它又同系统功能、成本、社会需要、技术发展等各方面密切相关。可靠性工程的目的是要对产品的可靠性进行定量控制。可靠性工程是现代工程师的一门必修课。

◆ 5.2　可靠性的定义和指标

可靠性是指产品在规定时间、规定条件下，完成规定功能的能力。规定时间是指对产品的质量和性能有一定的时间要求；规定条件包括温度、湿度、气压、振动、冲击、介质、载荷、维护、操作或使用条件；规定功能是指产品完成预定的工作时不发生故障，同时还要达到产品设计时规定的性能指标。图 5.1 为产品可靠性的三个要素以及包含的内容。

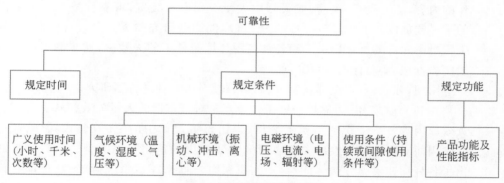

图 5.1　可靠性要素和说明

可靠性反映了产品在规定的运行环境、任务要求和规定时间内，完成规定功能而不出现故障的能力。具体应用时可以把产品的可靠性定义为以下四个要素：①规定的使用环境；②规定的产品任务；③规定的时间；④规定的功能。

可靠性工程可以理解为，为了使产品能够保持无故障完成规定功能的状态，所实施的一系列活动和工作。因此，可靠性工程可描述为，为了确定和达到产品的可靠性要求，必须进行的一系列可靠性活动。可靠性工程的主要内容有可靠性要求论证、可靠性设计分析、可靠性实验评价、生产及使用阶段的可靠性评估与改进、产品的寿命周期管理等。

对于大型电子系统工程和各类中小型电子设备，提高可靠性的关键点是做好可靠性设计。因为从根本上说，设计决定了产品可靠性的极限水平，确定了产品的固有可靠性。制造只是保障这一水平的实现，而使用只能维持这一水平。在实践中，许多元器件的损坏并不是元器件本身的问题，而是由于设计不合理所造成的。美国 20 世纪 70 年代统计数据表明，由于设计不当所致产品故障占故障总数的 40％左右。

图 5.2 为《装备研制与生产的可靠性通用大纲》中所描述的可靠性工程的主要内容。

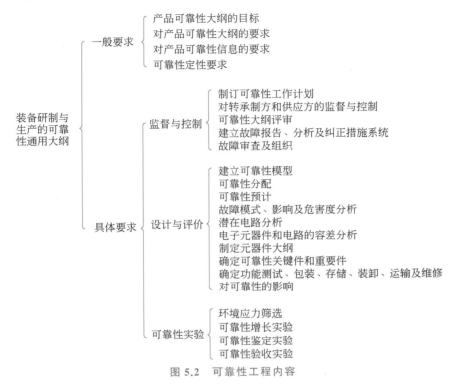

图 5.2　可靠性工程内容

可靠性指标主要来自可靠性设计与评价阶段,反映了产品在各种条件下是否会发生失效的特性。其中,可靠性设计反映了由产品故障引起的对维修等方面的需求,此阶段工作可以建立具体的可靠性模型,进行可靠性分配以及预计等;而可靠性评价则反映了产品在功能使用方面的特性,可以进行定量或定性评估,主要包括产品的故障模式、影响及危害分析、电子元器件失效分析以及潜在电路分析等。

仅通过定性的可靠性分析,不能准确地描述产品的可靠性,还需要定量化表征,即用数学特征量来描述和表征可靠性。

1. 可靠度

产品的可靠度 $R(t)$ 是用来表示产品在一定的条件下和一定的时间内,完成所规定功能的概率。T 表示产品的寿命,t 表示时间,显然,产品的寿命 T 大于规定的时间 t 的事件是一个随机事件。因此,产品可靠度的数学表达式为

$$R(t) = P(T > t) \tag{5-1}$$

式(5-1)中,$R(t)$ 描述了产品在 $(0, t]$ 时间段内完好的概率,显然,当 $t = 0$ 时,$R(0) = 1$;当 $t = \infty$ 时,$R(\infty) = 0$。同时,$R(t)$ 又可以表示为

$$R(t) = \frac{N_0 - r(t)}{N_0} \tag{5-2}$$

式(5-2)中,N_0 表示 $t = 0$ 时,产品正常工作的件数;$r(t)$ 表示产品在 $0 \sim t$ 内产生的所有故障数。

2. 累计失效概率

累计失效概率是指通过规定产品的使用条件和使用时间，但是产品还是无法完成具体功能的概率，用 $F(t)$ 表示，其数学表达式为

$$F(t) = P(T \leqslant t) \tag{5-3}$$

累计失效概率也称为不可靠度，因此它与产品可靠度之间有如下关系式：

$$R(t) + F(t) = 1 \tag{5-4}$$

3. 失效概率密度函数

若累计失效概率函数 $F(t)$ 是连续可微的，那么将其导数称为产品的失效概率密度函数，用 $f(t)$ 表示，它表征了 t 时刻产品在单位时间内的失效概率。其数学表达式为

$$f(t) = \frac{\mathrm{d}F(t)}{\mathrm{d}t} \tag{5-5}$$

显然，产品的累计失效概率与失效概率密度函数之间的关系如下：

$$F(t) = \int_0^t f(t)\mathrm{d}t \tag{5-6}$$

因此，产品的可靠度又可以表示为

$$R(t) = 1 - F(t) = 1 - \int_0^t f(t)\mathrm{d}t = \int_t^\infty f(t)\mathrm{d}t \tag{5-7}$$

4. 瞬时失效率

瞬时失效率表示产品在使用过程中的某一时刻发生的失效，通常也称为产品失效率，其数学表达式为

$$\lambda(t) = \frac{F(t)}{R(t)} \tag{5-8}$$

5. 平均寿命

通常产品的失效分为可修复和不可修复两种类型，对于不可修复的产品，产品发生故障前的正常工作时间的平均值称为产品的平均寿命；而对于可以修复的产品，故障的发生趋于频繁以至产品最终无法使用。这样产品的寿命等于出产到无法使用的时间减去故障时间，称为故障间隔寿命（Mean Time To Failure，MTTF），以符号 t 来表示，其示意图如图5.3所示，$t = T_1 + T_2 + \cdots + T_n$。

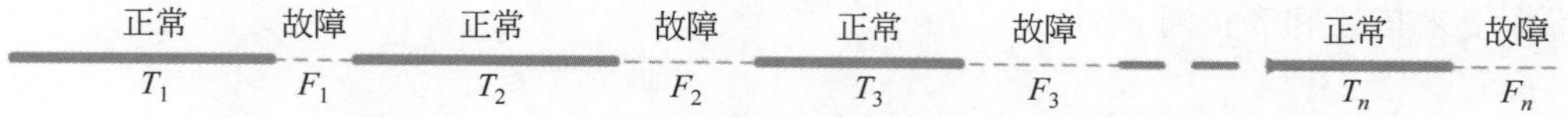

正常	故障	正常	故障	正常	故障	正常	故障
T_1	F_1	T_2	F_2	T_3	F_3	T_n	F_n

图 5.3　MTTF 分析示意图

产品平均寿命的理论值为产品寿命 t 的数学期望，其表达式为

$$E(\mathrm{MTTF}) = \int_0^\infty t f(t)\mathrm{d}t \tag{5-9}$$

如果 $f(t)$ 服从指数分布，有 $E(\mathrm{MTTF}) = 1/\lambda$。

在可靠性工程中，常常涉及产品的寿命分布问题，尤其是在电子元器件及电路的可靠性分析中，寿命是一种非常重要的指标。电子元器件的寿命是随机的，但是也有一定的取值范围。通常，寿命服从一定的统计分布，若从寿命的统计分布规律出发，则更容易对可靠性数据进行处理，可靠性工程中常用概率分布有指数分布、正态分布、二项分布和威布尔分布。

◈ 5.3 电子设备可靠性设计方法

5.3.1 简化设计方案

在满足功能的前提下,尽量简化电路对提高可靠性是有益的。对于系统和线性电路很难用统一的数学方法来简化设计,而数字电路则可利用建立在集合论及布尔代数基础上的一套逻辑电路简化法则加以简化。对于系统和电路的简化设计,可以考虑以下原则。

(1) 将软件功能和硬件功能综合利用,充分发挥软件功能。

(2) 对高性能和高指标要综合考虑。

(3) 采用新技术要充分注意继承性。

(4) 采用新电路要注意标准化。

(5) 尽可能用数字电路取代线性电路。

(6) 尽可能用集成电路取代离散、分立元件电路。

(7) 对逻辑电路要进行简化设计。

5.3.2 元器件的选用

1. 选用元器件的一般原则

(1) 根据电路性能参数的要求选用元器件。

(2) 对使用的元器件品种、规格、型号和生产厂家进行比较,得出优选元器件清单。

(3) 采用标准化元件,尽可能压缩品种、规格,提高元器件的复用率。

(4) 除特殊情况外,所有元器件均应经过"可靠性"筛选方可使用。

2. 元器件的可靠性筛选

可靠性筛选是从一批元器件中挑选出高可靠的元器件,淘汰掉有潜在缺陷的元器件。老练筛选是可靠性筛选的主要手段,即在规定的时间内对产品施加各种应力条件后进行测试挑选。

3. 电阻器的选用

固定电阻器的主要技术指标有标称阻值、允许偏差、额定功率。通用电阻器可以满足一般要求,其额定功率为 0.05～2W,少数为 5～10W,标称阻值为 1Ω～22MΩ,允许偏差为 ±5%、±10%、±20% 三个等级。精密电阻器械具有较高的精度和稳定性,额定功率不超过 2W,标称阻值为 0.01Ω～20MΩ,允许偏差范围为 ±2%～±0.001%。

4. 电位器的选用

电位器是一种阻值连续可调的元件,在选用时应特别注意其标称阻值、功率、电位器的行程、输出函数特性等。常用电位器的额定功率为 0.025～100W。

标称阻值:碳膜式为 470Ω～4.7MΩ,线绕式为 4.7Ω～20kΩ。

精度:碳膜式为 ±20%、±10%、±5%;线绕式为 ±10%、±5%、±2%、±1%。

环境温度为 -55～125℃。

电位器用于电阻和电位调节,在实际选用时应注意各类电位器的特点。

5. 电容器的选用

电容器在电子设备中广泛用于隔直流、耦合、旁路、滤波、谐振回路调谐、能量转换、控制电路中的时延环节等方面。在选用时必须注意电容器的容量、绝缘电阻、损耗、击穿电压、固有电感、比率特性、使用温度等因素。

6. 半导体器件的选用

半导体器件是电路中的核心器件，它对电路的性能指标影响最大。在半导体器件选型时，一般原则是：在满足整机总技术指标的前提下，尽量选用硅半导体器件，不选用锗半导体器件；在满足单元电路性能的的条件下，尽量选用集成电路，不选用分立元器件；在满足电路功能的条件下，尽量选用数字电路（优先选取大规模、中规模，再选小规模），不选用模拟电路，以利于促进整机向着体积小、重量轻、集成化、数字化、高稳定、高可靠方向发展。

7. 集成电路的选用

同选用半导体器件一样，选集成电路时也要了解集成电路的最大值范围，实际使用时不得超过所规定的范围。

5.3.3　降额设计

降额就是使元器件在低于其额定值的应力条件下工作。合理的降额可以大幅度地降低元器件的失效率。降额设计已成为电子设备可靠性保障设计的最有效方法之一。

降额设计可分为1,2,3级。1级考虑元器件在低于其额定值的应力条件50%下工作，2级考虑元器件在低于其额定值的应力条件70%下工作，3级考虑元器件在低于其额定值的应力条件90%下工作。

5.3.4　机械防振设计

电子设备在生产过程中要被移动或搬动，出厂时要用车、船等运输工具进行运输，有的电子设备就安装在运动的物体或车、船、飞机上。这样，每一个电子设备，无论在生产、运输还是在使用过程中都不可避免地会遇到各种不同频率范围、不同强度的振动。有时强烈的振动不一定会造成设备的损坏，而不太强烈的振动反倒会使设备中元件断脱、参数漂移，产生这种现象的原因是设备中出现了机械共振。解决机械共振问题除机械设计师考虑之外，电路设计师及设备整机设计师也必须考虑电路中元件的布局、安装方式等问题。

防振设计包含防冲击和防正弦振动两方面。从本质上讲，前者是从时间域分析振动问题，后者是从频率域分析振动问题。从时间域观察到的振动通过傅里叶分析就可分解成无数个正弦振动，因此，两种设计在本质上是一样的。

5.3.5　气候环境三防设计

三防设计是防潮、防盐雾、防霉菌设计。在我国南方和沿海地区使用的，尤其是在户外工作的电子设备必须有三防设计才能保证设备的正常工作。

1. 防潮设计

防潮设计的基本方法是对材料表面进行防潮处理，涂敷各种防护涂料（如防潮漆等），对元器件乃至整机进行密封，内放干燥剂、灌封，高分子填充封堵剂等。

2. 防盐雾设计

防盐雾设计的基本方法是采用密封结构，选用耐盐雾材料（用不锈钢或塑料代替金属），元件部件采取相应的防护措施，涂敷有机涂层，不同金属间接触要防接触腐蚀。

3. 防霉菌设计

克服霉菌危害的主要措施有：

(1) 将设备严格密封，并使其内部空气保持干燥(相对湿度低于 65%)、清洁。

(2) 设备表面涂防霉剂或防护漆。

(3) 利用紫外线照射防霉并消灭已生长的霉菌。

(4) 在密封设备中充以高浓度臭氧消灭霉菌。

(5) 选用耐霉性好的材料。

5.3.6　电磁兼容设计

凡是有电位差的地方就会存在电场，凡是有电流的地方就会产生磁场，当此电位差和电流交变时，就会产生交变的电磁场。因此，任何一个电子设备都将在其周围产生一定的电磁辐射。自然界一些现象，如雷电、地磁变化、宇宙射线等也都会形成电磁波干扰，任何一个电子设备都处于电磁干扰环境中，同时它本身又扮演着一个干扰源的角色。

电磁兼容性有两方面含义：一是指电子系统与周围其他电子系统之间相互兼容的能力，二是指电子系统在自然界的电磁环境中按照设计要求正常工作的能力。要求一个电子设备能不受其他电磁干扰的影响而正常工作，它本身也要避免产生有害的电磁辐射去干扰其他电子设备。

1. 屏蔽设计

屏蔽设计就是要克服经过"场"耦合引入的干扰，包括静电屏蔽(高、低频段均用)、磁屏蔽(主要用于低频段)、电磁屏蔽(主要用于高频段)。

2. 接地设计

电子设备的接地包括设备与大地的连接，设备之间及设备内部参考零电位的连接。电子设备接地可以防止设备上电荷积累而危害人身安全或引起火花放电；可以提供信号零参考电位；可以构成信号通路；可以为屏蔽导体提供低阻通路，抑制干扰。

接地设计的一般原则是：尽可能使接地电路各自形成回路，减小电路与地线网之间的电流耦合；恰当布置地线，使地电流局限在尽可能小的范围；根据地线电流的大小和信号频率的高低，选择相应地线和接地方式。

3. 干扰源的抑制

消除干扰最有效的措施莫过于在干扰的发源地将其抑制掉。抑制的基本方法就是在干扰的发源处将其滤波、旁路、屏蔽和隔离。

5.3.7　电气互连设计

电子设备中的各种元器件、各类零部件经过组装、电气互连才能构成具有特定功能的整机，电气互连的质量好坏，直接影响产品的可靠性。

电子系统中电气组装互连可分为两类：固定式互连和活动式互连。固定式互连常见的有钎焊(手工锡焊、波峰焊)、熔焊、浸焊、红外再流焊、绕接、压接和胶粘以及超声波、激光、电子等特种焊接。活动式互连主要是利用各类接插件来实现。

1. 锡焊互连

锡焊是将几个工件进行加热，同时使焊料充分熔化润湿，生成合金层，将工件连接在一起,待冷却凝固后成为一体,保证电气上的良好结合。

2. 导线互连

一台整机常由成百上千个电子元件构成。这些元件并不是分散地装入机体,而是先装成若干大的组件(如变压器组件、小电子组件等),然后分别焊上线把,再将若干带线把的组件装入机体,进行最后连焊,再装上机体外壳,这样就完成了一台整机。

3. 接插件互连

接插件式连接器主要有三类:印制电路板连接器、电缆连接器和特种连接器。

4. 绕接互连

绕接是于 20 世纪 60 年代开始研究的、国际上广为应用的一种新的技术,它不用锡焊,直接用绕枪将导线绕在接线柱上。绕接的失效率比锡焊连接低 1～2 个数量级。由于内部应力作用,时间越长,结合越紧密,可靠性越高,一般寿命在 40 年以上。

5.3.8　可维修性、可使用性和安全性设计

可维修性、可使用性和安全性设计也称"三性"设计。三性设计应当从研制工作的早期就开始进行,这样可以使设计的可靠度和维修度明显增加而不会使研制成本增加。良好的三性设计还可以减少运转操作成本。不论产品的质量有多高,都必须考虑其维修性,否则就不可能维持高的有效度。设计时必须考虑到容易维修,要把可靠性和维修性当作一个整体来加以考虑。

5.3.9　冗余设计

冗余设计即并联备份设计,当提高可靠性的其他方法已经用尽,或当元件及系统改进的成本高于使用储备设计战术的成本时,才采用冗余技术。

可靠性设计的过程是可靠性增长的过程。可靠性增长是指随着产品的设计、试制、生产各阶段的进展,产品可靠性水平逐步提高的过程。因此,在不同阶段要对产品的可靠性反复预测,发现问题及时进行修改,直到达到要求为止。

可靠性设计要从整体出发,全面权衡,始终贯彻系统工程的观点。

◆ 5.4　通信设备硬件可靠性设计要点

电子通信产品的硬件可靠性设计涉及很多方面,要全面开展起来有一定困难。但是,如果在设计阶段不采取必要的措施,开发出的产品可靠性合格的概率是很低的,这就是所谓的"预则立,不预则废"。所以,产品的项目负责人及所有研发人员从工作一开始就应该强化可靠性意识,力所能及贯彻可靠性设计的思想和方法,尽可能提高产品的可靠性。

5.4.1　产品的可靠性需求分析

产品的可靠性需求分析分为定量和定性两方面。单板及系统的平均故障间隔时间(或平均致命故障间隔时间)、可用度、环境条件、温升控制、电磁兼容指标等可以定量地给予明确规定。保障性、维修性、可生产性、不允许发生事件等方面要定量规定有些困难,但是也应该做一些定性的规划。对各种潜在的约束条件可能导致产品发生的故障进行约束。实践中

经常发生这样的情况：测试规程、测试用例的设计不能覆盖产品的方方面面，待产品量产或投入市场运行后故障百出却悔恨当初规划或测试不到位。

5.4.2　降额设计

就是要使元器件在设备中实际使用时可能承受的应力小于其额定应力。不同的元器件所要考虑的应力因素是不一样的，可能是电压、电流、温度、频率、振动等。对电容的耐压及频率特性，电阻的功率，电感的电流及频率特性，二极管、三极管、可控硅、运放、驱动器、门电路等器件的结电流、结温或扇出系数，电源的开关和主供电源线缆的耐电压/电流和耐温性能，信号线缆的频率特性还有散热器、接插件、模块电源等器件的使用要求进行降额设计。5.3.3 节已提到，根据降额幅度的大小可分为一级降额（<50%）、二级降额（<70%）、三级降额（<90%）。三级降额的成本最低。

5.4.3　热设计

确定产品的运行环境温度指标，确定设备内部及关键元器件的温升限值。一般来说，元器件工作时的温度上升与环境温度没有关系，而民用级别的元器件的允许工作温度大多为 70～85℃，为了保证在极限最高环境温度（50℃左右）下元器件的工作温度还在其允许温度范围内并有相当的冗余度，设备内部及元器件的温升设计指标定在 15℃ 左右比较合适。在硬件单板设计时，首先应该明确区分易发热器件和温度敏感器件（即随着温度的变化器件容易发生特性漂移、变形、流液、老化等），布 PCB 板时要对易发热器件采取散热措施，温度敏感器件要与易发热器件和散热器隔开合适的距离，必要时要从系统的角度考虑采取补偿措施。系统或子系统通过自然散热（通风、对流等）措施不能保证设备内部及关键元器件温升限值指标得到保证时，需要采取强迫制冷措施。注意，对整机系统，强迫制冷措施要尽可能在高发热部位附近实施，要尽量避免使用把热空气送到本来发热不大的部位的散热路线。

整机散热的热通风孔、通风槽，要使用一些易散热材料，这会与电磁屏蔽设计存在一些矛盾，所以，在进行整机散热设计时一定要处理好与电磁兼容设计之间的关系。也就是说，什么位置开通风孔/通风槽，如何确定孔的面积/数量、槽的材料，如何处理缝隙等都需要仔细推敲。目前在电信中心使用的通信设备在电磁兼容方面的要求等同于通用标准 CISPR22 中规定的CLASS A 的要求，现在的大多数 PCB 板都采用多层布线方式，在 PCB 一级电磁辐射水平大大降低而抗辐射能力又大大提高，从而使整机的电磁屏蔽设计的难度降低。

散热设计究竟怎样才算合适？

可以通过一些仿真工具进行初步设计（美国 Ansys 公司的热分析仿真软件和FLOTHERM 软件得到了普遍使用），先提出一个方案，然后，通过"设计—仿真—修改设计—再仿真—测试验证—设计修正—再测试"的工程方法来实现。不同设备，其运行的环境温度极限值指标也不尽相同。对于大多数用于电信中心的通信设备来说，可以参照交换机的总技术规范书。为了充分保证产品整机系统的可靠性，一般来说，要求系统在规定的运行高温条件下至少连续 72h 运行功能正常实现且性能指标没有任何程度的下降，在规定的运行低温条件下至少连续 72h 运行不会引起性能指标的下降。

5.4.4　电磁兼容性设计

电磁兼容性（Electro Magnetic Compatibility，EMC）是指设备内部组件之间以及设备与设备之间有相互连接关系的信号的电气特性，如信号的电平阈值误差、信号脉冲的宽度、信号脉冲的上升沿和下降沿的陡度及过冲与下冲、信号的延时和抖动、模拟信号的失真度、光收发器件的发送功率和接收灵敏度及误码率、无线发射信号的功率及无线接收设备的接收灵敏度等，在一定的误差范围内能够"互相容忍"，保证功能的正常实现。建议在以下几方面给予关注。

（1）各功能单板对电源的电压波动范围、纹波、噪声、负载调整率等方面的要求予以明确，二次电源经传输到达功能单板时要满足上述要求。

（2）选用专用器件时要检查其电气性能指标是否符合相关标准的要求。

（3）高速、高频电路，信号之间的串扰问题。

（4）在研发阶段的调试、电源拉偏实验、高低温实验中，要注意检查信号经传输后到达"对方"该信号的接收端时是否符合"对方"设备对输入信号的各方面电气指标要求，即信号经过传输后电气性能发生的变化是否在"对方"设备接收信号的容差范围内，以排除影响电气性能长期稳定性的不良因素。

（5）有条件时进行时钟位偏、抖动注入等实验，验证设备的容差能力。

在过去，由于对可靠性的重视度不够，调试中常会忽略上述要点，只观察功能而不去检查信号的质量，对信号已经发生偏差甚至到了"边缘"状态并不清楚，所以也不可能采取相应的纠偏措施。等设备投入量产、运行后，经常碰到不明原因的故障，只能通过反复换板来解决，而换板以后时间一长老毛病就又犯了，不能从根本上解决问题。因此对可靠性设计必须从行政、技术、管理、监督方方面面加以重视。

对电工、电子产品来说，电磁兼容包括整机系统与外部环境之间的兼容和设备内部部件与部件、分系统与分系统之间的兼容。电磁兼容的问题要在开发工作的前期就给予高度重视，这是因为电磁兼容问题首先是质量问题。国外早就发现，进入数字化时代之后，很多电子设备经常发生让人摸不着头脑的质量问题，就是因为数字化电子设备更容易受各种电磁干扰（尤其是静电放电、电脉冲群、雷电感应等各种脉冲干扰）的影响。

经验表明，设备的故障率及单板返修率居高不下的主要原因是产品电磁兼容性设计不充分。电工电子产品、信息技术设备的电磁兼容（及电安全性）都有具体的标准或通用标准，在国内市场（尤其军用设备）已经对这一问题越来越重视，工业和信息化部早在1997年就计划对电信产品（包括已经在网上运行的设备）实施电磁兼容强检强测制度，只是由于测试条件一直不成熟而未能执行。2001年工业和信息化部通信计量中心的电磁兼容质量监督检验中心建成并投入使用，国标《电信网络设备的电磁兼容性要求》已经由通信计量中心、中兴、华为三家起草完成。

在国际贸易中，电磁兼容几乎已成为发达国家对其他技术相对落后的国家设立的技术壁垒。随着欧盟的89/336 EEC指令于1996年1月1日生效，美国、日本、澳大利亚等国家和地区的政府都颁布了相应的指令，严禁电磁兼容性不符合它们标准的产品进入这些国家和地区的市场或在其范围内生产，所以说，电磁兼容性（及安全性）合格标志是出口产品的"护照"。

电磁兼容的问题如果在产品研发的早期阶段不充分考虑、不精心设计,一旦产品成型后,其达标的概率非常小,而且解决问题所面临的困难、需要花费的人力和代价将会非常大。电磁兼容设计涉及电路板、结构、电缆、设备的供电系统和接地体系等各方面,非常复杂,乍看起来似乎摸不着边际,其实,通过合理的工作方法和在设计中遵循电磁兼容设计的一些基本准则,可以收到事半功倍的效果。

◆ 5.5　软件技术辅助提高可靠性[1]

对可靠性理论的研究应用在欧美、日本等发达国家已经很普遍,他们在可靠性研究的全面性、系统性方面也相对比较完善。我国开始可靠性的研究相对较晚,最早开始运用在航天、船舶和汽车等领域。随着计算机技术和互联网的飞速发展,通过软件来辅助提高可靠性设计已成为产品设计的重要一环。

可靠性分析是指对产品的设计结构、机构参数和与其相关的指标进行可靠性预计评估及分析计算。现在普遍被采用的可靠性分析技术有故障模式影响分析(Failure Modes and Effects Analysis,FMEA)、故障树分析(Fault Tree Analysis,FTA)、容差分析和潜藏通路分析等。

1. 故障模式影响分析

FMEA 是指在产品设计过程中,从下而上系统地对零件、元器件、设备等每一产品层次潜在的各种故障模式进行分析。分析故障原因及后果,从而发现生产设计中的薄弱环节,采取预防与纠正措施,加以改进来提升产品的可靠性。

FMEA 的基本概念包括故障模式、故障影响和严酷度,即产品故障的表现形式,对产品使用后导致的后果和后果的严重程度。这一分析方法在产品的各个阶段都会加以使用:在方案的论证阶段,就应开始进行 FMEA,优化选出设计方案;在设计阶段,与性能设计同步进行,并且随着设计工作的逐步深入,还应当不断改进。

FMEA 工作效果的高低主要取决于两点:第一,应该尽量找出所有可能发生的故障模式,所以各企业应当加强重视积累设计人员的经验,建立故障模式库;第二,FMEA 结果必然会影响设计、生产和工艺,这就需要产品设计人员在性能设计的同时也要进行 FMEA,并且针对关键的故障模式,提出相对应的补偿措施。不仅采取修理、更换等措施,而且通过用 FMEA 进行修复性维修,确定故障模式并分析其影响,对装备制定有效可行的维修方案,进行高效率维修。

FMEA 方法简单、实用、花费低并且有明显的效果,适用于各种产品的研制、生产和使用过程的全寿命周期,可以有效提高产品的固有可靠性。

2. 故障树分析

FTA 是在系统设计过程中运用演绎法查找导致某种故障事件的各种可能性原因,并对这些因素进行系统性分析,确定其潜在设计缺陷,进而采取相应的预防与纠正措施,进一步提高产品的可靠性。FTA 需要建立故障树模型,画出导致产品发生某种给定的故障模式的原因逻辑图。

FTA 主要用于产品安全性和任务可靠性的分析,应当按照国家标准《GJB/Z 768A—1998 故障树分析指南》的规定进行工作。在研制阶段的早期就应该进行 FTA,这样可以较早发现问题,及时进行改进。并且随着设计工作的进展,通过分析找出最小割集,以便进行定性比较，确定改进方向，不断地对 FTA 进行补充、修改、完善。

故障树的定量分析是指根据最小割集，底事件概率以及数学模型进行可靠性分析。

故障树定量分析工作量较大，因此在建立 FTA 以后，必须利用计算机辅助进行重要度分析，确定采取改进措施的优先顺序，以便提高分析精度及效率。

FTA 应该与 FMEA 紧密结合，因为 FMEA 基本上只是一种单因素分析法，即只考虑某一种故障模式所产生的影响，而不去考虑几种故障模式综合发生下所产生的影响。所以说，故障树应该由设计人员在 FMEA 的基础上建立，并经过有关技术人员的审查，以保证故障树逻辑关系的正确。FTA 通过 FMEA 找出影响产品安全和任务成功的关键故障模式，并且以此模式为顶事件，建立故障树进行多因素分析，以便找出其他故障模式的组合，为改进产品设计提供重要依据。

3. 容差分析

容差分析方法与 FTA 和 FMEA 不同，是在设计完成后进行的，主要是用于电子信息装备。容差分析是通过分析规定的使用温度下电参数容差和寄生参数的影响，来获得最佳的电路设计。

💠 5.6   可靠性设计案例

可靠性设计是指"赋予产品可靠性为目的的设计技术"，包括建立可靠性模型，进行可靠性预计、分配以及可靠性分析，选择和控制并确定可靠性的关键部件等。也即在产品的设计阶段就能规定其可靠性指标，根据产品的可靠性相关指标估计或预测产品及其主要零部件在规定条件下的工作能力、工作状态、工作寿命、驱动产品零部件以及系统结构参数设计，获得兼顾可靠性要求的机械设计结果，保证所设计的产品具有应有的可靠度。

5.6.1   刮板输送机链传动系统可靠性工程平台建设[2]

刮板输送机是煤矿生产中最关键的基础性设备之一，它是综合采煤工作中唯一的运输设备。刮板输送机工作环境恶劣、负载大，是最易发生故障，影响煤矿生产的设备之一，其安全可靠运行直接关系到煤矿的安全高效生产。自 20 世纪 60 年代以来，随着我国煤炭行业的飞速发展，刮板输送机的研发也进入一个新的时代，逐渐摆脱了刮板输送机对国外进口的依赖，开始实现国产化、系列化生产。但由于我国发展起步晚，缺乏核心的技术，在关键零部件上的设计制造仍然和国外先进水平有不小的差距。

随着全球化经济合作的发展，近年来对刮板输送机可靠性的研究不断增多且逐渐深入，较早研究包括对刮板输送机中部槽的可靠性研究和整机的可靠性定性分析，但对链传动系统进行全面系统的可靠性分析还是一片空白。

1. 刮板输送机链传动系统故障模式分析

链条故障形式有多种，常见的链条故障形式有断链、链条底链卡住以及接链环断裂等。导致这些故障的原因主要是链条生产制造、安装维护以及使用环境恶劣等引起的，其中，链条未能达到预定的张紧或者在煤矿生产过程中被大块的煤矸石砸伤都会造成链条的断裂。此外，链条的长期运行磨损使链条逐渐达到其疲劳极限或者由于其他和链条相关的零部件故障也会间接引起链条的故障。

2. 链轮故障分析

同样,链轮组件的故障形式也是多种多样的,其中包括链轮由于密封不良导致的漏油、轴承润滑不到位引起的链轮故障、链轮连接齿套未能达到合理的润滑效果、链轮长期运行引起的疲劳磨损,以及链轮连接齿套处的固定螺栓发生断裂等。如表 5.1 所示为统计的某矿区链轮组件中各零部件的故障数据。从表中可以看出,在引起链轮组件故障的三个因素中,由于浮动密封失效引起的链轮组件故障所占的比率最大,为 57.7%;其次是润滑不良引起的链轮故障,所占比率为 30.8%;由于轴承故障引起的链轮轴组件故障相对较少,约占总故障数的 11.5%。

表 5.1　链轮组件故障统计表

链 轮 故 障		故 障 次 数	占比/%
	浮动密封		15	57.7
链轮组件	润滑不良	26	8	30.8
	轴承故障		3	11.5

3. 基于 3F 技术的刮板输送机链传动系统可靠性分析

3F 技术是可靠性分析中的经典分析方法,分别指故障模式、影响和危害性分析(Failure Mode, Effects and Criticality Analysis, FMECA),故障树分析(Fault Tree Analysis, FTA),故障报告、分析及纠正措施系统(Failure Report, Analysis and Corrective Action System, FRACAS)。其中,FMECA 指通过对系统各组成零部件结构进行故障分析,对各零部件故障原因、模式、发生概率、危害等级等进行分析,找出对系统影响最大的因素,为系统的改进提供针对性的意见和建议;FTA 是一种通过树状拓扑结构展现系统各部分故障的分析方法,通过确定系统故障顶事件,并根据故障原因进行层层细化,建立故障树,并通过拓扑结构求解最小割集,找出引起影响系统故障的底层根本原因;FRACAS 是通过对系统故障进行分析研究,找出故障原因,并采取相应的措施解决故障,并对故障措施进行验证,对于通过验证的措施再制定永久的纠正措施,为后续系统的安全可靠运行提供指导。

1) 刮板输送机链传动系统的 FMECA 分析

FMECA 是可靠性分析中重要的组成部分,从产品的设计研发阶段到加工制造不断地进行 FMECA,可以保证及时发现设计、生产中的问题并进行相应的更正。

FMECA 也可以为产品的安全性、易损性、耐久性、维修性、后勤保障、维修方案分析以及失效检查和分系统设计提供相应的技术支持。

FMECA 是可靠性分析的重要组成部分,在可靠性分析中扮演着重要的角色。然而,有时在实际工程应用中,由于诸多原因,却有流于形式的倾向。为了实现准确高效的 FMECA,应在进行分析时注重以下几个特点。

(1) 时间性:FMECA 应与设计工作结合进行,在可靠性工程师的协助下,由产品设计人员来完成,同时必须与设计工作保持同步。

(2) 层次性:分析层次应该根据不同的情况取在不同的程度。

(3) 灵活性:FMECA 在不违反标准化程序的情况下,在某些方面可以根据情况灵活运用。

(4) 有效性:分析之后提出的修复及改进措施应实时有效。

（5）故障模式的完整性：整个系统的 FMECA 工作由各功能级别综合组成，因此详细准确地分析出各级系统的故障模式就显得尤为重要。

由《GJB 1391—1992 故障模式、影响及危害性分析程序》可知，产品的 FMECA 应遵循以下步骤进行。

（1）熟悉和掌握有关资料。其中包括产品结构和功能的有关资料，产品启动、运行、操作、维修资料，产品所处环境条件的资料。

（2）为系统下定义，了解系统各零部件的功能、工况条件以及工作时间，绘制相应的功能框图和可靠性框图。

（3）填写 FMECA 工作单。工作单的内容包括序号、零件名称、功能、故障模式、故障原因、任务阶段和故障模式、故障影响、故障检测方法、预防措施、严酷度分类以及危害性。

（4）画危害度矩阵图。危害度矩阵可以通过与其他故障做比较来表达出每一种故障模式的危害程度，通过危害矩阵图可以清晰地看出各种故障模式的危害度分布，从而得出优先处理的故障排序。

（5）根据上述分析结果撰写分析报告。

2）刮板输送机链传动系统的系统定义

（1）功能：刮板输送机链传动系统的主要任务是将采煤机开采的煤块运出巷道。

（2）功能框图：如图 5.4 所示为刮板输送机链传动系统各零部件组成的关系图。

图 5.4　刮板输送机链传动系统各零部件组成的关系图

（3）可靠性框图：如图 5.5 所示为链传动系统可靠性相互牵制关系图。

图 5.5　链传动系统可靠性相互牵制关系图

3）链传动系统的 FMECA 工作单

链传动系统的 FMECA 工作单如表 5.2 所示。

表 5.2　链传动系统的 FMECA 工作单

序号	零件名称	功能	故障模式	故障原因	任务阶段	故障影响	检测方法	预防措施	严酷度	危害度
1	链条	牵引构件	链条断裂	疲劳磨损，矸石冲击	运煤	牵引失效	声音异常，运行异常	定期检修，及时更换	IV	4
2	刮板	推移构件	断裂，变形	疲劳磨损，矸石冲击	运煤	推移失效	声音异常，运行异常	定期检修，及时更换	IV	4

续表

序号	零件名称	功能	故障模式	故障原因	任务阶段	故障影响	检测方法	预防措施	严酷度	危害度
3	链轮	传力部件	密封不良,漏油	链轮浮动密封失效	运煤	传力失效	油温检测,声音检测	更换油液,链轮调向	Ⅲ	3

4）危害度矩阵图

如图 5.6 所示为链传动系统的危害度矩阵图。其中,横坐标表示各零部件故障发生的严酷度等级:Ⅰ级表示造成重大人员伤亡的故障,称为灾难性故障;Ⅱ级表示会造成人员伤亡的故障,称为致命性故障;Ⅲ级表示会造成人员轻度受伤或器材轻度损坏的故障,称为严重故障;Ⅳ级表示故障并未造成人员或器材的损坏,但会影响正常生产的故障等级,称为轻度故障。纵坐标表示各种故障模式发生的概率等级:A 表示故障概率达到 20% 以上,发生概率很高;B 表示发生概率为 10%～20%,概率程度为中等;C 表示故障概率为 1%～10%,称为偶发故障;D 表示故障概率为 0.1%～1%,很少发生故障;E 表示故障概率

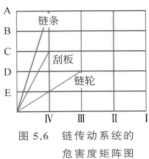

图 5.6　链传动系统的危害度矩阵图

低于 0.1%,几乎不可能发生故障。从图 5.6 可以看出,链条故障为链传动系统故障危害度最大的故障模式。

上述通过对某矿区矿井近十年来的刮板输送机链传动系统故障数据的分析,找到链传动系统各零部件的故障模式、故障原因及故障发生后的处理方法,并且对链传动系统进行了故障模式影响及危害性 FMECA 分析,结合各零部件的故障发生频率及发生故障的危害性等级,做出链传动系统的 FMECA 表,绘制链传动系统危害度矩阵图,找出系统中危害度最大的故障模式为链条故障。对链条故障的可靠性进行故障树分析。

4. 刮板输送机链传动系统的 FTA 故障树分析

故障树是由多种不同类型的门和事件构成的。门包括或门、与门、或非门、与非门、非门、异或门、表决门、禁止门、转移门、优先门;事件类型包括基本事件、未探明事件、重复事件。优先门依输入的顺序而定,并通过马尔可夫模型支持。

事件的数据包括故障信息、维修信息、检测周期等。故障树分析的主要目的是寻找与系统有关的故障事件发生的原因和原因的组合,即寻找导致顶事件发生的所有故障模式。其主要是通过找出故障树中所有导致顶事件发生的最小割集,通常最小割集的阶数越低,越容易发生故障,就可以发现系统的薄弱环节,采取改进措施。

顶事件是指不希望发生的故障。

中间事件是指位于底事件和顶事件之间,并不是最根本的故障原因或部件失效,只是一个分析根本故障原因或失效部件的中间环节。

底事件是导致系统失效的最根本的故障零部件或故障原因,不可再分或再分已无实际意义的故障最小单元。

割集是故障树中底事件的一种集合,集合满足当这些底事件同时发生时,顶事件必然

发生。

若将一个割集中任意一个底事件去掉，那么该割集就不再成为割集，这样的一个割集被称为最小割集。

FTA 约定：①独立性，底事件相互独立，一个底事件发生，在概率上不影响另一个底事件的发生；②两态性，各类型的事件只有正常和故障两种状态，无第三种状态。

根据收集各煤矿实际生产中的故障数据以及对刮板输送机相关生产单位调查走访，得出刮板输送机链传动系统的各零部件故障模式、故障原因等，并根据统计数据绘制刮板输送机链传动系统 FTA 图。

1）故障树的建立

故障树以链传动系统故障为顶事件，以相关零部件故障为故障树的中间事件，并依次细化，最终得到图 5.7～图 5.10。

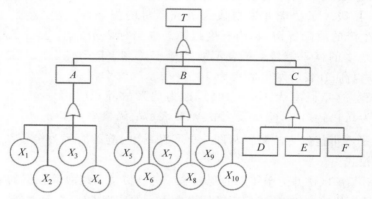

图 5.7　刮板输送机链传动系统故障树图

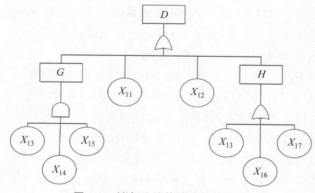

图 5.8　链条跳链故障的故障树图

由图 5.7～图 5.10 的故障树分析可知，顶事件 T 表示链传动系统故障。中间事件 A 表示刮板故障，B 表示链轮故障，C 表示链条故障。表 5.3 清晰地给出了故障代号和故障模式之间的关系。

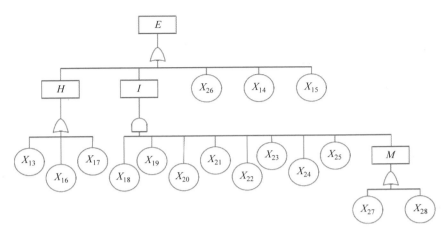

图 5.9　链条掉链故障的故障树图

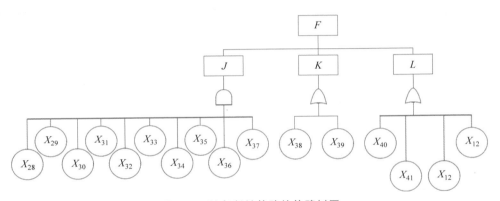

图 5.10　链条断链故障的故障树图

表 5.3　故障代号和故障模式对应表

代号	故 障 模 式	代号	故 障 模 式	代号	故 障 模 式
D	跳链故障	X_2	螺栓松动	X_{13}	有异物卡住
E	掉链故障	X_3	压条断裂	X_{14}	链条变形
F	断链故障	X_4	刮板运行卡阻	X_{15}	链条过度松弛
G	链条异常	X_5	润滑油油质不良	X_{16}	链轮变形
H	链轮故障	X_6	润滑油过少	X_{17}	链轮掉齿
I	工作环境差	X_7	超负荷运行	X_{18}	溜槽不平
J	使用维护不当	X_8	排气孔堵塞	X_{19}	链条破损
K	制造质量差	X_9	轴承损坏	X_{20}	刮板变形
L	检验更换不及时	X_{10}	链轮磨损	X_{21}	连接螺栓松动
M	接链环断裂	X_{11}	溜槽弯曲	X_{22}	上链板弹簧失效
X_1	古板变形	X_{12}	冲击载荷大	X_{23}	机头架补链导板缺失

代号	故 障 模 式	代号	故 障 模 式	代号	故 障 模 式
X_{24}	链条节距严重超差	X_{31}	溜槽磨损过限	X_{38}	链材料质量不合格
X_{25}	工作面弯曲	X_{32}	工字销松动	X_{39}	操作失当
X_{26}	半滚筒松动	X_{33}	溜槽不直卡链	X_{40}	磨损过限
X_{27}	过载	X_{34}	跳牙	X_{41}	严重腐蚀
X_{28}	原材料质量差	X_{35}	链条过紧	X_{42}	疲劳损坏
X_{29}	节距不等	X_{36}	下槽浮煤量过多		
X_{30}	接链环缺少螺栓	X_{37}	链条出槽		

2）故障树分析

根据故障树各故障单元的拓扑关系，对系统进行布尔运算，可以得出系统故障树的最小割集。经过布尔运算：

$$T = A + B + C \tag{5-10}$$

式(5-10)中 A 表示刮板故障，B 表示链轮故障，C 表示链条故障。下面分别对 A、B、C 进行分析。

$$A = X_1 + X_2 + X_3 + X_4$$
$$B = X_5 + X_6 + X_7 + X_8 + X_9 + X_{10}$$
$$C = D + E + F \tag{5-11}$$

其中：

$$D = G + H + X_{11} + X_{12}$$
$$= X_{13} X_{14} X_{15} + X_{13} + X_{16} + X_{17} + X_{11} + X_{12} \tag{5-12}$$

$$E = H + I + X_{13} + X_{15} + X_{26}$$
$$= X_{13} + X_{15} + X_{16} + X_{17} + X_{26} + X_{18} X_{19} X_{20} X_{21} X_{22} X_{23} X_{24} X_{25} X_{12} (X_{27} + X_{28})$$
$$\tag{5-13}$$

$$F = J + K + L$$
$$= X_{12} + X_{38} + X_{39} + X_{40} + X_{41} + X_{42} + X_{28} X_{29} X_{30} X_{31} X_{32} X_{33} X_{34} X_{35} X_{36} X_{37}$$
$$\tag{5-14}$$

综上可得

$$T = X_1 + X_2 + X_3 + X_4 + X_5 + X_6 + X_7 + X_8 + X_9 +$$
$$X_{10} + X_{11} + X_{12} + X_{13} + X_{14} + X_{15} + X_{16} + X_{17} + X_{26} + X_{38} + X_{39} +$$
$$X_{40} + X_{41} + X_{42} + X_{13} X_{14} X_{15} + X_{18} X_{19} X_{20} X_{21} X_{22} X_{23} X_{24} X_{25} X_{12} X_{27} +$$
$$X_{18} X_{19} X_{20} X_{21} X_{22} X_{23} X_{24} X_{25} X_{12} X_{28} + X_{28} X_{29} X_{30} X_{31} X_{32} X_{33} X_{34} X_{35} X_{36} X_{37}$$
$$\tag{5-15}$$

由故障树分析得出故障树最小割集，可以看出，刮板变形、螺栓松动、压条断裂、刮板运行卡阻、润滑油油质不良、润滑油过少、超负荷运行、排气孔堵塞、轴承损坏、链轮磨损、溜槽磨损过限、冲击载荷大、链轮故障等容易导致跳链；而链条过度松弛、半滚筒松动、有异物卡住以及链轮相关组件的故障是引起掉链的主要因素；链条选材制造过程中的原材料质量差、制作工艺不达标，以及使用过程中的工作环境差、超负荷运行、磨损过度是引起链条断裂的主要原因。根据故障树分析得出的最小割集，找出了引起链传动系统各种故障的根本原因，有针对性地采取措施，以此来提高刮板输送机链传动系统可靠性，乃至提高整机的可靠性寿命。

5. 刮板输送机链传动系统 FRACAS 分析

FRACAS 分析是指对已发生的故障事件进行统计分析，找出故障原因，并制定相应的改进及预防措施，同时将故障根源及相应的改进措施反馈到零部件的设计开发过程中，以提高系统的可靠性。

链传动系统的 FRACAS 过程大致分为故障报告、故障分析、纠正措施、资料归档。如图 5.11 所示为 FRACAS 详细流程图。

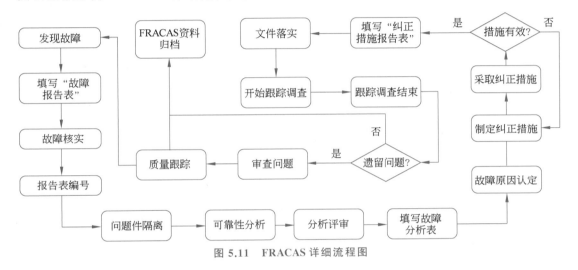

图 5.11　FRACAS 详细流程图

根据之前对刮板输送机链传动系统进行的 FMECA 分析已经得出圆环链为链传动系统的最关键和最薄弱环节，下面将以圆环链为主要分析对象，进行链传动系统 FRACAS 分析。

通过用户反馈或者企业调查收集圆环链断链故障数据，填写圆环链故障报告表。如表 5.4 所示为某矿井在刮板输送机使用过程中发生圆环链断链的故障报告表。

表 5.4　刮板输送机圆环链断链故障报告表

圆环链断链基本信息				
产品名称	刮板输送机	产品型号	SZZ1350/700	故障部件	刮板链
故障模式	链条断裂	故障等级	I	寿命阶段	使用中
发生时间	2018.11.30	发生地点	皖北煤电	发现人	**
故障详细描述					
故障信息描述	2018 年 11 月 30 日上午 10:27，工人发现刮板输送机机头有大块煤炭堵塞，并采取紧急措施，将刮板输送机关闭。对大煤块进行清理，在未找出堵塞原因的情况下再次开启刮板机，发生变压器跳闸现象，导致停机。后经技术人员检查，发现刮板输送机在远离煤壁的一侧有接链环断裂				

续表

圆环链断链基本信息				
故障信息详细数据	断链附近圆环链伸长量	3.0%（最大允许伸长量为2.5%）	工作载荷	超载57%
	链轮磨损量	7%（正常）	刮板间距	2%
	酸碱度	弱酸性	刮板弯曲度	<1.5%
	机头高度	正常	其他	无
备注	无			

根据以上故障信息报告表以及技术人员对事故现场的调查走访,得出造成链条断裂的主要原因如下。

（1）缺乏完整到位的巡查制度,未能对超期运行且即将发生故障的零部件做出预测。

（2）发生工作异常时,虽然进行了短暂的停机处理,并未找出异常发生的根本原因,造成了更加严重的后果。

（3）根据故障原因制定纠正措施,由企业技术人员和可靠性工程师共同分析研究给出改进措施;建立科学完善的巡查制度,对主要零部件进行定期检查,次要零部件定期抽查检验,防患于未然;加强工人岗位培训,对故障发生进行实时汇报,由技术人员进行故障排除后再开机。制定好纠正措施,提供给用户,由用户检验措施是否有效。

（4）验证措施有效性,根据由技术人员和可靠性工程师提供的纠正措施,用户对故障接链环进行了更换,并对其余链条进行了全面检查,刮板输送机重新开机,后续运行正常。

（5）制定永久防御措施,对制定的纠正措施进行验证,如果纠正措施经过验证之后确认有效,则针对此次故障事件制定永久的故障预防、纠正措施。

刮板链断链故障的永久预防措施表如表5.5所示。对纠正措施进行验证之后,举一反三,制定通用的预防措施,增加措施应用的范围。

表5.5　刮板链断链故障的永久预防措施表

故障编号	B2018046	故障部件	刮板链	故障模式	链条断裂
措施实施时间	2018.12.08	实施人	**	措施实施部门	可靠性管理部门
验收时间	2018.12.09	验收地点	皖北煤电	验收人	**
器件优选	链条断裂属于使用引起,且为偶发故障,仍使用原供货商				
检验方法	更换故障链条后开机运行,正常运行三天以上				
故障提交部门或个人签字盖章 2018 年 12 月 9 日			故障处理部门或个人签字盖章 2018 年 12 月 9 日		

待故障处理完毕并对措施的有效性进行验证之后,对故障从发生到处理结束全程的故障信息、处理结果、纠正措施等资料进行归档处理,便于后续的查询及借鉴。

上面结合某矿区近几年刮板输送机链传动系统故障实例进行故障分析,并对刮板输送机链传动系统进行了 3F 可靠性分析,得出了链条断裂是链传动系统中的最薄弱环节以及系统过载运行、疲劳磨损等是最易引发链传动系统故障的原因。并以企业链传动系统故障处理为例介绍了刮板输送机链传动系统故障报告、分析及纠正措施系统。

5.6.2　地铁车辆可靠性评估与维修决策技术研究[5]

在城市轨道交通重要性不断提升的过程中，人们对城市轨道交通的依赖程度也不断增加。国内城市开通地铁后，客运强度随着运营时间不断上涨，一旦城市轨道交通运营形成线网，客流及客运强度呈现出爆炸性的增长，往往一个设备故障，就会造成大面积的服务晚点事件发生，故障社会影响大、关注度高。因此，保障城市轨道交通运营的高可靠度，便成了各大地铁运营公司、车辆制造厂家的重要任务。表 5.6 显示了近年来地铁安全事故统计。

表 5.6　近年来地铁安全事故统计

事　故　时　间	事　故　详　情
2022 年 1 月 22 日	上海地铁 15 号线发生了一起站台门夹人最终导致伤亡的事故，事故造成乘客死亡 1 人
2020 年 2 月 10 日	美国纽约地铁 7h 内发生 3 起意外，受害者两死一伤，其中两名男子被压死，另一名男子严重受伤
2017 年 3 月 20 日	西安政府召开发布会，证实西安地铁 3 号线工程中某公司提供的电缆，抽样送检结果全部不合格
2015 年 7 月 28 日	上海地铁 1 号线发生供电设备故障，造成沿线大量乘客滞留
2014 年 12 月 26 日	北京地铁 10 号线、5 号线发生信号故障，影响 6 条线路通行
2014 年 1 月 15 日	广州地铁 6 号线发生设备故障，列车在隧道中突然急停
2013 年 9 月 16 日	北京地铁 4 号线发生信号故障，全线列车采用降级模式运行
2013 年 2 月 20 日	南京地铁 1 号线突发故障自动刹车，司机采取紧急措施
2012 年 11 月 19 日	广州地铁 8 号线行驶中车厢内突然冒烟起火，乘客自行逃生
2011 年 9 月 27 日	上海地铁 10 号线发生严重的追尾事故，致 270 多名乘客受伤

1. 地铁可靠性指标及计算

进行地铁车辆维修策略优化的理论基础是可靠性工程及可靠性分析理论，国标 GB 3187 中对可靠性的定义：产品在规定的条件下、规定的时间内完成规定功能的能力。

目前在可靠性工程领域运用最为广泛的便是故障树分析法(FTA)和故障模式、影响及危害性分析法(FMECA)。FTA 是系统可靠性分析中应用最广泛的方法之一，通过对可能造成产品故障的硬件、软件、环境、人为因素进行分析，确定产品故障原因和各种可能的组合方式及其发生概率，从而有效地确定系统发生故障的各种途径，并提高系统的可靠性和安全性。

下面对地铁制动供风系统可靠性分析与维修策略分析来做可靠性设计说明。

研究对象所采用的制动方式为盘形制动中的轮盘制动。摩擦制动的动力来自压缩空气，提供压缩空气的系统称为供风系统，每节车配置了一套独立的制动供风系统。制动供风系统的主要部件包括空气供给设备、制动控制设备、基础制动单元、空气悬挂装置、受电弓用风设备、缘润滑用风设备、车钩用风设备等。

2. 制动供风系统的故障树分析

从观察到的制动供风系统实际故障中，可将制动供风系统故障分为电气类故障和机械类故障。再分别对这两类故障进行细化，建立故障树如图 5.12 所示。

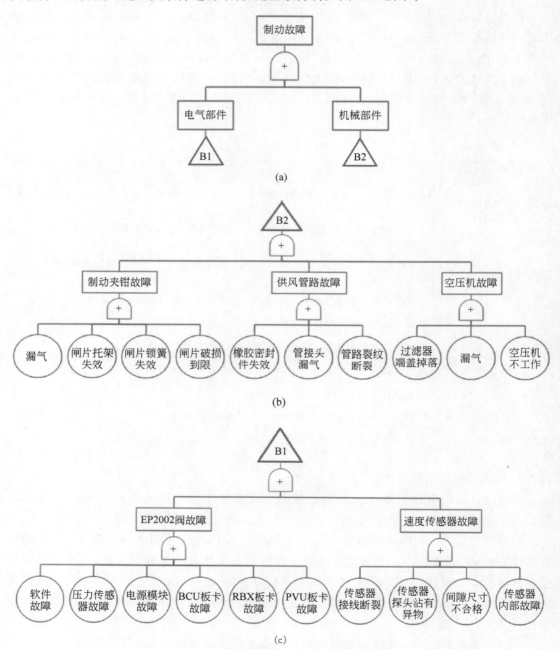

图 5.12　地铁制动供风系统的故障树分析

3. 制动供风系统失效模式与影响分析

根据故障树分析结果，结合某地铁公司某型车投入运营 12 年以来的故障数据，研究制动供风系统各个零部件(最小可更换单元)的故障模式,从严重度、频度、探测度三个维度进行评估,分析各故障模式对地铁车辆功能的影响。对制动供风系统进行 FMECA 分析,结果如表 5.7 所示。

表 5.7　制动供风系统 FMECA 分析

系统编号	系统	子系统编号	子系统	零部件编号	零部件	故障模式	失效原因	严重度 (S)	频度 (O)	探测度 (D)	风险排序等级
1	制动供风系统	01	电气部件	01	EP2002 阀	制动阀不工作	内部元器件损坏	3	1	3	9
				02		漏气	密封件失效	1	1	3	3
				03	BCU 速度传感器 G03	速度信号异常	接线断裂	2	2	2	6
				04			表面沾有异物	2	1	2	4
				05			间隙尺寸不合格	2	1	2	4
				06			器件本身故障	2	1	2	4
		02	机械部件	01	空压机	空压机不工作	电机故障	3	1	3	9
				02		过滤器端盖掉落	安装扭力过大	5	1	3	15
				03		漏气	密封件失效	1	1	3	3
				04	制动夹钳	闸瓦松脱	锁紧弹簧损坏	5	2	3	30
				05		漏气	密封件失效	1	1	3	3
				06	管路	漏气	管路损坏	3	1	3	9
				07			管接头损坏	3	1	3	9
				08	双针压力表	压力值指示异常	内部元器件损坏	1	2	3	6
				09	B09 电磁阀	漏气	密封件失效	1	1	3	3
				10	U03 电磁阀	漏气	密封件失效	1	1	3	3

5.6.3　基于失效物理与故障树分析的典型机载电子设备的可靠性[9]

对于大型电子系统而言,进行全系统的可靠性鉴定实验时,存在实验能力不能满足要求的困难;同时,又因为环境应力无法人为控制、系统有效工作时间有限等因素,进行外场可靠性定量评估又存在欠实验的风险。基于以上原因,本节将针对一种典型的复杂电子系统,某型号战机机载氧气监控器,通过失效物理方法计算元器件的故障率;再结合故障树对系统进行 FMEA 分析,通过系统级可靠性模型得到系统级失效的故障率和影响度分析,从而实现对大型电子系统在设计阶段可靠性的定量评估要求,消除了电子系统欠实验的风险,该研究也有助于对复杂电子系统的可靠性进行定量评估与提升。

近年来,随着科技实力的进步,我国在军用装备领域取得了长足的进步,越来越多的高精密电子产品开始被用于军事电子设备当中。机载氧气监控器作为战斗机中的一个重要电子设备，在飞机飞行环境不断发生变化的情况下，主要负责为飞行员提供正常的氧气气压检测。供氧不足或过度都将严重威胁飞行员的生命安全，从而导致飞行事故。因此，在系统的可靠性设计阶段对氧气监控器进行完备的 FMEA 分析就显得尤为重要。

机载氧气监控器的工作原理是通过内置的氧分压传感器，实时监控飞行过程中不同海拔下的氧分压值，若检测到氧分压值低于设定的安全值时，即产生报警。为了确保战斗机在飞行过程中供氧的安全性，本节针对某型战斗机上的氧气监控器进行 FMEA 研究，通过采用失效物理分析方法，对传统标准中基于统计的失效率数据进行补充与修正；通过故障树分析，克服了传统单因素分析方法应用于系统级时效果不佳的缺陷；再通过 FMEA 方法对系统失效模式进行失效率和危害度的计算。

1. 机载氧气监控器的可靠性评估与影响因素分析

本节所研究的机载氧气监控器内部的功能模块主要包括五部分：滤波电路、电源板、控制板、氧分压传感器和压力传感器。它们各自的功能如下。

（1）滤波电路：主要对输入机载电源进行滤波。

（2）电源板：将机载电源转换为各种所需电源。

（3）控制板：用于实现系统要求的各种功能，包括氧分压检测、压力检测、电磁阀控制、报警控制和通信等。

（4）氧分压传感器：用来对氧分压信号进行采集。

（5）压力传感器：用来对座舱压力信号进行采集。

典型机载氧气监控器的任务可靠性框图如图 5.13 所示。在氧气监控器内部，从可靠性分析的角度，可以将其看成五部分相互之间以串联形式连接，其中任一模块失效，氧气监控器都将不能正常工作。

图 5.13　典型机载氧气监控器的任务可靠性框图

在初步的失效模式分析中，发现该机载氧气监控器系统共包括 38 种失效模式，如氧气监控器 CAN 通信功能丧失、工作模式选择功能丧失、电磁阀驱动和报警驱动功能丧失，氧气监控器 CAN 通信功能下降、工作模式选择功能下降、电磁阀驱动和报警驱动功能下降，氧气监控器 RS422 通信功能丧失等。通过失效模式对系统功能的影响度分析，确认在这 38 种失效模式中，严酷度为 Ⅰ 类的有 1 个，Ⅱ 类的有 24 个，Ⅲ 类的有 13 个，Ⅳ 类的有 0 个，详见表 5.8。再通过对监控器系统这 38 种失效模式分别进行 FMEA 分析，确定了不同失效模式对系统可靠性的危害度大小，从而为提出提高系统可靠性水平的措施提供依据。为方便对 FMEA 方法在系统中的应用进行展示，本节选用一种严酷度等级高、危害度大的失效模式进行分析，即氧气监控器氧分压检测功能丧失，该失效模式可直接导致氧气监控器系统失效。

表 5.8　机载氧气监控器系统失效模式分布情况

严酷度	典型机载氧气监控器系统失效模式
Ⅰ 类	氧气监控器控制功能丧失

续表

严酷度	典型机载氧气监控器系统失效模式
Ⅱ类	CAN 通信、工作模式选择、电磁阀驱动和报警驱动功能丧失、RS422 通信电路发送功能丧失、RS422 通信电路接收功能丧失、RS422 通信功能丧失、电磁阀 A、B、C 控制功能丧失、电磁阀 A、B 控制功能丧失、电磁阀 A 控制功能丧失、电磁阀 B 控制功能丧失、电磁阀 C 控制功能丧失、电磁阀过电流保护功能丧失、工作周期选择功能丧失、工作周期选择控制功能丧失、升级引导控制功能和电磁阀过电流保护功能丧失、工作周期选择控制功能和电磁阀过电流保护功能丧失、过电压保护功能丧失、进气压力检测功能丧失、抗欠压浪涌功能丧失、升级引导控制功能和工作周期选择控制功能丧失、升级引导控制功能丧失、压力检测功能丧失、氧分压低告警功能丧失、氧分压检测功能丧失、自检告警功能和氧分压低告警功能丧失、自检告警功能丧失、座舱压力检测功能丧失
Ⅲ类	CAN 通信功能下降、工作模式选择功能下降、电磁阀驱动和报警驱动功能下降、CAN 通信电路发送功能丧失、CAN 通信电路接收功能丧失、CAN 通信电路接收和发送功能丧失、RS422 通信功能下降、电磁阀过流保护功能下降、过压保护功能异常、进气压力检测功能下降、抗欠压浪涌功能下降、控制功能下降、压力检测功能下降、氧分压检测功能下降、座舱压力检测功能下降
Ⅳ类	无

2. 基于失效物理的元器件级失效率评估

由前文可知,典型机载氧气监控器系统主要由滤波模块、电源板、控制板、氧分压传感器和压力传感器组成,其系统功能的实现需由各单位电子元器件的正常运行作为保证。因此,对监控器系统进行基于失效物理的可靠性分析,首先需要对电子元器件的失效现象进行鉴别分类,明确其失效是众多失效模式中的哪一种失效。表 5.9 为氧气监控器系统中,几种主要的电子元器件在应力环境下的失效机理,以及对应的失效模式。

表 5.9 氧监控器系统中几种元器件的失效模式及机理

器件或封装互连	失 效 机 理	失 效 模 式	主要影响因素
小功率二极管、三极管	腐蚀	开路	湿度、温度梯度
	电迁移(EM)	开路、短路、高阻、漏电	
大功率晶体管	腐蚀	开路	电过应力、高电流密度、温度
	电迁移(EM)	开路、短路、高阻、漏电	
电容	腐蚀	开路	电过应力、高工作电压、温度
	电迁移(EM)	开路、短路、高阻、漏电	

电子元器件失效主要取决于温度、湿度、电应力以及自身材料的强度,这些因素会造成器件的电迁移、腐蚀、热载流子效应、栅氧层击穿等失效机理的发生,最终导致元器件的失效。从表 5.9 中可以看到,不同的失效机理可导致同样的失效模式,而同一失效机理也可存在多种失效模式,例如,二极管在电迁移、腐蚀两种失效机理作用下,失效的发生都可能为开路。而二极管仅在电迁移机理的单独作用下,就可能会发生开路和短路等四种失效模式。

失效物理模型对电子器件的性能变化以及各种载荷随时间的变化给出了一个确定的定量关系或过程。因此,该部分研究将针对氧气监控器中电阻、电容、二极管等元器件的潜在失效机理进行建模,几种主要的失效物理模型如下。

1) 电迁移模型

电子元器件中电迁移是因为极高密度的电流在元件的内部不停地发生聚集移动,造成元件内形成缓慢的损耗现象。电迁移损耗下的互联寿命可由 Black 方程进行描述:

$$MTTF = \frac{WT^m}{Cj^n}\exp\left(\frac{E_a}{kT}\right) \tag{5-16}$$

其中,W,m,n,C 为材料参数,可以通过查表获得;E_a 为电迁移激活能;k 为玻尔兹曼常数;T 为热力学绝对温度;j 为电流密度;MTTF 为可靠性特征量,即平均寿命。

2) 腐蚀模型

电子元器件中金属物质长时间处在有湿气或者杂质存在的环境中就容易发生腐蚀失效。元器件腐蚀失效主要与湿度有关,其失效模型如下。

$$MTTF = A(RH)^{-n}\exp\left(\frac{E_a}{kT}\right) \tag{5-17}$$

其中,A,n,k 为常数,E_a 为激活能,RH 为相对湿度,T 为环境温度。

3) 热载流子效应模型

热载流子效应主要是由于器件沟道中局部电场过高,从而导致载流子获得较高的能量,以至超出了晶格温度;由于部分热载流子获得了过量的能量,已经超过了 Si-SiO$_2$ 界面的势垒,这部分热载流子就会注入栅氧化层中,从而导致参数漂移等失效模式的产生。因此,热载流子注入发生率与器件工作电压等有着直接的关系,其失效模型如下。

$$MTTF = \frac{WH}{I_{ds}}\left(\frac{I_{sub}}{I_{ds}}\right)^{-m}\Delta D_f^{1/n} \tag{5-18}$$

其中,$m,n,$WH 是与材料工艺相关的因子,I_{ds} 为漏-源电流,I_{sub} 为衬底电流。

以三极管的失效为例,由表 5.9 可以知道,三极管在电迁移或者腐蚀两种失效机理的作用下,都会发生开路失效。从可靠性角度来看,这两种失效机理中的任何一种,都可以独自引发三极管失效,因此这两种失效机理在可靠性模型中处于串联关系,如图 5.14 所示。

图 5.14 由两种失效机理引起三极管失效的串联可靠性模型

既然引起三极管开路失效的机理是电迁移与腐蚀的单独或共同作用,则由前文可知,串联模型的失效率为各子模块失效率之和,其表达式为

$$\lambda_s = \sum_{i=1}^{n}\lambda_i \tag{5-19}$$

在假设寿命服从指数分布的前提下,平均寿命 MTTF 与失效率 λ_s 之间为倒数关系,因此可以得出 λ_s 的值为

$$\lambda_s = \frac{1}{MTTF_{(电迁移)}} + \frac{1}{MTTF_{(腐蚀)}} \tag{5-20}$$

由前面可知,电迁移损耗下的互联寿命可由 Black 方程描述为 $MTTF = Aj^{-n}\exp\left(\frac{E_a}{kT}\right)$,腐蚀失效物理模型为 $MTTF = A(RH)^{-n}\exp\left(\frac{E_a}{kT}\right)$,代入上述公式,可得到三极管失效模式为

开路的失效率计算公式为

$$\lambda_s = \frac{1}{Aj^{-n}\exp\left(\dfrac{E_a}{kT}\right)} + \frac{1}{A(RH)^{-n}\exp\left(\dfrac{E_a}{kT}\right)} \tag{5-21}$$

通过查表可以得到三极管电流密度 $j = 0.1 \times 10^6 \, \mathrm{A/cm^2}$,玻尔兹曼常数 $k = 8.62 \times 10^{-5} \, \mathrm{eV/K}$,相对湿度为 50%,工作温度为 300K,则可求得电路中小功率三极管在电迁移和腐蚀影响下出现开路的失效率为 $3.091 \times 10^{-6}/\mathrm{h}$。

采用同样的方法,我们对引起系统氧分压检测功能丧失的其他几种元器件的失效率进行了计算,其结果为:电阻 R104 开路的失效率为 $0.013\,86 \times 10^{-6}/\mathrm{h}$,稳压二极管 V21 短路的失效率为 $0.082\,81 \times 10^{-6}/\mathrm{h}$,电容 C27、C72、C73 短路的失效率为 $0.0183 \times 10^{-6}/\mathrm{h}$,结果如表 5.10 所示。

表 5.10　最底层各失效模式的发生概率

失效模式	q_1	q_2	q_3	q_4	q_5	q_6
失效率 $\lambda_s(10^{-6}/\mathrm{h})$	0.013 86	0.082 81	0.0183	0.0183	0.0183	3.091

通过对以上分析方法进行总结,发现当多种失效机理共同作用于电子元器件时,可以在失效物理分析的基础上,建立各失效机理的可靠性模型,再根据各失效机理的可靠性关系模型,预计出电子元器件的失效率。

5.6.4　手机可靠性测试

当前在手机射频性能测试中越来越关注整机辐射性能的测试,这种辐射性能反映了手机的最终发射和接收性能。目前主要有两种方法对手机的辐射性能进行考察:一种是从天线的辐射性能进行判定,是目前较为传统的天线测试方法,称为无源测试;另一种是在特定微波暗室内,测试手机的辐射功率和接收灵敏度,称为有源测试。

无源测试侧重从手机天线的增益、效率、方向图等天线的辐射参数方面考察手机的辐射性能。无源测试虽然考虑了整机环境(如天线周围器件、开盖和闭盖)对天线性能的影响,但天线与整机配合之后最终的辐射发射功率和接收灵敏度如何,从无源测试数据无法直接得知,测试数据不是很直观。有源测试则侧重从手机整机的发射功率和接收灵敏度方面考察手机的辐射性能。有源测试是在特定的微波暗室中测试整机在三维空间各个方向的发射功率和接收灵敏度,更能直接地反映手机整机的辐射性能。

蜂窝电信互联协会 CTIA(Cellular Telecommunication and Internet Association)制定了空口 OTA(Over The Air)的相关标准。OTA 测试着重进行整机辐射性能方面的测试,并逐渐成为手机厂商重视和认可的测试项目。

1. OTA 测试的目的

目前只有通过 FTA(Full Type Approval,全型认可)认证测试的手机型号才能上市销售,在 FTA 测试中,射频性能测试主要进行手机在电缆连接模式下的射频性能测试;至于手机整机的辐射发射和接收性能,在 FTA 测试中没有明确的规定,而 OTA 测试正好弥补了 FTA 测试在这方面的不足。同时,终端生产厂家必须对所生产手机的辐射性能有清楚的了解,并通过各种措施提高手机辐射的发射和接收指标。如果手机辐射性能不好,将产生手机信号不好、语音通话质量差、容易掉线等多方面问题。

在手机通话时，由于人脑靠近手机天线，手机的发射和接收性能都会降低。在手机研发过程中应定量测量人脑对手机收发性能的影响，进行优化设计，减少人体和天线的电磁耦合效应。

除考察手机天线的无源性能之外，手机的有源性能也需要考虑。当前整机有源性能越来越受到终端厂商的重视，因此在手机辐射性能的考察中应将两种辐射性能综合起来考虑。目前，终端天线厂商在研发中一般都要求天线供应商提供无源和有源测试报告。

2. OTA 测试及手机其他的主要参数

在 OTA 测试中，辐射性能参数主要分为两类：接收参数和发射参数。发射参数有全辐射功率（Total Radiated Power，TRP）、近地部分辐射功率（Near Horizon Partial Radiated Power，NHPRP）；接收参数有接收灵敏度（Total Isotropic Sensitivity，TIS）、近地部分灵敏度（Near Horizon Partial Isotropic Sensitivity，NHPIS）。

TRP 是通过对整个辐射球面的发射功率进行面积划分并取平均得到的。它反映了手机整机的发射功率情况，跟手机在传导情况下的发射功率和天线辐射性能有关。

TRP 指标，一般是希望其较大，这样从 PA 出来进入天线的功率才被有效辐射，无线接口的连接性才比较好。

NHPRP 是反映手机的 H 面附近天线的发射功率情况的参数。

TIS 反映在整个辐射球面手机接收灵敏度指标的情况。它反映了手机整机的接收灵敏度情况，跟手机的传导灵敏度和天线的辐射性能有关。

NHPIS 是反映手机在 H 面附近天线的接收灵敏度情况的参数。

接收灵敏度就是接收机能够正确地把有用信号检测出来的最小信号接收功率。它和三个因素有关系：带宽范围内的热噪声、系统的噪声系数、系统把有用信号检测出所需要的最小信噪比。带宽范围内的热噪声经过接收机，这些噪声被放大了 NF 倍，要想把有用信号从噪声中检测出来，就必须要求有用信号比噪声再大 SNR 倍。要想让接收机接收到发射机的信号，信号电平强度一定要大于接收机的接收灵敏度。接收灵敏度值越小，说明接收机的接收性能越好。环境温度越高，灵敏度值就会变大，接收性能就会恶化，因此要尽量降低系统所在的环境温度。带宽越大，系统的噪声系数越大，灵敏度就会变大，接收性能也会恶化，这就要求设计接收机的时候，考虑到系统的带宽、噪声系数对灵敏度的影响。

接收的信号强度指示（Received Signal Strength Indication，RSSI）是无线发送层的可选部分，用来判定连接质量，以及是否增大广播发送强度。

RSSI 与接收功率 Rx（Received power）最大的区别在于 Rx 是手机侧指标，RSSI 是基站侧指标，分别指前向和反向接收到信道带宽上的功率。由于 RSSI 是通过在数字域进行功率积分而后反推到天线口得到的，反向通道信号传输特性的不一致会影响 RSSI 的精度。空载下 RSSI 的值一般在 -110dBm 左右。

吸收比率（Specific Absorption Ratio，SAR）是单位时间内单位质量的物质吸收的电磁辐射能量，用于测量手机辐射对人体的影响是否符合标准。目前国际通用的标准为：以 6min 计时，每千克脑组织吸收的电磁辐射能量不得超过 2W。这一标准是国际业界的通用标准。

SAR 值是衡量手机辐射量的可靠标准。1990 年，IEEE 制定了手机电磁辐射的衡量技术标准。1998 年,ICNIRP(国际非电离性照射保护委员会)也制定了类似的技术标准,标准中均采用 SAR 来度量手机电磁辐射的大小。ICNIRP 的标准得到了 ITU(国际电信联盟)和 WHO(国际卫生组织)的推荐以及绝大部分国家的支持,北美 FCC 采用的是 IEEE 标准,美国 CTIA 等行业组织还建议在手机外包装上标出 SAR 值。

目前由国家质量监督检验检疫总局牵头,联合国家计量院、卫生和计划生育委员会、环境保护局、信息产业部等单位组建的"电磁辐射国家标准制定联合工作组"正在联合我国的电磁辐射防护标准,其中也以 SAR 作为衡量手机辐射的基本限值。

5.6.5　建筑防水可靠性测试

经过改革开放后四十多年的发展,从建筑防水材料生产线的引进到消化吸收到再创新,在丰富了建筑防水材料种类,完善了配套材料和施工技术,培养了一大批研发、生产、施工、检测等专业技术人员的同时,建筑防水行业标准化也在工作者的不断努力下逐步发展、完善。

1. 建筑防水行业整体情况

目前,建筑防水材料(主要包括防水卷材和防水涂料)生产和施工企业有 3000 家左右,具有建筑防水施工资质的施工单位 12 589 家(目前,资质包括防水、防腐和保温),年产值约 2500 亿元。规模以上企业(年销售额在 2000 万元以上)近 641 家,防水卷材获生产许可证企业 1226 家(注:建筑防水卷材属于许可证管理范围),卷材产品生产线 2000 多条。

东北(集中在盘锦)、京津冀(集中在河北)、山东(集中在寿光)、苏浙沪、西南(集中在四川)等为防水材料主产区。山东、河北、江苏和辽宁是防水卷材生产规模最大的省份,获证企业都在百家以上;其次是浙江、安徽、湖北、陕西、四川和河南等省,获证企业各在 40 家以上。

建筑防水行业涉及住宅、工业建筑、地下工程、桥梁隧道、地铁、高铁、水利、机场等各类工程领域,全行业从业人员近两百万人。

2. 建筑防水材料

我国现代化的防水材料从引进国外先进生产线开始,通过消化吸收和再创造,形成体系。

1986 年,从国外引进第一条改性沥青防水卷材生产线开始,弹性体(SBS)和塑性体(App)改性沥青防水卷材获得了大面积应用,特别是中央 500 亿千克储备粮库中的成功应用,把我国建筑防水事业推上新的发展阶段。

新型建筑防水材料生产线的大量引进,结束了石油沥青纸胎油毡"一统天下"的局面,我国的建筑防水行业得到了快速的发展,逐步形成了防水材料品种、高中低档产品齐全,辅助材料和备配件基本配套,生产工艺相对稳定,施工工艺相对提高,标准化体系逐步完善的局面,在行业集中度、技术创新意识和水平、产品质量水平、人才培养、标准化、对外交流等各方面得到快速推进。

3. 建筑防水工程

建筑防水工程是整个建筑工程的重要组成部分。最早的建筑防水工程主要应用在屋面,用于遮风避雨,随着各类建筑材料的发展,以及建筑类型的多样化、建筑构造形式的复杂化,建筑防水工程的领域也逐步扩大了。

目前的建筑防水应用领域除了传统的屋面防水外，在以下领域也广泛应用：外墙防水工程，铁路和公路桥梁、市政工程等的防水工程，隧道、地铁、城市综合管廊、洞库等地下防水工程，水库、水池、排水渠、大坝等水利工程，发电站、核电站、海上石油钻井平台、港湾设施、垃圾填埋场等其他领域的防水工程。

经过多年的工程应用，各类建筑防水材料的施工工法也得到发展。沥青类防水卷材主要施工工法有热熔法、冷粘法（包括自粘、胶粘）、机械固定法；高分子类防水卷材主要施工工法有机械固定法（包括无穿孔机械固定法）、满粘法和空铺压顶法；建筑防水涂料主要施工工法有手工刷涂法、辊涂法、机械喷涂法。目前，根据市场实际需要还开发出了预铺反粘法和湿铺法等施工工法。

种植屋面系统技术是由种植、防水、排水、绝热等多项技术构成的一项新技术，也是最近几年发展起来的一类屋面系统，该屋面系统可以在一定程度上保温隔热、节能减排、节约淡水资源，对建筑结构及防水起到保护作用，滞尘效果显著，同时也是有效缓解城市热岛效应的重要途径。

种植屋面分为简单式种植和花园式种植。简单式种植是指利用低矮灌木或草坪、地被植物进行屋顶绿化，不设置园林小品等设施，一般不允许非维修养护人员活动的简单绿化。主要应用于受建筑载荷及其他因素的限制不能建造花园的屋顶。其主要绿化形式又分为覆盖式、固定种植池式和可移动容器绿化三类。

花园式种植是指根据屋面的具体条件，选择乔木、灌木、各类草本花卉草坪地被植物进行屋顶的植物配置，并设置园路、座椅和园林小品等，提供一定的游览和休憩活动空间的复杂绿化，其景观与功能实质上类同于露地庭院小花园。

种植屋面系统可以适用于平屋面、坡屋面和地下工程建筑顶板等。国家博物馆屋顶绿化工程、园林博物馆屋顶绿化工程、科技部节能示范楼屋顶绿化工程、天津市滨海新区管理委员会坡屋面屋顶绿化工程、上海市黄浦区政协人大屋顶绿化工程、厦门市中航紫金广场屋顶绿化工程、深圳市绿化管理处大楼屋顶绿化工程、成都市建设大厦屋顶绿化工程都采用此系统。

金属屋面有结构金属屋面和建筑金属屋面两种基本类型，前者是将金属板直接与檩条或条板相连，称为金属板屋面；后者金属板下面一般需要铺胶合板、定向纤维板等，称为金属瓦屋面。金属屋面表面往往有涂层或罩面，具有热反射功能。金属属于可再生材料，金属屋面的外观可以是波形瓦，也可以用仿传统的沥青油毡瓦、石板瓦、木瓦，颜色种类丰富。

机械固定法采用塑料、镀层碳钢或不锈钢等材质制成的固定钉、垫片、套管或压条等机械固定件，用于屋面防水时的块状保温和防水卷材的机械固定。

目前，高分子类防水卷材都可以与薄膜电池覆合。此外，还有与聚光电池覆合的高反射率热塑性聚烯烃（TPO）防水卷材、聚氯乙烯（PVC）防水卷材等。

过去几十年间，建筑防水材料的产品种类在不断增加，随着材料种类的增多，市场份额得到重新划分。自粘沥青类防水卷材使用率从 2006 年的 8.83% 上升到 2016 年的 19.28%，其施工便捷，采用冷施工工法。

建筑防水卷材目前工程中用量较大的是弹性体（SBS）改性沥青防水卷材、自粘沥青防水卷材、聚乙烯丙纶复合防水卷材、高分子防水卷材、塑性体（App）改性沥青卷材；建筑防水涂料以聚氨酯防水涂料和聚合物水泥基防水涂料为主导。

沥青复合胎柔性防水卷材工程应用量占比呈现显著的下降,主要是其属于低档产品,随着工程对产品质量要求的不断提高,低质量产品逐步被淘汰出建筑防水工程领域。

4. 建筑防水行业新技术

随着科技进步,建筑防水领域也从以房屋建筑防水为主,向工程建设防水方向发展。随着国家对基础设施工程的大规模投资,公路、高铁、地铁、轨道交通、水利、环保、港口和机场码头等工程领域也已发展成为建筑防水行业的新领域。

随着社会发展、技术进步、人工成本加大、工程质量要求提高和建筑防水工程类型的多样化,以及新领域对建筑防水的需求增加,在引进生产线、材料、技术的前提下,经过自主研发和创新,建筑防水行业近年来在新材料、新技术方面都取得了较快的发展。

5. 建筑防水行业标准

新中国成立初期,我国建筑防水行业长期处于落后状态,技术研发进展缓慢,产品品种不多,质量也不高,产品、施工标准技术落后。随着改革开放和我国加入WTO,经济获得了高速增长,特别是建筑业的大发展带动了建筑防水行业的快速发展,产品种类和品质、各类标准和技术、施工工艺和装备技术获得大发展的历史机遇。

目前基本实现了"以产品标准为主体,以工程建设标准为核心,以方法标准为支撑,以基础术语、节能环保、管理、原材料等标准为辅助"的标准化体系,支撑和促进了建筑防水行业的技术进步。

6. 建筑防水工程渗漏问题严重

"住"是人类最基本的需求,"防水"是"住"的基本功能需求之一。建筑防水行业的产品体系、生产技术、施工技术等基本能够满足社会经济发展的需要,但是渗漏率依然居高不下。据2019年中国建筑防水协会进行的全国建筑渗漏现状调查报告指出,在2013—2014年对30个大中型城市、880余个社区的3050栋楼房、1978个地下室调查后发现,95.64%的楼房顶层渗漏,56.17%的地下室存在渗漏。

渗漏率的居高不下,带来一系列的经济、社会关系问题,直接影响到了生活、工作和社会生产。

对于建筑防水工程渗漏率高的主要原因,目前的主流共识认为:①工程建筑领域低价中标;②建筑防水工程投资额偏低,使用的定额标准陈旧;③产品质量不高或使用假冒伪劣产品;④建筑防水工程施工方法不合理;⑤防水工人的职业化水平不高,技术能力低下;⑥政府监管力度不够等。

如果再深入分析一下,带来渗漏问题的根本原因在于建筑防水行业现有的标准化体系中存在诸多问题,如产品标准指标不高或缺乏科学性、工程建设标准缺乏数据支撑、标准体系不够完善、标准化研究基础薄弱等。

建筑物易产生渗漏水的主要有以下几个部位:屋面、地下室、卫浴间、外墙面。尤其是穿过结构墙体或楼板的设备管道部位,以及外墙窗洞口的缝隙,框架柱、梁、板构件边缘等部位,如图5.15所示。

目前防水材料市场的基本状况仍存在鱼目混珠、粗制滥造、质量低劣、假冒伪劣产品屡禁不止的局面。不少防水材料的生产者以牺牲产品的性能为代价来获取利润,致使防水工程质量难以保证。尤其是目前建筑防水工程的主导产品改性沥青防水卷材受到的冲击最大,假冒伪劣产品比正规产品的价格低很多,且市场占有率很大,使正规的大中型建筑防水

图 5.15　建筑面渗漏水状况

材料生产企业难以为继。

防水层所用材料应由设计人员严格遵照相关规范要求进行选择,但部分设计人员不熟悉防水材料的性能和品质,随意套用施工图集,细部防水构造详图不完整,防水设防标准不合理,所选材料不相容,防水层不连续,涂膜厚度不足,防水层不适应基面及施工环境等。每种防水材料以其特有的性能在不同部位发挥防水功能,有些材料营销人员认识不足或是出于商业目的,片面夸大材料的功能,使得设计人员或施工人员不能全面了解材料的性能,在使用这些材料或施工方法后,工程的防水质量不能达到要求。另外,还有不少建设单位干预防水设计甚至提出无理要求,而设计人员不顾职责随意更改防水方案,甚至将防水材料选材交由建设单位决定,建设单位或开发商为了自身利益,多数认同伪劣产品并恶意压价,从而导致防水设计不符合规范要求。

防水工程施工企业的施工管理人员对建筑防水不够重视,对防水工程施工无技术方案和技术措施,对防水部位的基层处理不够完善,进场材料未经严格的检查、送检和把关,部分施工人员技术素质较低、不懂防水操作工艺或者没有施工经验。另外,由于市场上的假冒伪劣防水材料泛滥,导致防水工程施工企业恶意竞争,将防水工程造价压得很低,使正规的防水工程专业施工企业难以中标。多数从事防水工程施工的企业自身没有相应资质,凭借挂靠关系以转包、违法分包的形式承接防水工程的施工。这些施工企业大肆偷工减料,雇用无资质工粗放作业,从而导致无法保证防水工程施工质量。

另外,由于建设单位或开发商主导市场,他们为了节约投资,对防水材料降低要求,甚至对假冒伪劣的防水材料视而不见,并纵容不具备相应资质或施工水平的防水工程施工企业竞争,未能起到监管作用;建筑物在交付使用后管理不当,如有的用户任意改变原有结构,致使防水构造层次受到破坏。

可靠性是保证防水工程质量的首要因素,可以通过设计、选材和施工等方面来实现。对建筑防水工程要进行全面严格的质量管理,才能真正解决渗漏率居高不下的问题。工程项目质量管理将在下篇中详尽论述。

5.6.6　波音 737 可靠性分析

波音 737 系列飞机是美国波音公司生产的一种中短程双发喷气式客机,自研发以来五十几年销路不衰,成为民航历史上最成功的窄体民航客机系列之一,已发展出 14 个型号。

波音 737 主要针对中短程航线的需要,具有可靠、简捷、极具运营和维护成本经济性的特点,但它并不适合进行长途飞行。根据项目启动时间和技术先进程度分为传统型 737、改进版 737、新一代 737 和 737 MAX。第一代成员为 737-100 和 737-200,第二代成员为波音 737-300、737-400 和 737-500,第三代成员为波音 737-600、737-700、737-800 和 737-900,第四代成员为波音 737 MAX7、737 MAX8、737 MAX9 和 737 MAX10。737 MAX 与空中客车 A320neo、MS-21 被称为当前最先进的单通道干线客机。波音 737 是民航界史上最畅销的客机(截至 2018 年),自 1967 年起已生产超过 10 000 架,并仍有超过 5000 架的订单等待交付,主要生产线是在华盛顿州的波音伦顿厂房。许多航空公司订购 737,来取代旧式的波音 707/727、DC-9 和 MD-80/90。

2022 年 3 月 21 日,东航一架波音 737-800 客机在执行昆明—广州航班任务时,于广西梧州上空失联。目前,已确认该飞机坠毁。机上人员共 132 人,其中旅客 123 人、机组 9 人。

1997 年 5 月的一天,波音 737-300 客机载客 65 名乘客登机,当天上座率不高,当飞机到达深圳上空时,机场周围空域下起了暴雨并伴有大风,风力等级最高达到了 7 级,能见度只有 1500m,对于即将降落的该航班来说,整体的气象条件偏差。由于机长采取了纵向姿态控制,飞机头始终处于一个偏低的状态,飞机在接触地面时,机头下方的前起落架先着地,垂直方向的过载系数高达 149g,超过了波音 737 型客机的机体损伤容限,导致前起落架轮胎瞬间爆裂,液压机构损坏,机体结构损坏,飞机也因此失控,在进入跑道时角度不对,发生了三次弹跳,高度一度超过 7 层楼,连续的冲击对机体和机翼内部结构都造成了损伤。此时机长立即推油门复飞,爬升到 1200m 的高度,盘旋待命,准备再次降落。就在这一系列操作后,飞控计算机立即发出了报警,主起落架无法收起,起落架只剩一个液压杆在外面,而副驾驶也发现自己的操作杆失灵了。面对这种危机情况,塔台方面立即在地面安排救护车和消防车,然而就在一切都准备就绪后,飞机发生了意外。

机组第二次落地时,机长选择在北面降落,然而由于飞机本身存在故障,尽管机长将驾驶杆拉到底,飞机最终还是以俯冲的姿态冲进了跑道,在滑行 600m 后,机体发生了结构性解体并引发了大火。7 名机组人员和 32 名乘客幸存,其余 33 人遇难。

图 5.16 显示了当时飞机着火的现场。

图 5.16　1997 年波音 737 飞机着火图片

2010 年 5 月 22 日凌晨,一架载有 166 人的印度快运航空公司波音 737-800 型客机在印度南部芒格洛尔机场降落时失事,机上 159 人遇难。报告认为,此次事故原因是机组操作失误。

2016 年 3 月 19 日凌晨,迪拜航空一架波音 737-800 客机在俄南部城市顿河畔罗斯托夫机场着陆时坠毁,机上 62 人全部遇难。俄罗斯联邦调查委员会发言人称,坠机原因不排除技术故障、复杂的气候条件和机组操作失误。

2018年10月29日,印尼狮航JT610航班737 MAX从雅加达起飞13min后坠毁,189名乘客和机组不幸遇难。

2019年3月10日上午,埃塞俄比亚航空公司一架737 MAX8客机起飞6min后坠毁,157名乘客和机组不幸丧生。

在2019年3月埃航空难发生后,中国民航局首先宣布在全球范围内停飞了波音737 MAX系列。自此,波音737 MAX飞机在中国的商业运营按下暂停键。在中国禁飞波音737 MAX飞机后,加拿大、印度尼西亚、韩国以及美国等多个国家的航空管理部门也出台了类似的停飞政策。

作为一款上市不久的明星机型,却短短半年连续发生两次重大事故,737 MAX被迫全球停飞,这一停飞就是两年。

据调查,以上两起空难均与MCAS系统被错误激活有关,由于波音向飞行员隐瞒了该系统的相关信息,航司和飞行员更是没有进行过任何相关培训,这也导致机组成员在事发时无法及时了解现实情况,并做出正确的处理。

2021年4月29日,波音公司宣布暂停交付737 MAX飞机,主要原因是电气系统的问题,受飞机上紧固件和表漆问题的影响,飞机电气系统接地路径可能存在接地问题,会引起备用电源系统、主仪表显示等故障,极端情况下,可能导致全部电源失效。

2015年,英国航空安全专家、莱斯特大学民用安全和安保部门主任西蒙·阿什利·贝内特曾撰文列出五个常见的坠机原因,分别是飞行员操作错误、机械故障、天气、故意坠毁和其他人为错误。

波音系列飞机的安全性受到质疑。据新华网报道,2019年,波音表示,各国航空运营商检查810架737 NG系列客机,发现38架出现结构性裂缝,需要维修、更换部件。

2020年7月24日,中国民用航空局曾颁发紧急指令,要求国内航空公司对波音737 NG和737 CL系列飞机的发动机引气5级单向活门进行检查。

波音737 MAX飞机的基本设计延续了1967年首飞的737 100上的很多特点,其中最主要的一点是机身的尺寸和布局。在20世纪60年代设计波音737的时候,出于方便发动机维护和适应恶劣起降条件的考虑,波音的工程师将飞机的起落架设计得较为短小。这样飞机维修人员就可以在不用梯子的情况下,直接维护位于机翼下方的发动机。但在波音737出现后的50年中,航空发动机的直径越来越大。波音737 MAX系列不得不将发动机的安装位置向机翼的前方移动,并尽可能升高。这样的改动造成了一个过去三代737飞机从未出现过的新问题——新的发动机安装位置会导致飞机在大攻角飞行的状态下进一步自动向上抬头,导致飞机进入失速状态。为解决这一问题,波音在737 MAX系列上新增了一个名为MCAS(机动特性增强系统)的系统,在必要的时候实现飞机"自动低头"的功能。

在印尼狮航JT610事故中,由于飞机大气计算机收到的错误的攻角数值,在飞机并未进入大攻角飞行状态的情况下,MCAS开始工作并造成飞机俯冲。

目前的初步调查报告中可以看出,飞行员在起飞后一直在与MCAS"争抢"飞机的控制权,试图阻止MCAS将飞机向低头的方向操纵。但由于MCAS始终在接收来自故障传感器的错误数据,因此飞机"自动低头"的指令一直没有停止。而飞行员也没有执行正确的应急程序,切断水平安定面配平作动系统的供电。最终飞机还是俯冲坠海。

业界现在普遍认为,波音 737 MAX 上 MCAS 系统这一设计,属于针对 737 这一平台的局限性进行"打补丁"的做法,并不能被认为是"设计缺陷"。但飞惯了老款 737 的飞行员对于这一新增系统的功能、应急故障处置熟悉程度不够,也可能是造成目前运行风险的一个原因。

飞机的系统整体可靠性符合"浴盆曲线"的原理,如图 5.17 所示,即在使用初期会有一段故障率较高的阶段——早期失效期。这一阶段的故障通常是由飞机在设计、制造,甚至是原材料方面的缺陷造成的。

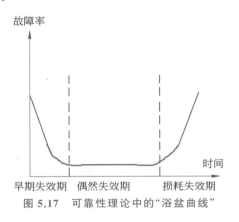

图 5.17　可靠性理论中的"浴盆曲线"

狮航事故发生后,对于波音 737 MAX 可能存在的运行风险,波音公司发布了紧急技术通告,评估软件升级的可能性,FAA 也发布了紧急适航指令,加强飞行人员训练。

5.6.7　车桥碰撞可靠性案例分析

由于车辆高度的差异和撞击部位的不同,车桥碰撞问题有两种类型:车辆撞击桥墩和超高车辆撞击桥梁上部结构。这两类事故在国内外均有发生,且后果往往是桥损车毁人伤。据相关部门统计数据显示,2000—2006 年间,北京近千座跨线桥中有近 50% 遭受过车辆的撞击,撞击导致的损坏桥梁数量占所有损坏桥梁数量的 20% 以上,可见现代城市车辆撞击桥梁事故频发。2019 年 4 月,杭州一名大巴司机未注意到桥梁限高标志,大巴以高速撞击艮秋立交桥,事故导致多名乘客受伤,大巴几乎被"削顶",如图 5.18(a)所示。2019 年 5 月,位于杭州秋涛北路的人行天桥被超载的大型货车撞击,导致桥体垮塌,上部匝道完全断裂脱落砸到一辆货车尾部,所幸并无人员伤亡,如图 5.18(b)所示。2019 年 7 月,在四川省绵阳市,一辆货车在通过人行天桥时因载物超高撞击梁体,导致该桥桥面开裂、梁体破损,人行天桥偏离原位置,如图 5.18(c)所示。除了城市公路跨线桥,铁路桥梁也存在受车辆撞击的可能性,且后果往往更为惨重。

2002 年 8 月 8 日,"自强号"列车运行至台中路段的铁路桥上,该铁路桥受到一辆超速超载的厢式大货车撞击,造成桥梁上部结构及铁轨严重变形,正在运行的列车脱轨侧翻,事故造成多人伤亡。2014 年 4 月 23 日,北京市顺义区一辆渣土车撞击大秦铁路桥梁,桥梁严重受损,桥旁限高栏被撞飞落在驶过的一列火车上,事故造成火车司机死亡,大秦铁路所有列车停运。2019 年 12 月 31 日,高密市一辆违规运输大件货物的卡车与胶济客运专线上的桥梁相撞,导致梁体受撞击部位混凝土脱落、钢筋裸露,铁路行车中断,如图 5.18(d)所示。

(a) 艮秋立交桥车撞事故

(b) 秋涛北路人行天桥车撞事故

(c) 绵阳市人行天桥车撞事故

(d) 胶济客运专线铁路桥车撞事故

图 5.18　车桥碰撞事故现场图

以上事故调查结果表明,受车辆撞击后桥梁上部结构主要的破坏形式为落梁破坏或支座损伤。跨度较小的简支梁桥或钢结构人行天桥往往因为质量较小,受到重载车辆撞击后易发生此类事故。车辆撞击产生的瞬时冲击力巨大,支座的横向约束能力不足导致上部结构位移过大,造成梁体脱落,但往往对桥墩影响不大。主梁混凝土保护层破损、钢筋裸露或产生裂缝,车辆撞击钢筋混凝土桥梁腹板,产生的剪切作用导致混凝土保护层被压碎,但所幸对桥墩影响不大,否则后果更为严重。

除此之外,桥梁被车辆撞击后,往往导致交通封闭从而造成大面积拥堵,直接影响人们的生活,产生巨大经济损失。撞击桥梁事故发生后,如何高效率检测桥梁、快速评估以及最大限度降低对交通的影响下制定修复加固决策等,都对目前的研究提出了更高的要求。然而,车桥碰撞的过程涉及大量的复杂非线性动力学问题,桥梁的结构形式、车辆类型、撞击位置等因素都将影响桥梁受撞后的损伤情况及受力状态。因此,必须综合考虑桥梁与车辆因素,对车桥碰撞的力学响应和桥梁的撞击损伤特点进行深入的研究,才能提出行之有效的桥梁抗撞击设计方法。

车辆撞击力规范取值有欧洲规范、美国规范以及中国规范等。

车桥撞击过程是一个发生在极短时间内的高速动力学过程,在此过程中桥梁损伤分布及发展情况很难观测,也很难测量结构内部特性,且成本、场地等因素也限制了撞桥实验的进行。进入 21 世纪,随着计算机性能的飞速发展以及数值计算领域的不断扩展,有限元数值计算方法成为处理冲击力学结构动力响应问题最可靠的方法之一。该方法可解决撞击接触过程中复杂的动力非线性问题,且操作成本低,对模型参数可以反复修改,模型实验中难以实现的工况在软件中可以比较容易地达成,计算精度也较高。详见参考文献[7]。

◆小　　结

本章讲述了可靠性工程的历史、可靠性的定义、电子设备可靠性设计方法、通信设备硬件可靠性设计要点、软件技术辅助提高可靠性、可靠性设计案例分析。作为工程师应尽力提高产品质量管理意识，在设计和施工中提高工程可靠性。

◆习　　题

1. 什么是可靠性工程？请简述可靠性工程的发展历史。
2. 如何定义可靠性？
3. 电子设备可靠性设计方法是什么？需要注意哪些问题？
4. 请简述通信设备硬件可靠性设计要点。
5. 软件技术如何辅助提高可靠性？
6. 举例说明可靠性设计方法。

工 程 伦 理

工程伦理是近年来探讨较多的领域,也越来越引起工程界及相关行业的重视。

工程伦理的核心内容是如何在工程造福人类的同时不违反伦理需求,包括工程中的各方利益权衡和公正抉择、环境伦理和工程师的职业伦理等相关内容。

其中,环境伦理又得到了特别的重视。国家领导人对于环境伦理的重要性做出了很多重要论述,对于我们深刻认识生态文明建设,坚持和贯彻新发展理念,正确处理好工程发展同生态环境保护的关系,具有十分重要的指导意义。

中华文明传承至今五千多年,积淀了丰富的生态智慧。"天人合一""道法自然"的哲理思想,"劝君莫打三春鸟,儿在巢中望母归"的经典诗句,"一粥一饭,当思来之不易;半丝半缕,恒念物力维艰"的治家格言,这些质朴睿智的自然观,至今仍给人以深刻警示和启迪。生态环境保护是功在当代、利在千秋的事业。要清醒认识保护生态环境、治理环境污染的紧迫性和艰巨性,清醒认识加强生态文明建设的重要性和必要性,真正下决心把环境污染治理好、把生态环境建设好,为人民创造良好的生产生活环境。

◆ 6.1　国外工程伦理教育

董小燕在《美国工程伦理教育兴起的背景及其发展现状》一文中探究了美国工程伦理教育的教育方法和手段以及实现形式和途径,在教育方法和手段方面提出高校在进行工程伦理教育时,使用情景模拟、小组设计以及讲解真实工程案例等方式来传达处理伦理问题的经验。提出工科院校主要采用单独设课、集中学习以及课程整合、有机渗透两种形式或途径进行工程伦理教育。王冬梅、王柏峰在《美国工程伦理教育探析》一文中对美国工程伦理教育的内容和目标、三种课程形式(独立工程伦理课程、工程伦理与技术课程整合、工程伦理与非技术课程整合)、三种教学方法(使用案例法、充分利用教学材料、利用互联网)进行说明,并在此基础上,对美国工程伦理教育经验进行总结,得出了"宏观伦理"这一概念并且将其并入教育的内容和目标中,将工程伦理教育以多种方式引入课程,由道德理论的抽象说教转向实践分析的案例教学,以及通过认证制度引导推动工程伦理教育发展。

◇ 6.2　工程伦理学定义

在工程建设中,要遵循一个很重要的准则,就是符合工程伦理。

工程伦理学是一种应用伦理学对工程技术人员行为的"对"和"错"进行系统思考和研究的学科。它的核心是思考工程的过程和最终结果以及工程师在工程建设中的伦理责任。它包含两个任务,一是工程师需要了解职业规范,二是工程师需要培养训练自己分辨是非的能力。关于工程与哲学社会的关系会在《工程概论(下册)》中进行详述,本章主要讨论工程伦理学。

6.2.1　伦理学基本问题

伦理是指人与人在交往中形成的人际关系以及处理这种关系时应遵循的准则。伦理和道德的概念有所交叉。道德是指人们在社会生活中应遵循的原则和规范,以及将这些外在的原则和规范内化而形成的品质、情感和精神境界。

伦理学的基本问题就是判断工程或个人行为方式的好坏与恰当与否,它有以下几种理论。

(1)功利论:关注工程行为是否有助于增进幸福,或者说大多数人的最大幸福。

(2)义务论:义务论也叫"道义学""本务论""道义论""非结果论"。在西方现代伦理学中,指人的行为必须遵照某种道德原则或按照某种正当性去行动的道德理论,与"目的论""功利主义"相对。

义务论强调道德义务和责任的神圣性以及履行义务和责任的重要性,以及人们的道德动机和义务心在道德评价中的地位和作用,认为判断人们行为的道德与否,不必看行为的结果,只要看行为是否符合道德规则,动机是否善良,是否出于义务心等。

(3)契约论:指伦理依照契约而展开,按契约履行责任义务,并对违约承担道德后果的伦理观象和伦理类型。本质上是商品经济和法制文化高度发展的产物,同时也代表了现代伦理发展的一种趋势和要求。契约伦理是一种程序伦理,它强调按彼此约定的契约程序办事处世;同时也是一种意图伦理,契约是当事人双方或多方意志和愿望的程序化表现。契约的订立与维护,体现了主体之间的意志自由、权利平等和义务平等。契约是在当事人权利和义务对等的基础上得以订立并发挥作用的,体现着当事人之间权利义务平等的内在要求。契约伦理在当代中国改革开放的浪潮中兴起,反映了中国伦理文化从注重身份到注重契约的巨大变迁。

(4)德性论(美德论):拥有德性,并在实践中践行德性的行为才是正当的、好的行为。

伦理学研究领域主要包括以下几方面。

(1)道德和利益的关系问题,包括经济利益与道德的关系问题,个人利益与社会利益的关系问题。

(2)善与恶的矛盾及其关系问题。

(3)道德与社会历史条件的关系问题。

(4)应有与实有的关系问题。

(5)伦理与利益的关系问题。

（6）道德规范与意志自由的关系问题。

（7）道德观的问题，包括道与德、义与利、群与己的关系问题。

（8）人的发展及个体对他人和社会应尽义务的问题。

例如，医生对 100 名儿童进行令人痛苦、有致命危险的实验，假如医生保证通过实验将来可救活 10 000 000 个儿童，那么，这个科学实验就是合乎伦理的吗？

6.2.2　优秀工程项目示例

图 6.1 是好工程的示例。澳大利亚悉尼歌剧院，建筑与周围环境的完美融合代表了当时建筑技术和建筑材料的最高水平。

图 6.1　澳大利亚悉尼歌剧院

青藏铁路建设工程很好地解决了工程与生态之间的矛盾。2002 年 6 月下旬，为了让9000 只临产的藏羚羊通过青藏线五道梁建设工地，前往可可西里卓乃尔湖地区产仔，承担该段施工的中铁十二局、十四局施工人员，暂停部分地段施工，拔掉彩旗，撤离人员和机械，保证了藏羚羊的顺利迁徙。

6.2.3　工程伦理学

在工程建设中，要遵循一个很重要的准则，就是符合工程伦理。

工程伦理学是一种应用伦理学对工程技术人员行为的"对"和"错"进行系统思考和研究的学科。它的核心是思考工程的过程和最终结果以及工程师在工程建设中的伦理责任。它包含两个任务，一是工程师需要了解职业规范；二是工程师需要培养训练自己分辨是非的能力。关于工程与哲学社会的关系会在《工程概论（下册）》中进行详述，本章主要讨论工程伦理学。

◆ 6.3　工程伦理学的特点和规则

人们常常把工程伦理学等同于工程师的职业道德。职业道德是工程伦理学的一个基本的层次，但远不是它的全部。工程伦理学涵盖哲学、文化、心理学、经济学、法律等诸多领域。

工程伦理学的研究范围包括文化建设、素质教育、工程设计责任、环境伦理、利益伦理等。

工程伦理的落实准则有以下几点。

第一，以人为本原则。

第二,关爱生命原则。
第三,安全可靠原则。
第四,关爱自然原则。
第五,公平正义原则。

◈ 6.4　工程伦理分类

我们可以把工程伦理分为以下几方面进行研究,具体划分为技术伦理、环境伦理、责任伦理和利益伦理,如图 6.2 所示。

图 6.2　伦理划分

技术伦理涉及不同领域不同专业的可靠性分析和质量监管等内容。环境伦理将在 6.6 节讲述。责任伦理和利益伦理在我们古圣先贤的著作中不乏描述和指导,对于指导现代工程师进行专业设计具有重要意义。

下面以历史上发生的几起事件来进一步阐述工程技术与伦理的关系。

6.4.1　1945 年广岛的原子弹爆炸

1945 年 8 月 6 日,美国在日本广岛扔的第一颗原子弹相当于 1.5 万吨 TNT,立即摧毁了 4 平方英里的市中心,造成 6.6 万人死亡,6.9 万人受伤。8 月 9 日,美国在日本长崎又投了第二颗原子弹,造成 3.9 万人死亡,3.3 万人受伤。次日,日本提出投降谈判。

1945 年 8 月 6 日,当爱因斯坦得知日本广岛遭原子弹轰炸的消息时,感到极度震惊。"科学家的悲剧性命运使我们帮忙制造出来了更可怕、威力更大的毁灭性武器,因此,防止这些武器被用于野蛮的目的是我们义不容辞的责任。"

美国克里斯廷·拉森所著《霍金传》中称"科学的发展已经证实了,我们是广阔的宇宙中很小的一部分,这小小的一部分要用理性的法则来治理,希望我们还能用法则来治理我们的事务。然而科学的发展也使我们受到了威胁——它会毁掉我们的一切……让我们尽量地能够促进和平,确保下个世纪以及更远的将来我们人类还能继续存在。"

6.4.2　1986 年挑战者号航天飞机发射事故

美国东部时间 1986 年 1 月 28 日上午 11 点 39 分,美国佛罗里达州上空,挑战者号升空

73s后发生解体，七名航天员全部遇难。由于火箭右侧固态火箭推助器的 O 型环密封圈失效，加之当时气温低以及火箭升空后遭遇强烈的不稳定气流进一步导致密封圈内高温气体喷出而加剧火箭解体。

上述事例中人员的伤亡和大量资金的耗损提醒我们思考：这样的科技探索是否值得去做？

6.4.3   如何处理工程实践中的伦理问题

处理工程实践中伦理问题思路总结如图 6.3 所示。

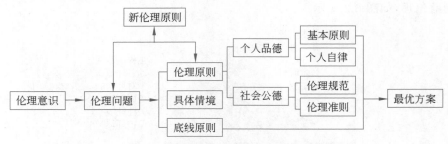

图 6.3   处理工程实践中伦理问题思路

可以看到，树立正确的伦理意识是正确处理工程实践中伦理问题的第一步。

◆ 6.5   中华传统文化和责任伦理及利益伦理

6.5.1   中华传统文化和责任伦理

责任意识与实现中华民族伟大复兴的中国梦目标紧密相连。在中华优秀传统文化的大观园中，诸子百家熠熠生辉，儒道释和谐共生，古往今来的先哲们在不断解释、追问、探寻责任的主体、责任的体现、责任的传承过程中，形成了中华民族特有的责任伦理精神。中国传统文化博大精深，要学习和掌握其中的各种思想精华，作为工程设计人员要担当起该担当的责任。中华优秀传统文化蕴藏的"天下大同"的理想抱负，"止于至善"的品行追求，"修齐治平"的人格实践，从国家层面、社会层面和个人层面体现了责任情怀、责任意识与责任担当。继承和发展中华优秀传统文化中的责任伦理思想，是时代赋予每个人的职责使命。

优秀传统文化中"天下大同"的理想抱负，体现为在国家层面上的责任情怀"大道之行也，天下为公。"古往今来，进步思想家总是将建立"大同社会"作为最高的理想孜孜追求。从先秦道家"小国寡民"的理想社会模型，儒家"老有所终，壮有所用，幼有所长，矜寡孤独废疾者，皆有所养"的大同理想抱负，到近代康有为"无邦国，无帝王，人人平等，天下为公"的大同社会追求，无数贤人志士以一种"先天下之忧而忧，后天下之乐而乐"的责任意识，彰显出"天下兴亡，匹夫有责"的责任担当，探求救国救民和国富民强的各种方案，将个人、家庭的前途命运与国家的前途命运紧密相连，谱写出绵延不绝、源远流长的 5000 年中华文明史。中华优秀传统文化中这种家国共同体和贯穿其中的"天下大同"的理想抱负，正是主体在国家层面上责任伦理的生动实践。

继承与弘扬中华优秀传统文化在国家层面上的责任情怀，就是要求主体具备以天下为己任这种家国情怀的担当精神。家国情怀应当成为每一个中华儿女的共同情怀。当前,我们从未像今天这样接近实现中华民族伟大复兴的目标,但发展和前进中出现的一系列突出矛盾和挑战必须面对,诸多的困难和问题必须解决。这就更需要每一个人贡献出自己的智慧,担当起自己的责任,彰显出自己的情怀,树立起对国家和民族的责任感、归属感、认同感、尊严感与荣誉感。发掘传统文化中的国家责任伦理资源,心怀家国天下的责任情怀,将个体的追求融入国家的追求之中,将个人的梦想融入实现中华民族伟大复兴的中国梦之中。

优秀传统文化中"止于至善"的品行追求,体现为在社会层面上的责任意识"人是社会关系的总和"。人总是生活在社会网络和关系当中。人的社会性,规定了个体在社会实践活动中角色的承担性以及相关社会义务的履行性。作为责任主体的人,怎样有道德、负责任地为人处世,真正成为一个社会人,是责任主体对在特定社会关系中应承担责任与义务的理性选择和自觉遵从。中华优秀传统文化中关于主体社会责任的思想博大精深、意蕴深远,如"己欲立而立人,己欲达而达人""人而无信,不知其可也""老吾老,以及人之老;幼吾幼,以及人之幼"等,从人际伦理、职业伦理、交往伦理方面对主体所应承担的社会责任进行了大量阐述,凸显出社会性规定对主体在社会层面上的责任伦理要求。

继承与弘扬中华优秀传统文化在社会层面上的责任意识,就是要求主体具备一种对社会负责、对社会担当的责任意识。越是处于社会转型发展的关键期,主体的社会责任越发凸显其现代价值。发掘传统文化中的社会责任伦理资源,着力培育社会责任意识,能够有效引导个体树立内心的社会责任担当信念,培育作为社会人应当具有的责任伦理,进而实现社会的和谐发展。

优秀传统文化中"修齐治平"的人格实践,体现为在个人层面上的责任担当"克明俊德""为政以德"。个体生命之所以有意义,就在于生命个体在对道德和人格的追求中的价值实现。这种实现既体现为对国家、社会和家庭的责任情怀与责任精神,更内在体现为对生命个体的责任意识与责任担当。因此,修身立德、向上向善一直以来就是中华优秀传统文化对个体责任伦理的要求。"太上有立德,其次有立功,其次有立言,虽久不废,此之谓三不朽",这就把对道德的追求作为人生的终极目标;"修身、齐家、治国、平天下",首先强调的就是修身立德,对自我品行的修身,对自我责任的修身,对真善美追求的修身等。中华优秀传统文化对个体圣贤人格的追求,成为千百年来无数仁人志士孜孜以求的生命价值责任与担当。

继承与弘扬中华优秀传统文化在个人层面上的责任担当,就是要求主体在人格养成、心性修为上追求和养成一种"人皆可为尧舜"的理想人格,勿以善小而不为,勿以恶小而为之,对自我培育起一种从"小我"到"真我"的责任伦理,具备一种对自己负责的责任担当。市场经济交易原则侵袭下的主体,面临着道德滑坡和信念缺失的现代问题,如何恪守心中的道德律令,如何坚守自己的道德底线,如何回答"我是谁,为了谁,依靠谁"三个命题追问,进而在报效祖国、服务社会的生活世界中实现人格的完善、道德的提升、自由而全面发展的意义世界,是个体生命价值的终极意义所在,这也正是中华优秀传统文化责任伦理在个体层面的根本要求。

6.5.2　中华优秀文化和利益伦理

我国正处于经济社会转型时期,劳动关系的主体及其利益诉求越来越多元化,劳动关系矛盾已进入凸显期和多发期,劳动争议案件居高不下,有的地方拖欠农民工工资等损害职工利益的现象仍较突出。从某种程度上来说，劳动关系矛盾已成为当前我国社会矛盾的重要方面。

《中共中央国务院关于构建和谐劳动关系的意见》强调"各级党委和政府要建立健全构建和谐劳动关系的领导协调机制"，政府作为社会主导性、引领性组织，在构建和谐劳动关系中的主导作用日显突出。中国传统经济伦理思想的"敬德保民""天道酬勤"的劳动理念，"仓廪实而知礼节""恒产恒心"的富民理念，"力戒奢侈"与"俭奢统一"的消费理念，对于政府主导构建和谐劳动关系具有重要的借鉴价值。周代思想家特别强调劳动致富光荣的意义，提出"慎之劳，劳则富"，并提出"敬德配天"命题，"天亦惟用勤毖我民"成为后世"天道酬勤"思想的雏形。周公认为"先知稼穑之艰难，乃逸，则知小人之依"，在周公的带领下周成王经常亲自耕作，与百姓一起共同参加劳动生产，亲耕作风的劳动伦理对中国传统政治伦理产生深远影响。墨子把劳动视为人与动物的根本区别，人类正是依赖自己劳动所创造的物质财富才得以生存下来，生产劳动不仅是人类最终从动物界分离出来的决定因素，而且也是社会财富的真正来源。墨子同时说"下强从事，则财用足矣""强必富，不强必贫，强必饱，不强必饥"，财富是由人们的劳动创造的，劳动越努力创造的财富就越多。在构建和谐劳动关系过程中，高度重视中国传统经济伦理"劳动光荣""天道酬勤"的思想传承，对于整个社会形成更为浓厚的"劳动光荣"氛围意义重大。

劳动是财富的源泉，也是幸福的源泉。人世间的美好梦想，只有通过诚实劳动才能实现；发展中的各种难题，只有通过诚实劳动才能破解；生命里的一切辉煌，只有通过诚实劳动才能铸就。在"劳动光荣"的浓厚理念倡导下，当代劳动者群体不仅有力量，而且有智慧、有技术、能发明、会创新。

春秋时期管子提出"仓廪实而知礼节，衣食足而知荣辱"，强调经济发展决定着文化发展水平。孟子认为，"民之为道也，有恒产者有恒心，无恒产者无恒心。"仁政必须让百姓拥有"恒产"，使百姓具有必要的生活物质基础，百姓拥有"恒产"就会有常存的善心，对于维护社会稳定和善良风俗具有极其重要的意义。孔子对于满足人类基本生存需要的"饮食之利"，以及通过正当方式取得"利"的伦理正当性持肯定态度，并在此基础上提出"富民""富国"生产观。荀子以"富国"为目的、以"富民"为手段，提出著名的"下富则上富"论。老子指出："圣人无常心，以百姓心为心。"也就是要站在老百姓的立场上考虑问题。"仓廪实而知礼节""恒产恒心""下富则上富"的"富民"思想是中国传统经济伦理思想的重要内容，也成为我们党带领人民群众进行革命建设的重要传承。党的十八大报告指出，实现发展成果由人民共享，必须深化收入分配制度改革，努力实现居民收入增长和经济发展同步，劳动报酬增长和劳动生产率同步，提高居民收入在国民收入中的比重，提高劳动报酬在初次分配中的比重。体现了党的民生优先、惠民富民政策取向，对于和谐劳动关系构建必然起到极为重要的促进作用。

孔子曰："百姓足，君孰与不足？百姓不足，君孰与足？"作为统治者必须"因民之利而利之"，就是顺着老百姓可以得利的方面引导他们去做能得利的事，使他们得到利益，也就是顺应和满足人民的物质欲望。

荀子说："足国之道，节用裕民，而善藏其余。节用以礼，裕民以政。"即富国先要富民，统治者要节用裕民，以政裕民。以"八项规定"为起点不断深入推动的党风廉政建设体现着从严治党的要求，也体现着中国未来"珍惜民力""实干兴邦"的施政导向。"力戒奢侈""崇尚节俭"是中国传统经济伦理极为突出的理念,周公引用文王的话"饮惟祀、无彝酒、执群饮、禁沉湎",即不要酗酒,祭祀时可以喝酒,但要以道德约束自己,酒文化从根本上不利于社会经济的发展,政府应当大力提倡节约美德。

管子被称为中国古代第一位站在经济学的角度考量伦理道德的思想家,其中有别于中国古代许多思想家之处在于他并非一味反对奢侈消费,首先,他认为从发展经济来说适当超前消费是必要的,应鼓励人们在"积"的基础上大胆消费才能促进生产的发展。其次,应鼓励人们发财致富,满足人们的物质生活需要,"足其所欲,瞻其所愿,则能用之耳"。最后,正是基于社会经济发展以及社会伦理道德的积极影响,管子主张要发展商业经济,对于国家税收的增加和社会各阶层消费水平的提高起到十分重要的作用。

以上三方面的主张对于消费拉动经济增长、促使劳动者收入增加具有重要借鉴意义。消费是经济增长的原动力,在人类社会的漫长历史中,正是由于人类对消费水平不断提高的愿望和追求刺激着生产力的发展,不断提高劳动者收入水平从而使扩大内需消费在成为拉动经济增长的重要主导力量的同时,也成为促进劳动关系和谐的重要杠杆推动力。

6.6　环 境 伦 理

6.6.1　环境伦理研究进展

《中华人民共和国环境保护法》把环境定义为影响人类生存和发展的各种天然和经过人工改造的自然因素的总体,包括大气、水、海洋、土地、矿藏、森林、草原、野生动物、自然遗迹、人文遗迹、自然保护区、风景名胜区、城市和乡村等。

环境问题包括原生态环境问题和次生态环境问题,如图 6.4 所示。

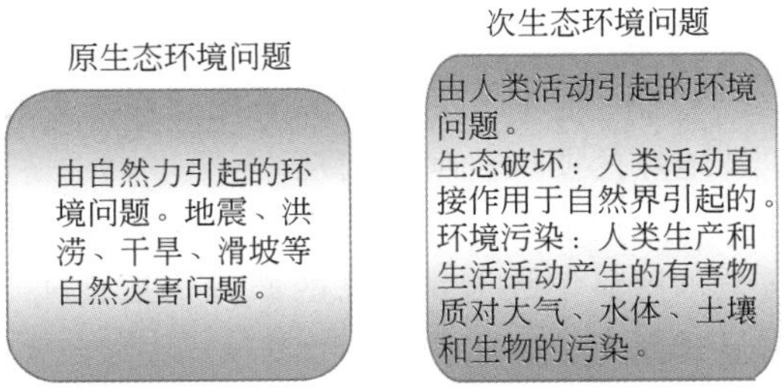

图 6.4　环境问题分类

环境问题很早以前就引起了人们的重视。可以把它的发展分为以下几个阶段:

(1) 环境问题的萌芽阶段(工业革命以前):采集和捕食天然食物,生产力水平低,农业、畜牧业沙土流失、水旱灾害频繁和沙漠化;土壤的盐碱化、沼泽化以及疾病的流行。

(2) 环境问题的恶化阶段(工业革命至 20 世纪 50 年代前):机器劳动代替手工劳动,生产力水平高;资源的掠夺性开发;把环境当作天然垃圾场以及化学品的生产。

因现代化学、冶炼、汽车等工业的兴起和发展,工业"三废"排放量不断增加,环境污染和破坏事件频频发生。此阶段发生的八大公害事件如下。

(1) 比利时马斯河谷烟雾事件(1936 年 12 月)。

(2) 美国多诺拉镇烟雾事件(1948 年 10 月)。

(3) 伦敦烟雾事件(1952 年 5 月)。

(4) 美国洛杉矶光化学烟雾事件(1940—1960 年)。

(5) 日本水俣病事件(1952—1972 年间断发生)。

(6) 日本富山骨痛病事件(1931—1972 年间断发生)。

(7) 日本四日市气喘病事件(1961—1970 年间断发生)。

(8) 日本米糠油事件(1968 年 3～8 月)。

1. 环境问题的第一次浪潮

人口迅猛增加,都市化速度加快,工业区不断集中和扩大,能源消耗大增。1972 年,在斯德哥尔摩举办了人类环境会议。

2. 环境问题的第二次浪潮

全球性的大气污染,如"温室效应"、臭氧层破坏,大面积生态破坏,如大面积森林被毁、草场退化、土壤侵蚀和沙漠化,人为特征日益突出,突发性环境污染事件不断。

1992 年,在里约热内卢召开了环境与发展大会。环境工程科学发展为一门学科。它包含大气污染防治工程、水污染防治工程、固体废物的处理与利用工程、噪声控制、环境污染综合防治、自然资源综合开发和保护。

电影《第 11 小时》访问了超过 50 名与地球生态学有关的科学家、思想家和政治人物,其中包括著名物理学家史蒂芬·霍金和前中央情报局局长詹姆斯·沃尔斯等。影片不但揭示了气候异常变化给人类社会带来的危机,并对由此引发的全人类共同面对的各种难题,做了全球性的探索和深入研究。影片《家》,以上帝的俯瞰视角向世人展现了地球的绝美以及日趋危急的现状。明天并不遥远,但我们该选择怎样的未来?

全球变暖会导致海平面迅速上升,纽约等大城市可能会迎来洪水,世贸中心遗址将被淹没,极端气候和疫病的出现将更加频繁,一些地区将饱受暴雨或干旱折磨。经过四十亿年的漫长演变,地球变成一个物种繁多、资源丰富、奇特美丽的蓝色星球。然而自人类出现以来,我们只用了二十万年的时间,便将地球的宝贵资源消耗殆尽。珍稀物种灭绝,原始资源奇缺,污染日益严重,人类以及地球的明天将何去何从?

电影《难以忽视的真相》向人们展示了大量有关全球变暖给人类带来巨大危害的、无可争议的事实和信息。导演戈尔用科学数据和自己的亲身经历证实了全球变暖的存在,去反驳那些认为全球变暖不明显或尚未被证实的人。

电影《后天》讲述了在上个冰河世纪结束的时候,恐龙灭绝了,而人类幸运地存活了下来,那么如果又一个冰河世纪来临,人类还可以幸免于难吗? 其宣传海报如图 6.5 所示。

2009 年,第 81 届奥斯卡最佳动画长片奖《地球废品分装员》讲述了在公元 2700 年,地球早就被人类祸害成了一个巨大的垃圾场,已经到了无法居住的地步,人类只能大举迁移到别的星球,然后委托一家机器人垃圾清理公司善后,直至地球的环境系统重新达到生态平衡。

咸海的不断缩小也反映了人们对环境的过度开发。咸海 50 年间消失 60 000km²,咸海是怎么被榨干的?

图 6.5　《后天》电影宣传海报

6.6.2　新的环境伦理观念

20 世纪 80 年代以后,西方环境伦理学研究在以下几方面展开。

(1) 重新反思了对待大自然的态度,探讨了主流价值观与环境主义价值观是否相容问题,如现代人类中心主义伦理学。

(2) 把道德关怀的对象从人扩展到了动物,如动物解放论和动物权利论。

(3) 系统地阐述了人对所有生命所负有的义务,如生物中心论。

(4) 系统阐述了人在自然界中的位置以及人对物种及生态系统所负有的义务。

人类是整个生态系统中的一部分;环境为人类提供的资源是有限的,自然环境的容量是有限的;每个人都有享受好环境和开发使用资源的权利,同时,每个人也有保护和改善环境的道德义务;环境与资源不仅属于当代人,更应属于后代人;人类要及时、坚决彻底地纠正以自然界主人自居,把对环境的破坏性改造当作战胜自然的成果的错误观念。

人是自然的一部分,人应该学会尊重自然;地球不仅创造了人类,而且恰到好处地为人类的生存提供了适宜的环境;人必须改变以自然为对手的逻辑,学会与自然和睦共处。

环境伦理应当倡导最大限度地保护地球上多种多样的生物资源,维持人类赖以生存的基本生态系统,持续地利用物种和生态系统。因此,伤害野生珍稀动物和植物的行为是不道德的,滥用、破坏生物资源,从而导致破坏基本生态过程也是不道德的。

应该倡导代际公平。本代人对未来世代的子孙的生存可能性负有责任。为后代人着想,这是本代人的责任。代内平等的原则要求资源和环境在代内进行公平分配。采取资源环境公正配置的原则,缩小贫富两极分化。贫困者的生存需求应当优先于富有者的奢侈需求。

地球有限主义遵守持续生存原则,也即人类在自然中持久地、更好地生存;认清自然资源的极限,反对掠夺性开发资源,倡导可持续的生产和生活方式,节俭使用自然资源。

人类面临的威胁,不是来自自然界的敌对力量,而是来自人类日益增长的对付自然的力量。地球的承载力是有限的,我们必须持久地和节俭地使用地球上的资源。在使用不可再生资源时,必须防范把它们耗尽的危险,并确保每个人都能够分享从这样的使用中获得的好处。要开发和利用可再生资源，努力使资源增值，抑制资源生产率下降，防止资源破坏和流失，保证资源可持续利用。

6.6.3 环境价值与伦理准则

工程活动中消耗大量能源和天然资源，产生各种建筑垃圾、废弃物、化学品和危险品，对环境造成很大影响。工业污水造成水污染，机械运动或电磁波产生噪声和振动，化工产业有害气体或粉尘排放造成空气污染。

在工程活动中必须有环境道德要求。工程建设需要的物质资源来自自然环境，一旦环境被损害，反过来对工程系统会造成直接或间接的危害。

例如，公路工程建设与环境保护中的环境道德包括合理地利用土地资源：尽量不占用价值较高的土地，如农业用地、森林用地、野生动植物保护用地等；尽量减少对森林植被的破坏，避免造成水土流失，引起水质污染，影响沿线动植物生长；尽量不穿越或接近居民稠密区，以免造成大气、噪声及水污染，影响居民作息，危及居民身体健康；不应侵占有价值水体，改变天然水系的自然流态，造成局部区域水资源枯竭；尽量不破坏湿地和野生动植物栖息地，减少对生态环境的影响；不侵占自然保护区，特别是自然保护区的核心区；风景名胜区的建设应注意结合自然，不破坏景区景观。

工程施工期间也会对环境产生影响。施工期间由于清理表土、土石方开挖、改移河道、开采料场等活动会造成地表植被破坏、地形改变、沟谷大量消失，恶化生物栖息的生态环境，加速地表侵蚀，增大地表径流，增加水土流失，改变自然流水形态，加剧水质恶化，从而直接导致对自然环境的破坏。

工程营运期意味着项目巨大的经济效益和社会效益开始发挥作用，同时也意味着对沿线环境产生长期负面影响的开始。

随着交通量的与日俱增，噪声和汽车尾气及粉尘污染逐渐加剧，噪声对沿线居民、学校和机关单位的学习、工作和休息产生长期的不利影响，尾气、粉尘、油污对沿线居民生活、农田、土壤、水质等影响较明显，呈逐步加重的发展趋势。

收费站点收费人员、沿线服务区的工作人员和沿线管养人员所产生的污水、垃圾也会造成一定的污染。

人类对环境的破坏有多大，环境对人类的反制力就有多强。近几年盐沙暴频繁，河流污染严重，农田盐碱化慢慢危害着人类健康。慢性气管炎、肾病和肝病，特别是癌症发生率增加 3000％，关节炎增加 6000％。生物物种锐减。

因此，作为工程师要增强工程伦理意识和责任。在工程活动中需要遵守以下环境伦理准则。

1. 尊重原则

只有尊重自然的行为是正确的。人对自然环境的尊重态度取决于如何理解人与自然之间的关系。

2. 整体性原则

遵从环境利益与人类利益的协调，保证自然生态系统的完整、健康与和谐，而非仅仅考虑人的意愿和需要。

3. 不损害原则

不能对自然造成不可逆转、不可修复的伤害。

4. 补偿原则

当自然系统受到损害时，责任人需负责恢复自然生态平衡。

当人类利益与自然利益发生冲突时，遵循两个原则。整体利益高于局部利益原则：人类的一切活动都应服从自然生态系统的根本需要。需要性原则：在权衡人与自然利益优先秩序上应遵循生存需要高于基本需要，基本需要高于非基本需要的原则。

6.6.4　工程师的环境伦理责任

1. 工程共同体的环境伦理责任

国际性组织环境责任经济联盟（CERES）为企业制定了改善环境治理工作的标准，作为工程共同体的行动指南：保护物种生存环境、对自然资源进行可持续性的利用、减少制造垃圾和能源使用、恢复被破坏的环境等。

工程共同体为其全部经济活动对环境造成的影响担负责任。

企业环境保护可以从以下四方面着手：清洁生产，废物不废，绿色营销，环保产业。

世界自然基金会（World Wide Fund for Nature or World Wildlife Fund，WWF）是在全球享有盛誉的、最大的独立性非政府环境保护组织之一。自 1961 年成立以来，WWF 一直致力于环保事业，在全世界拥有超过 500 万支持者和超过 100 个国家参与的项目网络。

WWF 致力于保护世界生物多样性及生物的生存环境，所有的努力都是在减少人类对这些生物及其生存环境的影响。

2. 工程师的环境伦理责任

工程师要对工程本身、雇主利益、公众利益、自然环境负责，维护人类健康，使人免受环境污染和生态破坏带来的痛苦和不便，维护自然生态环境使其不遭到破坏。

3. 工程师的环境伦理规范

工程师的环境伦理规范是工程师面对环境责任时可以使用的行动指南。

世界工程师组织联盟（World Federation of Engineering Organizations，WFEO）明确提出了工程师的环境伦理规范：尽你最大的能力、勇气、热情和奉献精神，取得出众的成就，从而有助于增进人类健康和提供舒适的环境。努力使用尽可能少的原材料与能源，并只产生最少的废物和污染。

◇ 6.7　工程活动的社会成本

在工程活动的社会成本中第一项就是对环境、资源影响形成的社会成本，引起水污染、空气污染、噪声污染、固体垃圾废弃物污染等，对自然资源的消耗，特别是对不可再生的资源的消耗。第二项是对社会影响形成的社会成本，包括对人们身心健康造成的损害、引发疾病、影响居民生活质量、占用农民土地和公共用地、大规模拆迁和移民。第三项是对经济影响形成的社会成本，工程是否干扰了附近商业活动的正常开展，造成交易量的下降，新型产业对原有产业是否产生了替代和冲击。

以建设工程为例，在施工生产过程中会涉及文物保护、施工噪声、施工质量与安全等问题。

项目完工，投入使用后，报废、回收、处理阶段对环境、人文等造成的影响也不可小觑。

◈ 6.8　避免工程风险的方法

风险是一种对不确定性、发生负面效果的可能性和强度的综合测量。风险是"对人的自由或幸福的一种侵害或限制"。工程中的风险涉及健康风险和人身安全。

6.8.1　工程风险的来源及防范

工程系统是根据人类需求创造出来的系统，包含自然、科学、技术、社会、政治、经济、文化等诸多因素。工程系统是一个复杂有序系统。如果不进行定期的维护与保养，又或受到内外因素的干扰，工程系统会从有序走向无序。无序即为风险。

1. 工程风险的技术因素

1）零件老化

下面以案例来说明由于零件老化导致的风险事故。

案例 1：2015 年 7 月 26 日上午 10 时许，湖北荆州市安良百货的 6～7 楼上行手扶电梯上，30 岁的母亲向柳娟因踩到了松动的扶梯踏板，被卷入电梯内，她将身旁的儿子递上高处，自己却被电梯"吞没"。事发后消防员现场破拆 5h 将其救出时，已无生命迹象。

据安全生产监督管理局负责人介绍，在事故发生 5min 前，商场工作人员发现电梯盖板有松动，但并未及时停机。

案例 2：2003 年 9 月 8 日，上海地铁莘庄站北广场东侧，提升高度 8m 的 5 号扶梯正在向上运行时突然发生故障，逆转向下溜车，造成梯上 14 名乘客摔倒，其中 1 人轻伤。事故的直接原因是自动扶梯驱动电机与减速箱之间的弹性联轴器中橡胶垫损坏，导致齿轮啮合失效，造成自动扶梯及主链下滑。而引起橡胶垫损坏的主要因素是莘庄站较大的客流量和上海百年未遇的高温天气，使得设备运行工况恶劣，加速橡胶垫的老化。因为该台扶梯提升高度达到了 8m，按照标准的要求应该设置附加制动器，而该台自动扶梯并没有设置附加制动器，从而在主制动器功能失效的情况下导致了事故的发生。

案例 3：2010 年 12 月 14 日，深圳地铁国贸站 5 号自动扶梯故障逆行，导致 25 名乘客受到挤压并擦伤。

案例 4：2011 年 7 月 5 日，北京地铁四号线动物园站 A 口上行自动扶梯发生了设备故障，造成梯级失控下滑，导致 1 死 28 伤的严重事故。

案例 3 和案例 4 的直接原因是上行扶梯驱动主机固定失效导致移位，驱动链松弛，梯级链牵引系统失去约束，在重力作用下转向加速下行。

案例 5：2014 年 4 月 2 日，上海地铁 2 号线与 7 号线静安寺站换乘通道内一部上行的自动扶梯突然倒行，12 人受伤。这是由于"一颗螺栓"的老化引起的。附加制动器失效，未能制止梯级逆转下行。自动扶梯主驱动链条的过渡链板断裂，而自动扶梯倒溜过程中附加制动器未动作。经对过渡链板断口的金相分析，失效方式为疲劳断裂，广州某电梯公司对自动扶梯驱动链条的产品质量控制不严格。采用的驱动链条过渡连接板的折弯转角处存在应力集中效应，表面存在脱碳现象，在使用中产生疲劳断裂。维保人员对断链保护装置和附加制动器的日常维护保养不到位。

2）控制系统失灵

现代工程通常是由多个子系统构成的复杂化、集成化的大系统,控制系统的自动化水平越来越高。完全依靠智能的控制系统有时候也会带来安全的隐患,特别是面对突发情况,当智能控制系统无法应对时,必须依靠操作者灵活处理,否则就会导致事故的发生。

案例说明:"7·23"甬温线特别重大铁路交通事故

2011 年 7 月 23 日,温州南站列车控制中心设备采集驱动单元采集电路电源回路中的保险管 F2 遭雷击熔断后,采集数据不再更新。

温州南站列车控制中心没有采集到 D3115 次列车的占用状态,按照熔断前状态向 D301 次列车发送无车占用码,导致 D301 次列车与 D3115 次列车追尾。事故现场如图 6.6 所示。

3）非线性作用

非线性作用不同于线性作用的地方在于:线性系统发生变化时,往往是逐渐进行的;而非线性系统发生变化时,往往有性质上的转化和跳跃。受到外界影响时,线性的系统会逐渐做出响应,而非线性系统则更为复杂,对外界很强的干扰有时无任何反应,而有时外界轻微的干扰则可能产生剧烈反应。

图 6.6　甬温线特别重大铁路事故现场

案例说明:北美电网大面积停电事故

美国东部时间 2003 年 8 月 14 日,美国东北部和加拿大联合电网发生大面积停电事故。事故发生的最初 3min 内,包括 9 座核电站在内的 21 座电厂停止运行。随后,美国和加拿大的 100 多座电厂跳闸,其中包括 22 座核电站,受影响的居民约 5000 万人。卫星拍摄如图 6.7 所示。

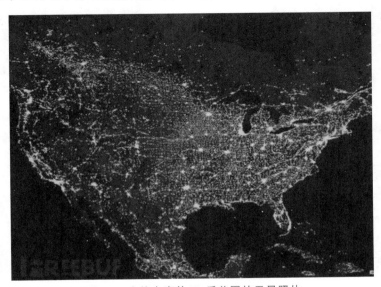

图 6.7　大停电事故 7h 后美国的卫星照片

整个事故过程的起因看似很小，是位于俄亥俄州的一处线路跳闸，接着发生了一系列连锁反应：系统发生摇摆和振荡、局部系统电压进一步降低、发电机组跳闸、系统功率缺额增多、电压崩溃、更多发电机和输电线路跳开，从而引起大面积停电。

电网局部故障引起电网稳定被破坏，进一步引起电压崩溃，导致电网瓦解，产生了蝴蝶效应。蝴蝶效应是指在一个动力系统中，初始条件下微小的变化能带动整个系统的长期的巨大的连锁反应。它是一种混沌现象，说明了任何事物发展均存在定数与变数，事物在发展过程中其发展轨迹有规律可循，同时也存在不可测的"变数"，一个微小的变化能影响事物的发展。

2. 工程风险的环境因素

良好的外部气候条件是保障工程安全的重要因素。任何工程在设计之初都有一个抵御气候突变的阈值。在阈值范围内，工程能够抵御气候条件的变化，而一旦超过设定的阈值，工程安全就会受到威胁。

自然灾害，比如冰雪、狂风、冰雹、地震、水灾等都会对工程可靠性造成极大的考验。

案例：湖南郴州雪灾线塔倒塌

2005 年 2 月初，湖南一些地区出现"五十年一遇的冰灾"。

冰雪对线路主要的破坏特征是由于线路的覆冰，也就是在塔上、导线上、绝缘子上都结了很厚的冰，造成系统负荷极重，如图 6.8 所示。

图 6.8　冰雪造成湖南郴州线塔倒塌

郴州的电网覆冰设计标准一般不超过 15mm,但在这次冰灾中,许多线路的覆冰厚达 60mm 甚至 100mm。

赴郴州调查的发展改革委员会专家组发现,一座原来只有 6t 重的双回线铁塔,结冰后重达 50t。其负荷远超过设计能力,导致铁塔和电杆被大量压垮和拉垮。

案例:日本福岛核电站事故

日本福岛核电站事故由地震引发,如图 6.9 所示。

图 6.9　日本福岛地震引发核电站事故

案例:4 名地质人员因失温罗盘失灵遇难

2021 年 11 月 13 日,中国地质调查局昆明自然资源综合调查中心 4 名队员从云南普洱市镇沅县进入哀牢山腹地野外作业后失联。现场搜救人员称,哀牢山地势险要,气温骤降,失温导致罗盘失灵,绕路造成补给物资不够,导致 4 人失温遇难。

3. 工程风险的人为因素

工程设计在防范工程风险的人为因素上起重要作用。一个好的工程设计,必然经过前期周密调研,充分考虑经济、政治、文化、社会、技术、环境、地理等相关要素,经过相关专家和利益相关者反复讨论和论证而后做出。

1986 年,挑战者号航天飞机发射事故中,“挑战者”号并没有为宇航员准备逃生系统。如果有逃生系统,至少有部分宇航员能够幸免于难。

案例:美国世贸双子塔的设计缺陷

为了降低成本、扩大楼层的使用面积,取消了世贸双子塔楼梯井周围的土石和混凝土要求,全部采用钢结构。2001 年 9 月 11 日上午,两架被恐怖分子劫持的民航客机分别撞向美国纽约世界贸易中心一号楼和二号楼,两座建筑在遭到攻击后相继倒塌,世界贸易中心其余 5 座建筑物也受震而坍塌损毁;9 时许,另一架被劫持的客机撞向位于美国华盛顿的美国国防部五角大楼,五角大楼局部结构损坏并坍塌。此后,消防员无法通过楼梯井进入着火层进行救援;着火点以上 2000 多名上班族被困,仅有 18 人经燃烧着的楼梯井来到安全地带。

为了建造更高的摩天大楼,建造世贸双塔时,钢结构上的耐火材料量被削减了一半,以减轻大楼的自重。1975 年曾发生过 9～19 层的大火,但该教训并未被重视。

施工质量的好坏也是影响工程风险的重要因素。施工质量是工程的基本要求,是工程的生命线,所有的工程施工规范都要求把安全置于优先考虑的地位。

一旦在施工质量的环节上出现问题,就会留下安全事故的隐患。

案例:江西省宜春市丰城电厂三期在建项目冷却塔施工平台倒塌事故

2016 年 11 月 24 日,江西省宜春市丰城电厂三期在建项目发生冷却塔施工平台倒塌事故，如图 6.10 所示。截至 22 时，确认事故现场 73 人死亡，2 人受伤。法院经审理查明，该起坍塌事故属于特别重大生产安全责任事故。建设单位江西某公司在未经论证、评估的情况下，违规大幅度压缩合同工期，提出策划并与工程总承包单位、监理单位、施工单位共同启动"大干 100 天"活动，导致工期明显缩短。扩建工程建设指挥部审查同意的《7 号冷却塔筒壁施工方案》存在严重缺陷，未制定针对性的拆模作业管理控制措施。对试块送检、拆模的管理失控，在实际施工过程中，劳务作业队伍自行决定拆模。事故发生时，施工人员在混凝土强度不足的情况下违规拆除模板，造成筒壁混凝土和模板体系连续倾塌坠落，坠落物冲击与筒壁内侧连接的平桥附着拉索，导致平桥也整体倒塌，造成重大人员伤亡和财产损失。

图 6.10　江西省宜春丰城电厂三期项目冷却塔施工平台倒塌事故

操作人员是预防工程风险的核心环节，应加强对操作人员安全意识的教育，一定以"安全第一"为行动准则。

6.8.2　工程风险的防范

工程风险的防范与工程质量管理紧密相关，工程质量是决定工程成败的关键。质量决定着工程的投资效益、工程进度和社会信誉。

工程质量监理是专门针对工程质量而设置的一项制度，它是保障工程安全，防范工程风险的一道有力防线。图 6.11 显示了工程质量监理的依据、准则和目的。

图 6.11　工程质量监理的依据、准则和目的

工程质量监理的任务包括对施工全过程进行检查、监督和管理，消除影响工程质量的各种不利因素，使工程符合合同、技术规范和质量标准各方面的要求。

6.8.3　意外风险控制与安全

工程风险是可以预防的。对重复性事故的预防可以通过寻求事故发生的原因及其相关关系，提出预防类似事故发生的措施，避免此类事故再次发生。中国古代故事亡羊补牢说明的就是这个道理。

　　要有效应对工程事故,不应该是等到事故发生之后才临时组织相关力量进行救援,而是事先就应该准备一套完善的事故应急预案。

6.8.4　工程风险的可接受性

　　在现实中,风险发生概率为零的工程几乎是不存在的。既然没有绝对的安全,那么在工程设计的时候就要考虑"到底把一个系统做到什么程度才算是安全的?"这一现实问题,也即涉及工程风险"可接受性"的概念。

　　工程风险可接受性是指人们在生理和心理上对工程风险的承受和容忍态度。对于同一工程风险,不同主体的认知不同,可接受风险的界定也有所不同,可以分为以下几方面来考虑。

　　(1) 这个风险是否是随机的(不可控制的)?

　　高技术系统各部分之间的紧密结合性和复杂相关性不仅使事故发生成为可能,而且使事故难以预测和控制。无法对可能导致事故的所有机械的、物理的、电子的和化学的问题都进行预测,无法对可能导致事故的所有人为的失误都进行预测,失效的方式在很大程度上仅是一种主观的臆测,而且是建立在无法用实验确证的基础上的可接受的风险界定。

　　(2) 这个风险是否是心甘情愿的?

　　举例来说,世界上没有绝对安全的汽车,产品质量以外的交通事故(车损、受伤)是可以接受的风险。而设计缺陷造成的风险是不能接受的风险。

　　风险不是单纯地由技术设计决定,它具有社会和主观维度。

　　(3) 相关人员对工程项目是否产生过质疑?

　　例如,三峡大坝建成后,公众对该工程项目的质疑一直不断。2009 年洪水、2010 年旱灾发生后更是质疑不断。再如"挑战者"号航天飞机遇到恶劣天气发射,工程师曾提出过质疑,但管理层仍带着侥幸心理决定发射。

6.8.5　工程风险的伦理评估

　　工程风险的评估牵涉社会伦理问题。工程风险评估的核心问题是"工程风险在多大程度上是可接受的",这本身就是一个伦理问题,是工程风险可接受性在社会范围的公正问题。有必要从伦理学的角度对工程风险进行评估和研究。

　　工程风险的伦理评估原则包括:

　　(1) 以人为本的原则。

　　(2) 预防为主的原则。

　　(3) 整体主义的原则。

　　(4) 制度约束的原则。

　　还是以 PX 项目作为案例来说明这个问题。PX 项目,即对二甲苯化工项目。PX 是英文 P-Xylene 的简写,其中文名是对二甲苯,以液态存在、无色透明、气味芬芳,属于芳烃的一种,是化工生产中非常重要的原料之一,常用于生产塑料、聚酯纤维和薄膜。

　　2010 年 7 月 16 日,大连油罐爆炸位置紧邻 PX 项目地址;数周后,该油罐再次发生大火;之后,PX 项目发生毒气泄漏事件。

大连市委市政府2011年8月14日下午做出决定，大连PX项目立即停产并将尽快搬迁。

2012年10月28日18时50分，宁波市政府新闻办公室官方微博发布消息称，宁波市经与项目投资方研究决定：坚决不上PX项目；炼化一体化项目前期工作停止推进，再做科学论证。

2013年5月，昆明市市长李文荣表示，待PX项目可研报告于7月中下旬完成后，市人民政府将广泛听取社会各界的意见和建议，充分尊重广大群众的意愿，严格按照大多数群众的意愿办事。大多数群众说上，市人民政府就决定上；大多数群众说不上，市人民政府就决定不上。

这充分体现了以人为本的工程风险伦理评估原则。

任何工程活动都是在一定的社会环境和生态环境中进行的，工程活动的进行一方面要受到社会环境和生态的制约，另一方面也会对社会环境和生态环境造成影响。

在工程风险的伦理评估中要有大局观念，要从社会整体和生态整体的视角来思考某一具体的工程实践活动所带来的影响。

通过建立健全安全管理的法规体系，建立安全生产问责机制，建立媒体监督制度来完善风险伦理评估。

6.8.6 工程风险的伦理评估途径

1. 伦理责任不等同于法律责任

法律责任属于"事后责任"，指的是对已发事件的事后追究，而非在行动之前针对动机的事先决定。伦理责任则属于"事先责任"，其基本特征是出于善良愿望主动承担责任，并展开行动。

专家、社会和公众在工程项目开展前可以预先参与评估。

2. 工程风险伦理评估的程序

（1）秉持信息公开原则，确定利益相关者，分析利益关系。工程专业人员有义务将有关工程风险的信息客观地传达给决策者、媒体和公众。

决策者应该尽可能地使其风险管理目标保持公正，认真听取公众的呼声，组织各方就风险界定和防范达成共识。

媒体也应该无偏见地传播相关信息，正确引导公众监督工程共同体的决策。

（2）按照民主原则，组织利益相关者就工程风险进行充分的商谈和对话，确立利益相关者，分析其中的利益关系。

确立利益相关者的过程是一个多次酝酿的过程，包括主要管理负责人的确定，主要工程负责人的确定，主要工程参与人员的确定，以及社会公众或专家学者参与风险听证的选定。

在确定具体利益相关者之后，还要分析他们与工程风险中的关系，弄清工程给他们带来的收益及责任，以及他们可能会面临的损失程度。

工程风险的有效防范必须依靠民主的风险评估机制。具有多元价值取向的利益相关者对工程风险具有不同的感知，要让具有不同伦理关切的利益相关者充分表达意见，发表合理诉求，使工程决策在公共理性和专家理性之间保持合理的平衡。

工程风险的防范不是一次对话就能彻底解决的,往往需要多次协商才能防患于未然,因此需要采取逐项评估与跟踪评估的途径,并根据相关的评估及时调整以前的决策。

3. 工程风险中的伦理责任

1) 工程伦理责任的主体

工程师个人的伦理责任在防范工程风险上具有至关重要的作用。工程师作为专业人员,具有专门的工程知识,能够比一般人更早、更全面、更深刻地了解某项工程成果可能给人类带来的福利,同时作为工程活动的直接参与者,工程师比其他人更了解某一工程的基本原理以及所存在的潜在风险。

2) 工程共同体的伦理责任

现代工程在本质上是一项集体活动,当工程风险发生时,往往不能把全部责任归结于某一个人,而需要工程共同体共同承担。

工程活动中不仅有科学家、设计师、工程师、建设者的分工和协作,还有投资者、决策者、管理者、验收者、使用者等利益相关者的参与。他们都会在工程活动中努力实现自己的目的和需要。

3) 工程伦理责任的类型

(1) 职业伦理责任。

所谓"职业",是指一个人"公开声称"成为某一特定类型的人,并且承担某一特殊的社会角色,这种社会角色伴随着严格的道德要求。

职业伦理是职业人员在自己所从业范围内采纳的一套标准,以有益于客户和公众的方式来使用专业知识和技能。

作为动车司机,杨勇的行为将职业伦理责任诠释到了极限。2022 年 6 月端午节期间,杨勇值乘 D2809 次列车从贵阳北开往广州南。行驶在贵广线榕江站站前的月寨隧道口时撞上突发溜坍侵入线路的泥石流。经车载数据分析,他在泥石流危急时刻果断停车,撂下生命中的最后一把闸,保障了车上 144 名旅客的安全。不幸殉职的列车司机杨勇 1993 年参军入伍,1996 年退役,在部队服役期间曾担任班长,获评嘉奖、优秀士兵等。退役回到地方后,他先后任代务副司机、副司机、工长、司机、指导司机、地勤司机、动车司机等职。2009 年进入西南交通大学网络教育铁道机车车辆专业学习,曾参加中国国家铁路集团有限公司在西南交通大学举办的第 197、198 期动车组司机资格性理论培训班,于 2018 年在西南交通大学学习动车组专业理论知识、安全规章,以及驾驶作业心理学、职业道德等课程。一个英雄殉职前的 5s 救下来一车人的生命令人尊敬!

(2) 社会伦理责任。

工程师作为公司的雇员,应该对所在的企业或公司忠诚,这是其职业道德的基本要求。

可是如果工程师仅把他们的责任限定在对企业或公司的忠诚上,就会忽视应尽的社会伦理责任。

工程师对企业或公司的利益要求不应该无条件地服从,而应该是有条件地服从,尤其是公司所进行的工程具有极大的安全风险时,工程师更应该承担起社会伦理责任。

当工程师发现所在的企业或公司进行的工程活动会对环境、社会和公众的人身安全产生危害时,应该及时地给予反映或揭发,使决策部门和公众能够了解到该工程中的潜在威胁,这是工程师应该担负的社会责任和义务。

（3）环境伦理责任。

环境伦理责任包括评估、消除或减少关于工程项目、过程和产品的决策所带来的短期直接影响和长期直接影响。减少工程项目和产品在整个生命周期对于环境以及社会的负面影响。建立一种透明和公开的文化，与公众进行公平的交流，沟通关于工程的环境以及其他方面风险的信息，保持客观和真实。

促进技术的正面发展用来解决难题，同时减少技术的环境风险。认识到环境利益的内在价值，而不要像过去一样将环境看作免费产品。

对于国家、国际以及代际间的资源以及分配问题采取促进合作而不是竞争战略。

◈ 6.9   不同领域伦理案例分析

6.9.1   自动驾驶伦理风险

自动驾驶汽车概念的提出可以追溯到 20 世纪 30 年代，自动驾驶汽车主要依靠人工智能、高性能计算、高精密传感监控以及高速信息网络等技术相互协同合作以实现自动驾驶过程。由于自动驾驶相对人工驾驶有着众多优越性，以美国为首的国家率先对此领域进行研发，此后全球多个国家先后为自动驾驶汽车的发展颁布相应政策，德国出台了全球首部自动驾驶汽车的伦理准则。

随着自动驾驶汽车的快速发展，其伦理风险随之显现。目前市面上拥有自动驾驶汽车大多数是 L2～L3 层级的；L4 层级的自动驾驶汽车则是未来几年进入市场的主要汽车类型，也是现在绝大多数车企的研发目标；而对于 L5 层级的自动驾驶汽车，目前只能处于研发甚至是构想阶段，大多数专家认为仍需要很长时间才能成熟。

1. 各国积极推进自动驾驶汽车立法

美国无论在自动驾驶汽车的研发或是立法方面都走在世界前列，始终对自动驾驶汽车的发展持支持态度。2011 年，美国 IT 行业巨头——谷歌公司开始在内华达州对旗下的自动驾驶汽车进行实路测试，得到大量的测试数据，2012 年谷歌公司旗下的自动驾驶汽车取得美国首个自动驾驶汽车的许可证，此后，加利福尼亚等州也对自动驾驶汽车的试行颁布法规。截至 2017 年，美国已经有二十多个州出台了自动驾驶汽车的相关法律，并从国家层面制定《自动驾驶法案》以统一各州之间关于自动驾驶汽车立法的不同。

德国是世界上著名的汽车强国，同样在自动驾驶汽车的立法方面处于领先地位。2017 年 6 月，德国联邦参议院修订了现有的《道路交通安全法》，将自动驾驶汽车的相关概念引入其中，建立了较为完善的权责制度，并允许各大汽车公司在特定条件下进行自动驾驶汽车的道路测试。这部法律在一定程度上为自动驾驶汽车发展扫清了法律障碍，极大激励了德国自动驾驶汽车产业的发展。除了美国、德国外，瑞典、英国、日本等国也纷纷大规模启动了自动驾驶汽车的测试计划。

中国在自动驾驶汽车的研发以及立法上虽晚于美国等国家，但也在积极跟进。国内互联网公司百度从 2013 年开始研发自动驾驶汽车，2017 年 4 月对外发布"Apollo（阿波罗）计划"，宣称将会快速搭建一套属于自己的完整自动驾驶系统。同年 12 月，北京交通委正式印发了国内第一个关于自动驾驶汽车的管理规范，正式给北京地区的自动驾驶汽车路试做出了相关规定。紧接着,全国多地也相继出台相关政策。2018 年 4 月,国家相关部门还从国家层面首次颁布了自动驾驶汽车路测文件,体现出国家对自动驾驶汽车的高度重视和支持。

总体上看,全球自动驾驶汽车产业链已经初步形成,各国都已经认识到自动驾驶汽车是未来交通发展的趋势,应当通过立法予以鼓励其发展,并且从目前各大汽车制造商、主机厂、配套商的表现来看,自动驾驶汽车的发展远比我们想象中乐观,现已进入道路测试和商业化示范的阶段,自动驾驶汽车的具体落地时间可能会有所提前。但自动驾驶汽车目前尚未被法律完全认可。

2. 全球首部自动驾驶汽车伦理准则

2017 年 6 月,德国出台了全球第一部关于自动驾驶汽车的伦理准则。这份伦理准则由众多科学家、哲学家、法学家以及其他利益代表等共同制定完成,一共包含 20 项条款。

此准则首先明确自动驾驶系统的准入门槛:应用自动驾驶系统的必要条件是确保所造成的事故远少于人类驾驶员。也就是说,只有当自动驾驶汽车发生事故的概率远小于人工驾驶汽车时,自动驾驶系统才允许被应用;同时在自动驾驶汽车行驶过程中,无论是自动驾驶系统还是人类驾驶员都应该严格遵守现有的道路交通法。其次,该准则也明确自动驾驶汽车在遇到危机情况时的价值排序,确保人类自身生命安全享有最高优先权。人类生命始终大于其他生命安全以及财产安全,在必要时,可以选择财物损失或其他生命损失来保护人类自身生命安全;当自动驾驶汽车遇到无法避免的事故时,禁止自动驾驶系统基于对被撞者个人信息(性别、年龄、身份、种族以及身心健康等)而做出差异行为。此外,该项准则还提出,在道德困境之下的决策不能被标准化,也不能事先被编入自动驾驶系统中,而是交由有伦理意识及责任的人类驾驶员依赖于具体的实况做出选择。最后在责任认定方面,该准则提出应明确规定自动驾驶汽车内所有的驾驶情况,并在自动驾驶车辆内装备具有数据记录、行车记录的“黑匣子”,以便判断发生事故时的责任方。

德国联邦交通运输部自动驾驶伦理委员会认为这些伦理准则应该作为指导原则编入自动驾驶系统编程之中。这部伦理准则表明了德国对自动驾驶汽车的应用持有谨慎乐观的态度,肯定了自动驾驶汽车的发展,但在安全、人类尊严、个人决策自由以及数字安全等方面提出了相应要求。这部伦理准则是德国乃至全球对自动驾驶汽车道德树立准则的破冰之举,其首创性意义重大,不仅为日后相关法律法规的制定和完善提供了一定的道德基础和道德依据,同时也大大促进了德国汽车公司对自动驾驶汽车的研发投入。

自动驾驶汽车的发展给社会带来了惊喜,前景也令人期待,但随着我们对自动驾驶汽车的深入了解和分析,它存在的伦理风险也令我们担忧。

1) 侵犯隐私权的风险

我国《民法典》第一千零三十二条规定,自然人享有隐私权。任何组织或者个人不得以刺探、侵扰、泄露、公开等方式侵害他人的隐私权。这是国家对公民隐私安全的高度重视。《民法典》对隐私做出了明确规定,隐私就是自然人的私人生活安宁和不愿为他人知晓的私密空间、私密活动、私密信息。而隐私权则是指我们具有隐私依法不被他人侵犯的权力,具有决定是否公开个人隐私或允许其他人介入以及决定公开和介入的程度和范围。

由于自动驾驶汽车的发展必须依赖于信息共享的互联网、大数据、云计算等来获取精准的道路信息、处理信息数据,所以存在公民隐私权被侵犯的风险。而犯罪分子如果故意利用互联网有意攻击所产生的就不仅是隐私权风险,甚至极大威胁车内人员和公众的生命安全。

2) 威胁生命安全的风险

哲学界著名的"电车难题"发生的可能性也极大地威胁着人的生命安全,这也是自动驾驶汽车的发展过程中难以绕开的槛。"电车难题"是哲学史上著名的道德难题,此实验做出如下假设:你是一名电车司机,现在你所驾驶的电车正以一定的速度行驶在既定的轨道上,此时突然发现在轨道的尽头有五名工人正在施工,而右边的侧轨上只有一名工人在施工,这时你发现刹车失灵无法令电车停下,但是方向盘没有坏,只要你转动方向盘就可以将电车转到侧轨上。此时此刻,你会做何选择?除此之外,由"电车难题"衍生出诸多类似难题,比如电车在行驶过程中,突然前方有一行人快速闯入,这时电车同样无法及时刹车,你仍将面临两种选择,要么保全自己继续前进碾压行人,要么牺牲自己转向一侧的墙壁,面临这种情况你将如何进行道德选择?若行人是天真无邪的孩子,你又该做出何种道德抉择?传统的道德难题备受争议,而新的难题接踵而来,当传统道德难题中的电车变成现代自动驾驶汽车时,我们该如何回答?自动驾驶汽车该做何选择:是应该撞向右侧无辜的一名工人,还是选择按照既定的路线撞向五名工人?是应该保全行人牺牲车内用户,还是应该撞向行人从而保全车内用户?

3) 完善自动驾驶汽车道德决策机制

道德决策机制的不完善使得自动驾驶汽车的发展陷入道德两难困境,对人的生命安全及公共安全产生威胁,这要求业界人士采用合适的设计方法提高自动驾驶汽车的道德能力,同时完善自动驾驶汽车发展中的道德规范和法律法规。

现代政治哲学对合理的道德分歧的基本答案之一是划分道德决策空间,现代社会经常将其留给个人来决定。对于自动驾驶汽车的道德决策分歧来说,无论道德决策是由个人决定还是由集体共同决定,都存在容我们思考的道德决策空间,这种决策时间差使我们陷入道德决策困境,只有当人们像传统"电车难题"一样直面道德难题时,困境才会得以解开。目前只有一种办法可以实现这一目标:就是在即将面对道德难题时,将掌控权交还给人类,并让人类自身基于本能做出选择。不过前文讲到自动驾驶技术排除了紧急情况下人车切换的可能,在自动驾驶汽车遭遇"电车难题"等道德难题时,相应的驾驶操作行为只能由自动驾驶汽车做出,所以将掌控权交还于人类的办法并不可行。并且在生死面前,除了自己,任何人都没有资格替当事人做出道德决策。受这种思想的启发,我们可以确定自动驾驶汽车在道德困境中的决策应该基于使用者本能做出,体现出使用者的道德意志,而不是工程师或者集体。

体现使用者的道德意志不是简单等同于个人决策机制,个人道德设置只体现使用者部分道德意志,其事先设置的结果往往不是危机情况下的本能反应,而使用者在危机情况下的本能反应只是其平时道德意志的瞬间反应。随着人工智能技术如神经网络、深度学习等相关技术的不断深入发展,使得体现使用者道德意志得以技术实现。

预防原则最早应用于环境伦理领域,是作为制定政策的一项指导原则,它同样也是促进自动驾驶汽车发展的核心原则。预先防范原则针对自动驾驶汽车发展过程中风险的不确定性指导管理者做出相应政策。在现实中,风险发生概率为零的工程几乎是不存在的,无论工程规范制定得多么完美和严格,仍然不能把风险的概率降为零。自动驾驶汽车也不例外,它在整个发展过程中总会存在一些所谓的"正常事故"。既然没有绝对的安全,那么在自动驾驶汽车的发展过程中考虑到做到什么程度才算是安全就显得尤为关键。这就需要对风险的可接受性进行分析,界定安全的等级,并针对一些不可控的意外风险制定相应的预警机制和应急预案。

坚持预先防范,首先要做好严格的风险评估,充分预见在自动驾驶汽车的发展过程中可能产生的负面影响。自动驾驶汽车在设计之初都预定了一些决策功能。在成熟的自动驾驶汽车投入使用后,也应有持续的安全使用指南和安全保障措施。

预防原则要求政府及相关部门尽快制定自动驾驶汽车发展的法律法规及伦理准则,如果在自动驾驶汽车已经给人们造成了严重的伤害后才开始采取相关措施则为时已晚。在自动驾驶汽车的发展过程中,我们必须遵守不伤害原则,尊重人的生命权,始终将保护人的生命摆在重要位置,在遇到无论如何都会对一方或多方造成伤害情况时,则应该遵循"两害相权取其轻"的价值取向。

4)防范自动驾驶汽车发展中的伦理风险的对策

自动驾驶汽车作为人工智能发展的一个重要标志和具体应用,要防范其发展中的伦理风险,就是要在技术与人之间、机器与人类社会之间进行再平衡,寻找和谐相处的"技术奇点"。相关人员应当确立自动驾驶汽车发展的伦理原则、完善自动驾驶汽车道德决策机制,明晰工程共同体的伦理责任,使自动驾驶汽车的发展朝着最佳路径前进。

人本主义的伦理原则意味着自动驾驶汽车的发展宗旨是要造福于人类。自动驾驶汽车在其发展过程中要将保护人的生命安全和健康放在首位,以切实维护作为生命主体的人的生存和发展的权利。尊重人的自主权、"知情同意"权以及隐私权。

6.9.2　区块链存在的伦理风险[12][13]

区块链技术被认为是继蒸汽机、电力、信息和互联网技术之后的第五大具有引发颠覆性革命潜力的核心技术。2016 年,中国相关部门在白皮书中强调,区块链技术未来将在以下六个行业中重点应用,分别是供应链服务、金融行业、社会公益方面、文娱领域、制造领域以及教育就业领域。此外,区块链技术还被写入《"十三五"国家信息化规划》,这在很大程度上说明,区块链技术未来的发展将会得到国家的大力支持。但区块链带来的技术风险和经济社会风险仍需引起重视。

1. 技术风险

区块链技术内部层面的风险主要是指区块链技术的自身缺陷所导致的风险,分为四方面:分布式存储造成数据风险、加密算法引发信息存储风险、智能合约带来技术安全风险、共识机制缺陷导致算力风险。通过对技术风险进行细致分析可以达到事先控制、防范风险的目的。

2. 经济风险

区块链经济层面的风险包括代币社会融资风险、数字资产泡沫风险、公众财产损失风险等。举例来说,首次币发行(Initial Coin Offering,ICO),主要是通过区块链技术中的智能合约来进行项目众筹,与首次公开募股(Initial Public Offering,IPO)相比,众筹门槛低,需要极少前期资金,流程简单,但是也产生各种问题。ICO 开放了大众资金流入,大众不需要成为合格投资者就能参与融资,传统的融资模式被打乱。

据国内媒体 2019 年 4 月报道,湖南省衡阳市公安局珠晖分局在官方微信公众号上透露,一起以虚拟数字货币为幌子的网络诈骗案被警方成功破获,涉案金额超过 3 亿元,涉案嫌疑人 21 名,已到案 15 人,其中 9 人被检察院批准逮捕。

这起案件就是犯罪分子通过 ICO 项目制造虚假宣传其创造的"英雄链"商业项目骗取广大投资者的信任进行圈钱行为。

国外也存在许多类似行为,越南加密货币公司 Modem Tech 通过区块链 ICO 项目募集到 6.6 亿美元之后便人间蒸发了。

据 Token Data 的统计数据显示：2016 年只有 35 个项目开展了 ICO 众筹,之后的短短一年 ICO 项目数量迅速攀升到 902 个。在区块链世界里,用 ICO 模式筹集到的资金已经超过了传统风投的融资额。2017 年 7 月,Tezos 通过 ICO,融资超过 2 亿 3000 万美金。据 Token Data 的统计数据显示,在 2017 年开展的 902 个 ICO 项目中,142 个项目在注资阶段宣告失败,276 个项目卷款逃跑。

3. 社会风险

区块链技术应用的社会风险主要是指区块链技术与社会系统中的某些因素,如人口、资源、财富、文化、习俗等结合以后,引发社会问题,产生社会矛盾,导致社会冲突以及危害社会秩序的可能性与潜在性。包括能源过度消耗风险,国家数字安全风险、社会技术伦理风险和去中心化悖论风险。

区块链技术的进步同样会带来社会贫富差距加大、数字鸿沟等方面的风险。随着区块链技术在各个领域的发展,具有技术优势的人群能够迅速通过比特币等获得财富,这些人会通过原始资本积累实现精准差别交易,甚至形成财富垄断和歧视,当财富掌握在小部分人手里时将会造成社会混乱,由此看来,区块链系统并非持财富中立的态度,大数据的处理下仍存在人为操纵的伦理性风险,若失去伦理约束,区块链系统将出现道德滑坡的可能。所以一旦区块链被恶意攻击者攻击加密算法,实现数据垄断,弱势的一方将丧失选择权,整个系统也将陷入危机。

另外,网络技术覆盖不均衡也会带来数字鸿沟。我国互联网覆盖率在农村地区仅为 37.3%,占农村总人口的比重很低,这一比重在偏远地区更低,农村地区或偏远地区的人在求学、工作过程中因没有网络而阻碍学习的新闻屡见不鲜,由于老年人无法跟上科技进步而影响生活出现的事件并非个例,这些都要求社会技术在发展过程中要关注弱势群体,不能忽视社会伦理问题。

对于中西部等欠发达地区,受经济、人才、政策的制约,可能对区块链整体造成短板,发达地区创建的区块链优势难以向欠发达地区推广与扩散,最终形成区块链的地区差异,只有因地制宜,发挥不同地方的地区优势才可能补足短板,达到共同发展的目的。

我国区块链技术的发展需要相关部门运用合理手段进行综合引导和监管。

4. 区块链技术其他的潜在风险

1) 新科技的挑战风险

由于区块链技术越来越广泛地应用和自身存在的天然缺陷,基于稳定社会和金融市场的目的,量子计算技术正在逐渐成熟。量子计算技术区别于普通技术,具有强大的并行计算能力,能够携带大量信息和数据,同时耗费的能源更低,这一技术更可能将区块链技术攻克,届时会对区块链带来一系列风险,也将颠覆科技创新和产业变革带来的影响。量子计算可能在以下两方面给区块链带来风险。

(1) 共识机制被攻破的风险。区块链技术中最重要的一环是加密算法,加密算法的存在能够使区块链技术变得可信、安全和不可篡改,若这一基于安全性的加密算法被量子计算攻破,基于 POW 的共识机制将存在崩溃的可能性。

共识机制本应维护区块链运行的安全性和整体性,当量子计算凭借其计算优势破获用户的私钥并访问或盗取用户的隐私数据时,比特币系统的账户安全性将无法得到保障,区块链作为信用基础和金融稳定的理论依据也会受到冲击。

(2)激励机制失灵的风险。"区块链＋激励因素"的模式是为了使区块链用户在链式节点能够自愿遵守规定,监督并激励良性节点,惩罚恶性节点,进而推进区块链系统内部的良性发展。如果量子计算攻克区块链的加密算法并威胁到区块链局部的正常运转时,将导致区块链局部失衡并进一步对整体的分配机制、奖惩机制和正常秩序产生影响,最终导致分配机制混乱和激励机制失灵,严重影响区块链内部的秩序和达成的共识。

2)法律合约对接风险

区块链技术的应用要面临的法律风险有很多,区块链技术与现有法律法规的对接和协调等方面都存在问题,只有克服这些合规性问题,区块链才能合法地进行智能化发展。

智能合约的普及在一定程度上改善了法律风险带来的损失,增强智能合约与普通法律体系之间的兼容性和协同效应可以减少法律合约对接过程中带来的风险。但目前智能合约仍存在很多缺陷。

首先,智能合约依靠技术员进行编程,程序代码可能无法精准高效地表达出缔约双方的意思,即程序代码无法准确表达的语义该如何解释,最终解释权又该归谁所有,这种智能合约是否属于法律允许的合同形式,这些问题将对区块链交易带来风险甚至损失。其次,智能合约没有可供替代的方案,也即在实际执行过程中,智能合约一旦启动只能按照设定好的程序代码运行,无法考虑缔约双方当事人的真实情况,若某一方因操作失误或想更换方案时,智能合约并不能终止合约或更换方案。

智能合约若想完全得到现行法律法规的认可,需要解决以下问题:软件代码如何精准表达语义的合同条款,对合同的解读是否具有合法性,合理合法化解智能合约的合同纠纷等。

3)组织形态失稳风险

区块链技术在促进生产力发展的同时,可能改变社会关系。随着区块链技术的应用,传统的组织形态如果无法做出改变将可能面临失稳情形。传统的组织架构主要是企业结构。区块链系统中的不同组织没有中心体系,因此不存在唯一的指令源做出统一指令,不同组织没有层级关系,组织之间互相传递信息,但可能会带来交叉指令或矛盾指令,这一系统中的组织不属于传统组织架构的几种类型,所以传统组织架构创新是现在面临的失稳风险问题。

区块链和社会自由治理的主张相结合,可能会改变从社会管理到政府职能等各方面的面貌,成为未来社会关系的基础协议和基本准则。当社会关系的基础协议依赖于可信任的计算机底层技术时,信息和交易都变得开放透明、不可篡改,人们将会重塑对"信任"的理解,社会规则和建立在此基础之上的组织形态也会发生重大变化,那么传统的政府组织形态会面临相关社会政治风险。

4)规模效应削弱风险

区块链被誉为"信任的机器",是实现人类社会的大规模协作的技术,但去中心化的特性可能使协作效率减弱,并可能削弱一些大公司的发展程度,从而造成规模效应削弱风险。

数字或信息在当代社会成为一种资产，拥有信息就意味着掌握市场动向，增加利润财富，可以说信息的拥有是一个互联网企业的核心资产，目前大部分互联网公司都是依靠信息的积累一步一步走向巅峰。在传统的数据所有权中，数据产生者没有数据使用权，但区块链技术把数据所有权分散给了原本产生数据的使用者，传统互联网公司将不再掌握庞大的数据资源，这有可能导致依靠数据作为核心资产的传统互联网公司发展减速甚至说是衰退，使人们回归"物物交换"的时代，社会的商业化程度是否会减速将成为问题。

5）国家财政税收风险

随着近年来互联网金融的全球化进程不断推进和公共信息的不对称性明显，财政风险加剧。而区块链技术的应用可能加剧这种税收风险。

一方面，企业在互联网上经营的同时实体交易的数量减少，纳税基础受到影响，最终会影响纳税数额；另一方面，互联网经济模式是区块链发展衍生出的新生产物，国家税收相关部门需要一段时间的适应期，相关税收政策缺位，造成互联网纳税盲区，导致税额减少。同时，区块链不可避免地引起税收转移，企业可以利用"避税地"进行避税。大量电子化纳税和互联网交易程度增加，使税收稽查工作变得困难。

6）国际金融系统风险

在金融全球化下，数字人民币将走出国门，和其他主权国家的货币一样将成全球人民日常的支付方式，那么以区块链技术为代表的技术在全球一体化过程中，当金融系统的风险发生，在链上的任何一环都将无法避免，那么如何应对全球化的金融风险成为至关重要的议题。

区块链技术简便了交易流程，跨国间的转账汇款成本低、速度快，但是汇率的变动将导致经济不确定性。不同国家的交易和客户相互交叉，交易环节一旦出现支付、清算等问题会造成交易双方之间严重的损失，补救所产生的成本巨大，纠错的余地变小。互联网金融的发展加快了电子货币的流通，电子货币会对基础货币的衡量和货币供给量产生很大影响，一国货币政策的制定和金融监管都会受到严重的威胁。

6.9.3　互联网信息技术带来的伦理风险

互联网公司目前发展极快。在大量获得社会关注和市场利润的同时，其社会担当需要相应提升。在发展初期也曾出现各种各样的伦理悖例，下面略举一二以使得读者具有直观认识。

1. 假货困境

普遍存在的假货是中国之痛，物联网相关领导人声明制假售假应入刑，让假货在中国绝迹。

相关部门需要从以下几方面对此困境加以整改：①主体准入把关不严；②对商品信息审查不力；③销售行为管理混乱；④信用评价存有缺陷；⑤内部工作人员管控不严。

2. 竞价误区

2016年，优秀学生魏则西死亡事件引爆百度竞价排名事件。魏则西是西安电子科技大学计算机系学生，于2014年体检后得知罹患"滑膜肉瘤"晚期。得知病情后，魏则西父母先后带着魏则西前往北京、上海、天津和广州多地进行求诊，但最后均被告知希望不大。不过魏则西父母并未就此放弃，在通过百度搜索和央视得知"武警北京总队第二医院"后，魏则西父母先行前往考察,并被该医院李姓医生告知可治疗,于是魏则西开始了在武警北京总队第二医院先后4次的治疗。从2015年9月开始,魏则西在父母的带领下先后从陕西咸阳4次前往北京治疗,最后未见具体疗效。2016年4月12日魏则西去世。

百度声称自己是一个技术平台,没有责任确保每条信息都货真价实。

3. 网络游戏的伦理思考

网络游戏《王者荣耀》被光明日报评称历史背景和人物经历并无挂钩,内容和精神被架空,有名无实。人民日报评《王者荣耀》如此开涮古代名人,其对待古人的态度,只有轻佻,不见敬畏。游戏使历史被毁容,乃至被肢解,不仅古人遭冒犯,今人受惊扰,更误人子弟,苍白了青少年的灵魂。

游戏并不是洪水猛兽,不是鸦片毒品,没有天然的原罪,但如果游戏制造者和传播者在保护未成年人责任上缺乏担当,就值得预警。

设计和推广游戏是一件需要用良心去做的事。

2017年7月,腾讯方面发出游戏"限时令":7月4日起《王者荣耀》12周岁以下(含12周岁)未成年人每天限玩1h,并计划上线晚上9时以后禁止登录功能;12周岁以上未成年人每天限玩2h。超出时间的玩家,将被游戏强制下线。

2021年11月25日央视新闻消息,总台央视记者从工业和信息化部了解到,2021年以来,在工业和信息化部开展的App侵害用户权益专项整治中,腾讯公司旗下9款产品存在违规行为,违反了2021年信息通信业行风纠风相关要求。按照有关部署,工业和信息化部对腾讯公司采取过渡性的行政指导措施,要求对于即将发布的App新产品,以及既有App产品的更新版本,上架前需经工业和信息化部组织技术检测,检测合格后正常上架。腾讯公司表示,公司正持续升级App对用户权益保护的各项措施,并配合监管部门进行正常的合规检测。

20世纪70年代,国外开始依托计算机的发展来研究信息技术伦理问题,并为现代计算机伦理的规则制定提出了建设性意见。国内对于信息技术伦理问题的研究起步于20世纪末,学者们开始关注计算机及网络伦理失范问题。早期的研究主要是对电子商务可能带来的负面影响进行分析,并呼吁各界审视和思考这些伦理问题。

进入21世纪后,伴随着各种新兴技术的发展,我国学者对于信息技术伦理的研究也向更宽的领域迈进。如在大数据、人工智能方面。针对大数据信息技术伦理方面,我国学者有过这样的论述:"大数据时代的网络信息伦理失范表现在信息异化、数据权利、信息隐私、数字鸿沟等方面,并提出了人道、无害、同意、公正及共济五个原则。"

不可否认的是,近些年我国对信息技术伦理问题的研究步伐正在不断加快。要求每个网民树立正确的互联网道德观、价值观和伦理观,努力提高自身防范自意识和应用信息技术的能力,以积极应对现代信息技术应用而产生的各种伦理风险为主。

4. 大数据信息技术应用产生的伦理问题

(1)数据信息集中造成隐私泄露。

(2)信息技术设计问题带来的信息安全漏洞。

(3)技术深度不同造成大数据资源占有不均。

5. 人工智能应用产生的机器权利伦理问题

除上述主观因素和客观因素带来的伦理问题外,以机器权利为代表的信息技术应用所产生的伦理问题需要综合看待和分析。需要采取以下措施来引导新技术的正确发展：①加强信息技术应用伦理道德和法治环境建设；②加强技术进步和行业规范；③规范人工智能应用的伦理边界。

6.9.4　合成生物学伦理风险

新兴技术的发展总是会伴随各种各样的伦理问题，伦理问题治理的前提是明确责任归属，新兴技术由于其技术的复杂性通常会涉及多个责任主体，不同责任主体所承担的责任也存在相应的区分，明确不同责任主体的责任归属对技术伦理问题的追本溯源有着至关重要的意义。在 2018 年年末基因编辑婴儿事件发生后，社会对合成生物技术伦理素养的探讨和风险治理显得尤为迫切。

合成生物技术的伦理问题可以合理分类，将生物安全、生物安保以及操作层面涉及的伦理问题归类为任务责任，明确责任主体为合成生物技术的操作者，即工程师，从责任主体的角度出发探究伦理问题，探讨治理措施，完善治理框架。

合成生物学是一门融合了多门基础学科的新兴交叉学科，本质是依据社会发展的需求，人为地改造自然生物系统，或是创造自然界不存在的生物。"人造生命"对自然生命的亵渎以及人类尊严的挑战使得合成生物学面临的伦理问题不同于其他新兴技术。

合成生物学是一门建立在多种基础学科之上的新兴交叉型学科。合成生物学旨在将工程化的设计理念应用于生物学领域，采用标准化的生物元件和基因线路，在理性设计原则的指导下改造或者重新构造具有特定功能的生物系统。"工程化"是合成生物学区别于其他生物学科的最大特点。自其诞生以来，便不断有颠覆性的成果产生。如果说 2010 年世界上第一个人工合成支原体"辛西娅"诞生打破了"自然"与"人工"的壁垒，那么 2018 年中国科学院覃重军团队合成的真核生物"SY14"酵母则意味着"人造生命"离我们又近了一步。

合成生物学是生命科学领域的新浪潮，在医疗、环境、能源、材料等领域均发挥出色。在新冠疫情防控期间，合成生物学成为对抗新冠病毒的新兴技术之一。研究者通过个体自身的细胞触发蛋白质的形成，从而诱发免疫反应，大大简化了新冠疫苗的开发和生产。就目前来说，合成生物学还处在高速发展的初级阶段，还存在着很多不确定因素。例如，合成生物技术还存在许多未能攻克的难题，合成生物学家对技术及其产生的后果的认知还存在着空白，以及对逃逸或泄露的合成生物无法有效管控等，这一系列的不确定因素使得人们更加关注它产生的技术风险以及伦理问题。

将合成生物学伦理问题分为一般性伦理问题和具体伦理问题。一般伦理问题的探讨主要集中于"自然与人工""生命与非生命"等概念的界定与区分，对合成生物学家"扮演上帝"人造生命的批判，以及合成生物技术"挑战自然进化"的追责。具体伦理问题则主要涉及合成生物技术应用过程中对社会、环境以及人类健康的潜在风险。工程师致力于在科学原理和知识的基础上将生物学理论实际应用，是工程活动的主导者，工程事业的核心。工程师作为工程活动的主要承担者，对技术风险需要承担相应的责任。

健康利益和环境保护是公众利益的两个基本出发点，就目前合成生物技术发展态势，医疗、环境、能源等领域的应用无不触及公众利益。如何化解公众与工程师的利益冲突，将公众参与列为矛盾解决对策，发挥公众的监督与决策的权利，将合成生物学的价值最优化，利益最大化是需要考虑的问题。

合成生物学具有跨学科的属性，"工程化"的设计理念使得合成生物学有别于其他生物学科，"创造生命"更是突破了生命起源与进化的自然法则，模糊了"人工"与"自然"的界限，引发了技术与道德的冲突。

随着工业化和城市化进程的加快，一些有毒的化学品或因为意外泄漏或因为管理不当而释放到环境中，对社会自然环境和人体的生命安全或健康造成恶劣影响。科学家利用合成生物学手段构建生物传感器，使其能够在复杂条件下快速评估和检测污染物，并且利用工程微生物进行生物修复，从而进行环境的污染治理。

从农药问题来看，虽然使用农药可以有效避免农作物的病虫害，但是过量使用农药对环境、动植物以及人体健康有很大危害。合理对策就是合成生物学改造出菌株作为农药检测的生物传感器，使其能够准确、快速地检测出微量的农药残留。

因此，各学科技术在发展的同时一定会带来或多或少的伦理问题，需要社会各界引起重视，共同把伦理风险控制在最小。

◆ 小　　结

本章简述了国外工程伦理教育，工程与技术的辨析，工程伦理学的特点和准则，工程伦理分类，中华传统文化和责任伦理利益伦理，环境伦理，工程活动的社会成本，工程风险以及不同领域伦理案例分析。加强本科生工程伦理教育，有助于我国工程科学技术发展走向更加健康的未来。

◆ 习　　题

1. 工程为何总是伴随着风险？导致工程风险的因素有哪些？
2. 如何防范工程风险？有哪些手段和措施？
3. 评估工程风险需要遵循哪些基本原则？
4. 什么是伦理责任？工程师需要承担哪些伦理责任？
5. 如何激励工程师履行伦理责任的行为？
6. 如果工程师只履行职业责任而不去履行伦理责任，应该如何评价和对待？
7. 在网上检索阅读自己专业相关的案例，说明工程实践和法律法规的关系。按小组分享案例，并注意：法律法规和行业规范对行业的作用、基础性、必要性和发展性，案例中，法律法规和行业规范对工程实践带来了哪些影响，技术问题和法律法规、政策、行业规范的相互作用。
8. 请对以下创新项目进行风险伦理分析。
（1）家居智能灭火机器人。
（2）智能防丢报警器的设计与制作。
（3）太阳能旅游观光智能车设计。
（4）校园雨伞网上租赁。
（5）基于摄像头的路径识别智能车。
（6）基于智能手机的摔倒报警器。

（7）电子学生证在数字化校园建设中的应用研究。

（8）残疾人呼叫系统研究与开发。

（9）家用智能缴费系统。

（10）报警联网系统。

（11）智能路灯联网系统。

（12）自动垃圾检测清理。

（13）煤气泄漏自动报警。

（14）指纹身份识别门禁系统。

（15）共享单车网上管理系统。

（16）城市停车网上管理查询。

（17）自动雾霾检测和预防。

（18）交通实时堵塞预警系统。

（19）自动浇花系统。

（20）城市噪声实测与预警。

（21）办公室自动节能减耗系统。

第 7 章

知 识 产 权

◆ 7.1　什么是知识产权

知识产权(Intellectual Property)即智力成果权,是人们对其智力创造的成果所享有的民事权利。

知识产权分类如图 7.1 所示。

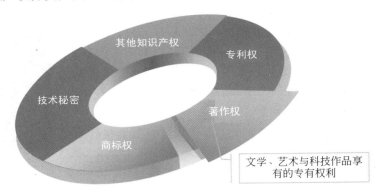

图 7.1　知识产权分类

随着科学技术的不断发展,知识产权的范围在不断扩大,下列各项都已经纳入知识产权的保护范畴:计算机软件,动植物新品种,网络域名,遗传资源,非物质文化遗产等。

知识产权的法律特征如下。

1. 客体具有非物质性

知识产权的客体是具有非物质性的作品、创造发明和商誉等,它具有无体性,必须依赖于一定的物质载体而存在。知识产权的客体是知识物质载体所承载或体现的非物质成果。这就意味着,首先获得了物质载体并不等于享有其所承载的知识产权;其次,转让物质载体的所有权不等于同时转让了其所承载的知识产权;最后,侵犯物质载体的所有权不等于同时侵犯其所承载的知识产权。

2. 特定的专有性

专有性又称排他性,是指非经知识产权人许可或法律特别规定,他人不得实施受知识产权专有权利控制的行为,否则构成侵权。知识产权的专有性与物权的专有性存在诸多差异,表现在以下几方面。

（1）专有性的来源不同。由于作品、发明创造等非物质性的客体无法像物那样被占有，人们难以自然形成对知识产权利用应当由创作者或创造者排他性控制的观念；相反，知识产权的专有性来自法律的强制性规定。

（2）侵犯专有性的表现形式不同，保护专有性的方法不同。对物权专有性的侵犯一般表现为对物的偷窃、抢夺、损毁或以其他方式进行侵占，而对知识产权专有性的侵犯一般与承载智力成果的物质载体无关，而是表现为在未经知识产权人许可或缺乏法律特别规定时，擅自实施受知识产权专有权利控制的行为。

（3）专有性受到的限制不同。知识产权受到的限制远多于物权，如《中华人民共和国著作权法》就规定了"合理使用""法定许可"，均构成对著作权专有性的限制。

3. 时间性

知识产权的时间性是指有多数知识产权的保护期是有限的，一旦超过法律规定的保护期限就不再受保护了。创造成果将进入公有领域，成为人人都可以利用的公共资源；商标的注册也有法定的时间效力，期限届满权利人不续展注册的，也进入公有领域。

4. 地域性

除非有国际条约、双边或多边协定的特别规定，否则知识产权的效力只限于本国境内，其原因在于知识产权是法定权利，同时也是一国公共政策的产物，必须通过法律的强制规定才能存在，其权利的范围和内容也完全取决于本国法律的规定，而各国有关知识产权的获得和保护的规定不完全相同，所以，除著作权外，一国的知识产权在他国不能自动获得保护。

图 7.2　世界知识产权组织图标

1967 年 7 月 14 日，"国际保护工业产权联盟"（巴黎联盟）和"国际保护文学艺术作品联盟"（伯尔尼联盟）的 51 个成员在瑞典首都斯德哥尔摩共同建立了世界知识产权组织，其图标如图 7.2 所示，以便进一步促进全世界对知识产权的保护，加强各国和各知识产权组织间的合作。

◇ 7.2　我国知识产权保护现状

中国于 1980 年 6 月 3 日加入世界知识产权组织，1985 年加入保护工业产权的巴黎公约，1989 年加入商标国际注册的马德里协定，1992 年 10 月加入保护文学和艺术作品的伯尔尼公约，1994 年 1 月 1 日加入专利合作条约。

2018 年 4 月 10 日，习近平总书记在博鳌亚洲论坛 2018 年年会开幕式上发表主旨演讲时指出"加强知识产权保护。这是完善产权保护制度最重要的内容，也是提高中国经济竞争力最大的激励。对此，外资企业有要求，中国企业更有要求。"

2018 年 8 月 28 日，"一带一路"知识产权高级别会议在北京开幕，国家主席向会议致贺信中指出：知识产权制度对促进共建"一带一路"具有重要作用。中国坚定不移地实行严格的知识产权保护，依法保护所有企业知识产权，营造良好营商环境和创新环境。

2021 年秋季国务院印发实施《"十四五"国家知识产权保护和运用规划》（以下简称《规划》）。

《规划》坚持以推动高质量发展为主题,以全面加强知识产权保护为主线,以建设知识产权强国为目标,以改革创新为动力,全面提升知识产权创造、运用、保护、管理和服务水平,促进建设现代化经济体系,激发全社会创新活力。《规划》明确了"十四五"时期知识产权保护迈上新台阶、运用取得新成效、服务达到新水平、国际合作取得新突破的"四新"目标,并提出每万人口高价值发明专利拥有量达到 12 件、海外发明专利授权量达到 9 万件、知识产权质押融资登记金额达到 3200 亿元、知识产权使用费年进出口总额达到 3500 亿元、专利密集型产业增加值占 GDP 比重达到 13%、版权产业增加值占 GDP 比重达到 7.5%、知识产权保护社会满意度达到 82 分、知识产权民事一审案件服判息诉率达到 85% 等八项预期性指标,确保知识产权强国建设阶段性目标任务如期完成。

《规划》设立 15 个专项工程加强知识产权保护。为了确保知识产权强国建设阶段性目标任务如期完成,《规划》设立了 15 个专项工程,其中围绕"加强保护",提出了商业秘密保护、数据知识产权保护、知识产权保护机构建设、植物新品种保护体系建设、地理标志保护、一流专利商标审查机构建设等 6 个专项工程。

围绕提高转移转化效能,《规划》提出了专利导航、中小企业知识产权战略推进、商标品牌建设、版权创新发展、知识产权助力乡村振兴等 5 个专项工程。

围绕"构建服务体系",《规划》提出了知识产权公共服务信息化智能化建设工程;围绕"推进国际合作",提出了"一带一路"知识产权合作、对外贸易知识产权保护两个专项工程;围绕"人才和文化建设",提出了知识产权普及教育工程。

知识产权权益分配改革一直是社会高度关注的问题。

近年来,高校和科研机构专利实施率低的问题比较突出,转化意愿不强、体制机制制约是其重要的原因之一。推进知识产权权益分配改革是激发知识产权转移转化内生动力的重要方式,也是"十四五"时期深化知识产权领域改革创新的重要方面。因此,规划将这项改革作为知识产权转移转化工作的重点。"十四五"时期提升知识产权转移转化成效,关键是要解决创新主体和市场主体不想转和不能转的问题。

国家知识产权局将积极推进知识产权权益分配改革工作,例如,单位可以依法处置其职务发明创造申请专利的权利和专利权,国家鼓励被授予专利权的单位实行产权激励,充分赋予高校和科研单位知识产权处置的自主权,促进专利的实施和运用。《规划》进一步对推进国有知识产权权益分配改革,完善无形资产评估制度,充分赋予高校和科研院所知识产权处置自主权,推动建立权利义务对等的知识产权转化收益分配机制,完善国有企事业单位知识产权转移转化决策机制,做出一系列重要部署。将更大力度破解知识产权转移转化难题。

《规划》提出的主要目标之一是知识产权国际合作取得新突破。

《规划》针对知识产权国际合作部署了以下三项措施,也是希望取得新突破的重点。

(1) 主动参与知识产权全球治理,积极参与完善知识产权国际规则体系,积极推动与经贸相关的多双边知识产权谈判,包括加强与世界知识产权组织的合作磋商,研究和参与新领域新业态知识产权国际规则和标准制定,妥善应对知识产权国际纠纷,在相关谈判中合理设置知识产权议题等。

(2) 提升知识产权国际合作水平,加强知识产权国际合作机制建设,优化知识产权国际合作环境。包括:巩固和完善"一带一路"知识产权合作,加强合作机制建设,强化知识产权能力提升项目实施,深化与国际和地区组织、重点国家和地区的知识产权合作,完善合作布局，支持发展中国家知识产权能力建设等。

（3）加强知识产权保护国际合作，便利知识产权海外获权，加强知识产权维权援助。包括：强化知识产权审查业务的国际合作，引导创新主体合理利用世界知识产权组织全球服务体系等渠道，建立国际知识产权风险预警和应急机制，建设知识产权涉外风险防控体系。

知识产权保护机构建设工程是《规划》部署的重点工程。"十四五"时期，国家知识产权局将积极推进知识产权保护体系工程建设，坚持统筹制度建设和治理能力建设，推动行政保护和司法保护的协调衔接，兼顾传统领域和新领域新业态的知识产权保护，构建大保护工作格局，有效激发创新活力，助力高质量发展。

近年来，互联网、大数据、人工智能等新技术新业态蓬勃发展，网上购物、在线教育、远程办公、智慧医疗等全面融入人们的日常工作和生活。以数字经济为例，有关白皮书显示，2020 年规模已经达到了 39.2 万亿元，占 GDP 比重达 38.6%。

国家知识产权局按照《规划》部署，深入开展互联网、大数据、人工智能等新领域新业态知识产权保护制度研究与实践，四大举措并举助力数字经济发展。

（1）发挥专利审查向前激励创新、向后促进运用的"双向传导"功能，完善互联网、大数据、人工智能等新领域新业态专利审查规则，健全相关知识产权转移转化机制，助推关键核心技术攻关和向现实生产力的转化。

（2）推进实施数据知识产权保护工程，探索开展数据知识产权保护立法研究，加快构建数据知识产权保护规则，在保护个人隐私和国家数据安全的基础上，更好地促进数据要素合理流动、有效保护和充分利用。

（3）加强互联网领域知识产权保护，推动知识产权保护线上线下融合发展，应对信息时代各种侵权行为易发多发和发生快、消失快、证据易灭失等难题，营造良好的营商环境。

（4）推动相关领域知识产权保护国际合作，支持世界知识产权组织发挥主平台作用，推动大数据、人工智能等新兴领域知识产权规则制定；同时，还要主动加强与有关国家的合作，率先开展相关研究与实践，加快构建面向未来、顺应时代、开放包容、平衡普惠的知识产权国际规则，让创新创造更好地惠及各国人民，促进共同发展。

◇ 7.3　软件知识产权

计算机软件是人类知识、经验、智慧和创造性劳动的成果，具有知识密集和智力密集的特点，是一种非常典型的知识产权。

软件知识产权的意义在于，一方面，可以对自己或本单位开发的软件采取切实的措施进行保护；另一方面，也可以避免侵犯他人的知识产权。我国于 20 世纪 70 年代着手制定相关法律和法规，知识产权法律制度的基本框架主要完成于 20 世纪 80 年代，并不断对其进行修改和完善。

计算机软件知识产权是指自然人、法人或其他机构对自己计算机软件开发过程中创造出来的智力成果所享有的专有权利。计算机软件知识产权包括著作权、专利权、制止不正当竞争权、商标权。

软件的著作权是指作者根据国家著作权法，对自己所创作的作品所享有权利的总和。保护对象包括计算机程序（源代码和目标代码）和相关文档。非保护对象包括思想、概念、发现、原理、算法、处理过程和运行方法。

　　软件的专利权是由国家专利主管机关根据国家颁布的专利法授予专利申请者或其权利继承者在一定的期限内实施其发明以及授权他人实施其发明的专有权利。图 7.3 是一个具体专利发明分类号。

图 7.3　专利发明分类号

　　专利权强调新颖性、创造性和实用性。软件的专利权包括计算机程序本身所用到的方法，也包括涉及计算机程序的发明。

　　软件的商业秘密权是指软件开发者的商业秘密，即不为公众所知悉，具有实用性，能为拥有者带来经济利益或竞争优势，并为拥有者采取保密措施的技术信息、计算机软件和其他非专利技术成果。包括源程序清单、需求规约、开发计划、算法模型、测试计划、业务经营计划、顾客名单等。软件的商业秘密的使用权和转让权，不具有排他性。

　　软件的商标权是指软件产品的生产者或者经销者为使自己的产品同其他人的产品相互区别，而置于软件产品表面或者包装上的标志专用权，通常由文字、图形，或者两者兼用的形式组成，如图 7.4 所示。

图 7.4　各企业软件商标

　　软件的许可方式可以使用软件许可证，或软件使用许可合同（或协议），根据使用需要，装入计算机等具有信息处理能力的装置内。软件的许可协议示例如图 7.5 所示，包括可制作备份复制件，不可提供给他人并负责销毁。或可进行必要的修改，未经许可不得向第三方提供。

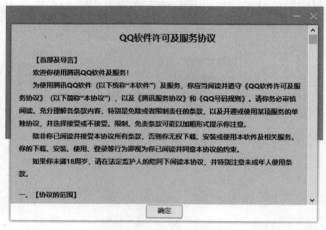

图 7.5　软件的许可协议示例

◈ 7.4　企业知识产权管理

企业设置专门部门和专门人员收集、管理情报；制定相关的规章制度；转让和许可知识产权，经营；预防侵犯他人，监视他人；应对知识产权纠纷。

企业制定相应知识产权战略，如专利战略、商标战略、软件著作权战略、商业秘密战略等。

企业建立管理制度，以确定权利归属、技术人才的管理、技术的保密、技术成果的有效利用、侵权处理等。

软件企业知识产权管理的对象，包括需求构架，软件构件如数据结构、算法、文档等，性能模型和分析，业务和管理内容，成本估算等。

◈ 7.5　自由软件与开源软件

根据软件的发行方式（基于授权方式的软件分类），可以把软件分为以下几类：商业软件，共享软件，公有软件，自由软件和开源软件。其中，商业软件涉及知识产权保护。自由软件和开源软件是离开知识产权概念的一种软件。它推行自由，共享理念。

自由软件中的自由权利之所以重要，不仅因为它可以讨好部分用户，更是由于它们倡导分享与协作的精神。随着我们的生活与文化日渐数字化，这样的自由精神也显得越来越可贵。

7.5.1　自由软件运动的精神领袖理查德·马修·斯托曼

理查德·马修·斯托曼（R.M.Stallman）是自由软件运动的精神领袖，GNU 计划以及自由软件基金会的创立者。GNU 是"GNU's Not UNIX"的递归缩写。

1984 年，UNIX 的商业化阶段，由理查德·斯托曼发起 GNU 项目，目标是创建一个完全自由且向下兼容 UNIX 的操作系统。

1985 年，理查德·斯托曼自由软件基金会（FSF）成立，其主要工作是运行 GNU 计划，开发更多的自由软件。FSF 帮助创建了保护 GNU 和其他自由软件项目的法律和制度框架。

Linux 内核是 1991 年利纳斯·托华德在其大学时期开发的一个项目，后来利纳斯·托华德在 Linux 中采用了 GNU 项目使用的 GPL 许可证。由于当时 GNU 项目仍未完成内核的编写，因此 GNU 已有的系统软件集与 Linux 内核结合后，就构成了 POSIX 兼容操作系统 GNU/Linux 的基础。

自由软件是一项思想运动，强调用户拥有如何使用软件的自由。即用户可以自由地运行，自由地复制，自由地修改，自由地再发行软件。

自由软件与免费软件的主要区别在于对用户的限制。

自由软件允许用户自由地使用软件，而免费软件则会对用户的使用做出不同程度的限制。免费软件免费的目的通常出于以下三种。

（1）投放广告：用户需要忍受广告的打扰。

（2）销售增值服务：用户需要忍受低效的功能（需要付费才可享受高效的服务）。

（3）吸引用户以获得垄断地位：在这种模式下，用户往往会被软件绑架，成为垄断者的武器。

7.5.2　开源软件

出于对斯托曼等人在推动自由软件的时候受意识形态的影响太深，从而与现实脱节的顾虑，埃里克·S·雷蒙德和他的追随者认为，他们应该侧重于提供源代码的实用价值，而不是过多地涉及共享和道德的哲学原则。

于是，一种"自由软件"和"商业软件"之间的折中——"开源软件"就此诞生了，它既继承了"自由软件"所提倡的知识共享的理念，同时又允许人们以专利的形式从知识产品中谋取利益，从而保护了人们生产、创造知识产品的积极性。

可以认为自由软件是开源软件的一个子集，自由软件的定义比开源软件更加严格，自由软件是在道德精神层面上维护用户使用的自由。

开源软件和自由软件一样，具备免费使用、公布源代码的主要特征。

1998 年 2 月 3 日，自由软件社区的著名成员一起开会，希望可以促使更多公司能够理解行之有效的开放式软件开发流程的独特优势，使这种先进流程能够得到更广泛的应用。与会者决定使用"开源软件"来代替"自由软件"，以推广开源这一概念，让大众更清晰地明白其与自由软件之间的差别，并以较少的意识形态方式来传递价值。此次大会被称为开源峰会。

1999 年 8 月 11 日，Red Hat 公司的首次公开募股 IPO 正式上市，成为第一家开始公开交易的开源公司，这是自由和开源软件具有商业意义最有力的证明。

2004 年 10 月 20 日，Ubuntu 操作系统推出。Ubuntu 的目标在于为一般用户提供一个最新同时又相当稳定且拥有友好的界面，主要以自由软件构建而成的操作系统。Ubuntu 目前拥有蓬勃发展的用户社区，具有庞大的社区力量支持。

Google 于 2007 年推出的 Android 移动操作系统在开源软件的发展中具有重要的地位。Android 移动操作系统在手机端的风靡让更多的普通人得以享受自由和开源软件所提供的服务和便利。Android 系统的成功，也验证了以大型 IT 企业为主推动开源软件开发的可行性，从而引领开源运动进行了新的阶段。

GitHub 将开源"民主化"。GitHub 提供使用 Git 进行版本控制的软件源代码托管服务。GitHub 使得更多开发者能更方便地参与开源项目，为开源项目贡献。在 GitHub 上可以更容易查找开源项目，而且协作方式改变，开发者不再需要获得开发者社区的权限才能参与开源项目。GitHub 于 2018 年 6 月 4 日被微软收购。

自由软件/开源软件是自由的、免费的、源代码开放的，人们可自由下载安装和使用。同时，为了维护作者和贡献者的合法权利，保证这些软件不被一些商业机构或个人窃取，影响软件的发展，开源社区开发出了各种开源许可协议。

通用性公开许可（General Public License，GPL）协议包括承认软件著作权，可复制、传播、修改，允许任何目的的运行，自由获得源代码，自由散发和复制，自由修改/改进，但一定要向公众公布。某软件一旦宣布永远是自由软件，包括原作者都无权改变这一声明。

次通用性公开许可（Lesser General Public License，LGPL）允许非自由软件与 LGPL 许可的函数库相连接。

摩也斯拉公开许可（Mozilla Public License，MPL）协议允许在已有源代码库上加上接口，接口程序以 MPL 形式公开。

伯克利软件发行（Berkeley Software Distribution，BSD）协议可不受限修改源代码，注明出处后修改可不公开。

阿帕奇许可协议（Apache Licence）是著名的非盈利开源组织 Apache 采用的协议，该协议和 BSD 类似。

开源软件可以解决以下问题。

（1）从用户的角度，使用户能根据自己的需要来使用、定制软件。从软件本身的角度，开源，让更多的人参与，更有助于软件的完善，开发出更优秀的软件。

（2）从软件行业的角度，能够极大提高软件开发的生产力，通过自由复用别人的开发成果避免重复劳动。通过开发的源代码，让软件开发者更好地学习。

既然开源就意味着谁都可以看到源代码，这样会不会让黑客发现其中的漏洞，然后利用它，从而产生安全隐患呢？

从统计数据可以看到，开源项目的采用率正在持续加速增长。仅 2018 年，Java 工具包翻了一番，而 npm 增加了大约 250 000 个新的工具包。PyPI 在 2018 年拥有超过 140 亿的下载量，是 2017 年的两倍。

两年内开源项目应用程序的漏洞数量增长了 88%，在 2018 年，npm 的漏洞数量增长了 47%。根据 Maven Central 和 PHP Packagist 披露的数据，它们的漏洞数量分别增长了 27% 和 56%。2018 年与 2017 年相比，Snyk 在 RHEL、Debian 和 Ubuntu 中追踪发现的漏洞数量增加了 4 倍多。所以开源软件可能没有想象中那么安全。

开源软件的盈利方式是通过双许可证模式。基础软件采用宽松许可证，同时向基础软件的商业用户贩卖增值服务或者增强组件、开发工具等的许可。混合模式是既贩卖工具等软件的许可，同时还向用户提供付费服务的模式，成为平台型软件，并承载自己的互联网业务。

　　工程教育专业认证毕业要求第五条要求能够使用恰当合理的技术、资源、现代工程工具,这其中当然也包括自由软件与开源软件。GitHub 等代码托管网站上有大量的优质开源项目,在进行解决"复杂工程问题"的过程中应该学会利用这些开源项目中的已有成果,站在巨人的肩膀上从而更好地解决"复杂工程问题"。

　　在使用他人的开源成果时一定要注意其中的许可协议,规避可能的知识产权风险。

◆ 小　　结

　　本章简述了什么是知识产权,我国知识产权保护现状,软件技术产权,企业知识产权管理,自由软件与开源软件的概念。有助于本科生更好地运用相关软件工具进行深入学习。

◆ 习　　题

1. 什么是知识产权?
2. 简述我国知识产权保护现状。
3. 什么是软件技术产权?
4. 简述我国企业知识产权管理现状。
5. 简述自由软件与开源软件的特点。

软件设计规范化

◆ 8.1 软件基本介绍

国标中对软件(Software)的定义为与计算机系统操作有关的计算机程序、规程、规则,以及文件、文档及数据。图 8.1 是软件的组成。

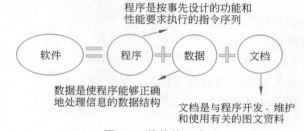

图 8.1 软件的组成

百度百科对软件的定义:软件是一系列按照特定顺序组织的计算机数据和指令的集合。软件并不只是包括可以在计算机上运行的计算机程序,与这些计算机程序相关的文档一般也被认为是软件的一部分。

软件是无形的,没有物理形态,只能通过运行状况来了解功能、特性和质量。软件渗透了大量的脑力劳动,人的逻辑思维、智能活动和技术水平是软件产品的关键。软件不会像硬件一样老化磨损,但存在缺陷维护和技术更新。

软件的开发和运行必须依赖于特定的计算机系统环境,对于硬件有依赖性,为了减少硬件依赖,开发中提出了软件的可移植性概念。

软件具有可复用性,软件开发出来很容易被复制,从而形成多个副本。

软件按照应用分类为系统软件、应用软件和介于这两者之间的中间件。

按照运行平台分类为桌面软件、嵌入式软件等。

按照应用领域分类为文字处理软件、图像处理软件、视频播放软件等。

第一代软件(1946—1953)的机器语言为汇编语言。例如,计算 2+6 在某种计算机上的机器语言指令如下。

```
10110000 00000110
00000100 00000010
10100010 01010000
```

第二代软件(1954—1964)有 FORTRAN 语言、BASIC 语言。

第三代软件(1965—1970)包括数据库管理系统(DBMS)、软件工程等。

第四代软件(1971—1989)采用结构化程序设计技术,有 Pascal 语言、Modula-2 语言和灵活且功能强大的 C 语言。

第五代软件(1990 年至今)包括 Java、C++、C♯语言。在计算机软件业具有主导地位的微软公司的崛起,以及互联网的普及,使得面向对象的程序设计方法越来越普及。

软件产业的重要性也越来越突出。国际上将软件产业视为国家的战略性产业,是国际竞争的焦点和制高点。我国越来越重视软件产业和软件人才的培养。

◈ 8.2　软 件 危 机

20 世纪 60 年代以前,软件的规模比较小,设计软件往往等同于编制程序,基本上是自给自足的私人化软件生产方式。

20 世纪 60 年代中期,随着计算机硬件技术、操作系统和数据库管理系统的不断发展,软件系统的规模越来越大,复杂程度越来越高,软件可靠性问题也越来越突出。

1968 年,北大西洋公约组织(NATO)提出了软件危机的概念。软件危机的表现为:

(1) 软件不能满足用户的需求。

(2) 软件开发成本严重超标,开发周期大大超过规定日期。

(3) 软件质量难于保证,可靠性差。

(4) 软件难于维护。

(5) 软件开发速度跟不上计算机发展速度。

软件危机产生的原因有:

(1) 忽视软件开发前期的调研和需求分析工作。

(2) 缺乏软件开发的经验和有关软件开发数据的积累,使得开发计划很难制订。

(3) 开发过程缺乏统一的、规范化的方法论指导。

(4) 忽视与用户、开发组成员间的及时有效的沟通。

(5) 文档资料不规范或不准确。导致开发者失去工作的基础,管理者失去管理的依据。

(6) 没有完善的质量保证体系。

软件危机的解决途径有:

(1) 使用好的软件开发技术和方法。

(2) 使用好的软件开发工具,提高软件生产率。

(3) 有良好的组织、严密的管理,各方面人员相互配合,共同完成任务。

为了解决软件危机,既要有技术措施,如好的方法和工具,也要有组织管理措施。软件工程正是从技术和管理两方面来研究如何更好地开发和维护计算机软件。

8.3　软件工程

为了克服软件危机，1968 年 10 月在北大西洋公约组织召开的计算机科学会议上，费慈·伯恩首次提出"软件工程"的概念。软件工程是指应用于计算机软件的定义、开发和维护的一整套方法、工具、文档、实践标准和工序。软件工程的主要思想是强调软件开发过程中应用工程化原则的重要性。

8.3.1　软件工程的目标和原则

软件工程的目标可以概括为在给定成本、进度的前提下，开发出具有有效性、可靠性、可理解性、可维护性、可重用性、可适应性、可移植性、可追踪性和可互操作性且满足用户需求的产品。

软件工程的原则是抽象、信息隐蔽、模块化、局部化、确定性、一致性、完备性、可验证。

8.3.2　软件工程的基本原理

软件工程的基本原理就是采用分阶段的软件生存周期计划进行严格的质量管理，坚持进行阶段评审，实行严格的产品控制，采用现代程序设计技术。

软件工程结果应能清楚地审查，开发小组的人员应该少而精，承认不断改进软件工程实践的必要性。

8.3.3　软件工程的研究内容

图 8.2 概括说明了软件工程的研究内容。

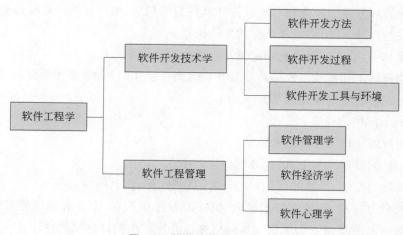

图 8.2　软件工程的研究内容

◇ 8.4 软件生命周期

图 8.3 给出了从开发到编码、维护全过程软件生命周期图。

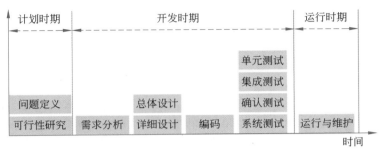

图 8.3 软件生命周期图

◇ 8.5 软件开发模型

软件开发模型包括瀑布模型、快速原型模型、渐增模型、喷泉模型、螺旋模型、敏捷开发模型等。

1970 年,温斯顿·罗伊斯提出了著名的"瀑布模型"。"瀑布模型"是被提出的第一个软件开发模型,也是唯一一个一直被广泛应用的软件开发模型。瀑布模型提供了一个模板,规范了软件开发人员的开发过程,虽然瀑布模型遭到了相当多的批评,但是它对很多项目仍然是适用的。

图 8.4 所示是软件开发模型——瀑布模型示意图。

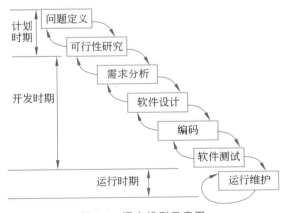

图 8.4 瀑布模型示意图

传统软件项目管理中使用最广泛的开发模型,即为最经典的"瀑布式"开发模型。"瀑布式"开发模型将项目根据实施过程分解为若干阶段,每个阶段按照顺序依次进行,前一个阶段的输出是后一个阶段的输入。也就是说,前一个阶段的完成是后一个阶段实施的先决条件,后一个阶段向前一个阶段会有一个循环反馈。也正是因为这种从前到后、自上而下的工作方式,"瀑布式"开发由此得名。

瀑布模型是使用时间最长、应用最广泛的一个开发模型。瀑布模型有它不可被忽视的优点，同时也存在天生的缺点。

瀑布模型的优点如下。

瀑布模型提供了一种工作框架，规范了软件开发人员的工作流程，使得多人合作式的开发方式成为现实。

由于瀑布模型的阶段分隔非常清晰，使得项目进展更加容易掌握，更有利于项目管理的进行。当项目的一个阶段进行时，工作人员只需关注上一个阶段的输出，使工作人员分工明确。项目完成日期具有可预测性。

瀑布模型的缺点如下。

瀑布模型不支持需求的变化，因为需求变化就表示项目需要从头把整个流程再进行一遍。项目需要进行到最后一个阶段才可以看到可见的产品，产品风险高。瀑布模型的各个阶段通过大量的文档相互连接，过分的文档依赖使项目中负责不同阶段的人员缺乏交流。

瀑布模型虽然现在受很多人士的质疑，他们认为瀑布模型已经不适应当前市场竞争的环境，应该退出历史的舞台，但是瀑布模型本身没有本质的错误，瀑布模型现在仍然是项目中使用率最高的开发模型，对于一些项目规模巨大、需求相对稳定的项目依然非常有效，并为项目创造着价值。我们应该辩证地去看待瀑布模型，每样事物都有它的两面性，没有哪一种模型适合所有的项目。我们应该了解开发模型所适用的场景，根据项目的具体情况和特点去选择合适的开发模型。

软件开发模型——快速原型模型如图 8.5 所示。

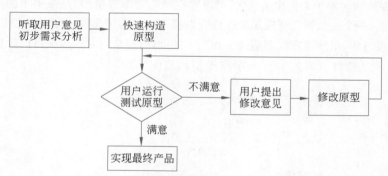

图 8.5　快速原型模型示意图

软件开发模型——渐增模型如图 8.6 所示。

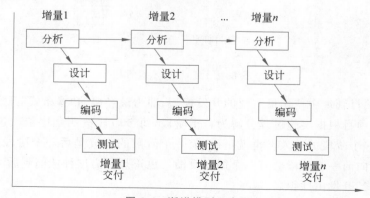

图 8.6　渐增模型示意图

软件开发模型——喷泉模型如图 8.7 所示。

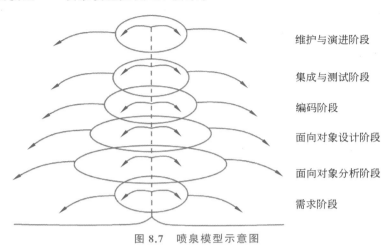

维护与演进阶段

集成与测试阶段

编码阶段

面向对象设计阶段

面向对象分析阶段

需求阶段

图 8.7　喷泉模型示意图

软件开发模型——螺旋模型如图 8.8 所示。

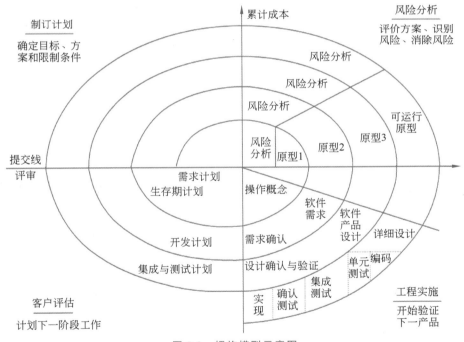

图 8.8　螺旋模型示意图

20 世纪 60 年代以前,计算机刚刚被投入使用,由于软件开发初期阶段,规模很小,一般是个人设计、个人完成的软件生产方式。到 20 世纪 60 年代中期,计算机应用范围迅速扩大,高性能计算机出现,软件使用量增加,软件开发业发展迅速。随后高级开发语言出现,操作系统不断升级,给计算机的应用方式带来了极大的变化。计算机软件规模越来越大,程序也越来越复杂,软件可靠性问题慢慢凸显出来。原来的个人自由开发软件方式已经不再满足需求,由此软件危机爆发。

　　北大西洋公约组织的计算机科学家们于 1968 年在联邦德国召开国际会议,在这次国际会议上,科学家们针对软件危机问题进行了讨论,由此首次诞生了一门新的学科"软件工程学"。

　　Scrum 开发方法是杰夫·苏瑟兰在 1993 年提出,它是敏捷开发方法的前身。Scrum 开发方法针对传统的瀑布开发方法而创立,是一种轻量级开发方法。肯特·贝科特是极限编程的创始人,他一直追求一种简单而有效的软件开发方法。1996 年 3 月,肯特将极限编程作为一种新的软件开发观念引入了他的项目。

　　2001 年 2 月,多位软件开发领域的翘楚在美国犹他州,经过两天的讨论,提出"敏捷"一词并从此将其应用到了软件领域,他们概括了一套全新的软件开发理念,并总结了《敏捷宣言》传递给全世界,从此软件行业进入了敏捷开发时代。

　　软件开发模型——敏捷开发模型如图 8.9 所示。

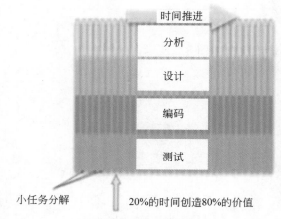

图 8.9　敏捷开发模型示意图

　　敏捷模型是把大任务细分为很多小任务,每个小任务都经过需求分析、设计、代码开发、测试的循环改进,如图 8.10 所示。

图 8.10　敏捷开发模型原理

　　敏捷模型的特点和要求是个体和交互胜过过程和工具,可以工作的软件胜过面面俱到的文档,客户合作胜过合同谈判,响应变化胜过遵循计划。

◇ 8.6 软件设计方法

软件设计是软件工程的重要阶段,是一个将软件需求转换为软件表示的过程。

软件设计的目标是用比较抽象概括的方式确定目标系统如何完成预定的任务,即确定系统的物理模型。软件设计解决软件系统"怎么做"的问题。软件设计不同于程序设计,程序设计是软件设计的编码实现过程。

8.6.1 软件设计的重要性

软件开发阶段包括设计、编码、测试三个环节,它占据软件项目开发总成本的绝大部分,是在软件开发中形成质量的关键环节。

软件设计是开发阶段最重要的步骤,是将用户需求准确地转换为最终软件产品的唯一途径。软件设计做出的决策,最终将直接影响软件实现的成败。软件设计是软件工程和软件维护的基础。

8.6.2 软件设计需要考虑的原则

软件设计需要考虑的原则有以下几点。

(1) 抽象:就是提取出事物的本质特征而暂时不考虑它们的细节。

(2) 模块化:合理划分软件的模块。

(3) 信息隐蔽:在一个模块内包含的信息,对于不需要这些信息的其他模块来说是不能访问的。

(4) 模块独立性:每个模块只完成系统要求的独立的子功能,并且与其他模块的联系最少且接口简单。模块独立程度是评价设计好坏的重要度量标准。

8.6.3 模块化的概念

软件设计中模块化是一个非常重要的概念。不管是在结构化设计或面向对象设计中都遵循这一原则。

图 8.11 显示了一个软件中模块的数目和成本之间的关系。可以看出,模块数目不宜过

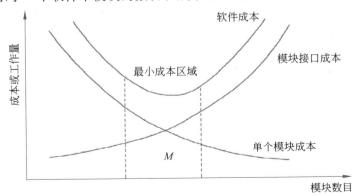

图 8.11 软件中模块数目和成本之间的关系

大，也不宜过小。在中间区域时软件成本最小。

软件设计可以采用面向过程的设计，也称结构化设计，包括函数、过程和子程序，也可以采用面向对象设计，包括对象和对象内的方法。

软件设计还可以分为概要设计与详细设计，如图 8.12 所示。

图 8.12　软件设计阶段

8.6.4　结构化软件设计

结构化软件设计方法又称为面向过程的软件设计方法，即在软件设计中采用结构化分析和结构化设计的原则。

结构化分析就是根据分解与抽象的原则，按照系统中数据处理的流程，用数据流图来建立系统的功能模型，从而完成需求分析。

根据模块独立性准则、软件结构准则，将数据流图转换为软件的体系结构，用软件结构图来建立系统的物理模型，实现系统的总体设计。

面向数据结构的软件设计是从目标系统的输入、输出数据结构入手，导出程序框架结构，再补充其他细节，得到完整的程序结构图。

以数据结构为驱动，优点是通俗易懂，特别适合信息系统中数据库服务器上的设计与实现，对输入、输出数据结构明确的中小型系统特别有效。

面向数据结构的软件设计缺点是实现窗口界面较困难。

8.6.5　面向对象的软件设计

面向对象的方法把对象作为数据和在数据上的操作相结合的软件构件，用对象分解取代结构化方法的功能分解。

把所有对象都划分成类，把若干相关的类组织成具有层次结构的系统，下层的类继承上层的类所定义的属性和服务；对象之间通过发送消息进行联系。

$$面向对象＝对象＋类＋继承＋消息传递$$

面向对象的设计方法的优点与人类习惯的思维方法一致，系统的稳定性好，可重用性好，较易于开发大型软件产品，可维护性好。

软件对象的基本特点如表 8.1 所示。

表 8.1　软件对象的基本特点

特 点	描 述
标识唯一性	一个对象通常由对象名、属性和操作三部分组成
分类性	可以将具有相同属性和操作的对象抽象成类
多态性	同一个操作可以是不同对象的行为，不同对象执行同一操作产生不同的结果
封装性	从外面看只能看到对象的外部特征，对象的内部对外是不可见的
独立性	由于完成对象功能所需的元素都被封装在对象内部，所以模块独立性好

面向对象中的基本概念有以下几个。

（1）类和实例：具有相同属性和服务的一组对象的集合，一个对象则是其对应类的一个实例。

（2）封装：类是封装的基本单位。封装使对象形成两部分：接口部分和实现部分。

（3）继承性：继承性是父类和子类之间共享数据和方法的机制，这是类之间的一种关系。

（4）多态性：同样的消息被不同的对象接收时可导致完全不同的行为。

（5）重载：包括函数重载和运算符重载，提高了面向对象系统的灵活性和可读性。

8.7　通信仿真软件

在通信工程领域，通信仿真软件的发展非常迅猛。

（1）PSPICE、ORCAD：通用的电子电路仿真软件，适合于元器件级仿真。

（2）SystemView：系统级的电路动态仿真软件。

（3）MATLAB 和 Simulink：具有强大的数值计算能力，包含各种工具箱，其程序不能脱离 MATLAB 环境而运行。MATLAB 是一种高级的科学分析与计算软件。Simulink 是 MATLAB 附带的基于模型化图形组态的动态仿真环境。

（4）NS2：NS2 是一种针对网络技术的源代码公开的、免费的软件模拟平台，研究人员使用它可以很容易地进行网络技术的开发且模块丰富，几乎涉及网络技术的所有方面。NS2 是目前学术界广泛使用的一种网络模拟软件。

（5）OPNET：OPNET 网络仿真软件是 MIL3 公司的产品，MIL3 公司是由麻省理工学院（MIT）的几位教师在 1986 年创建的，他们把在 MIT 的研究成果产品化，开发出了 MIL3 公司的第一个产品 Modeler，并在随后将其扩充、完善为 OPNET 产品系列。OPNET 是一个大型的通信与计算机网络仿真软件包，为通信网和分布式系统的模拟提供了详尽全方位的支持。

通信仿真软件的发展基于以下原因。

1. 经济性

大型、复杂系统直接实验是十分昂贵的，如航天器的一次飞行实验的成本约为 1 亿美元，而采用仿真实验仅需其成本的 1/10～1/5，而且设备可以重复使用。

2. 安全性

某些系统（如载人飞行器、核电装置等），直接实验往往会有很大的危险，甚至是不允许的，而采用仿真实验可以有效降低危险程度，对系统的研究起到保障作用。

3. 快捷性

提高设计效率。例如，用于电路设计、服装设计、物流设计等。

4. 具有优化设计和预测的特殊功能

在非工程系统中（如社会、管理、经济等系统），由于其规模复杂，直接实验几乎不可能，这时通过应用仿真技术可以获得对系统的某种超前认识。

◆ 8.8 嵌入式系统

嵌入式系统是指嵌入机械或电气系统内部、具有专属功能的智能化计算机系统。通常要求实时计算性能，具有一定的复杂性。嵌入式系统是软件和硬件的结合体，并且执行某种特定功能，它和各种应用紧密相连。

从技术角度看，嵌入式系统以应用为中心，以计算机技术为基础，软硬件可以灵活随应用裁剪。

从发展角度看，嵌入式硬件系统具有高集成度，逐渐向片上系统（SoC）方向发展；嵌入式软件系统逐渐向通用化平台发展，并具备一定的可移植性。

8.8.1 嵌入式系统的特点

（1）多样性：嵌入式应用多种多样，嵌入式设备类型日趋多样化。

（2）专用紧凑：面向特定应用，软硬件配置有明显的约束条件，包括成本、大小、功耗等。

（3）实时响应：嵌入式系统大多为实时系统，依靠其硬件设备和实时操作系统（RTOS）的紧密结合，能够在有限的时间内对外部事件做出快速响应，以实现所需的通信、控制等功能。

（4）健壮可靠：例如，硬件中的看门狗定时器，软件中的内存保护和重启机制等，程序固化在存储芯片中。

（5）嵌入式操作系统支持：嵌入式操作系统通常为实时操作系统，具有体积小、实时可靠、可裁剪、可固化和多种处理器支持的特点，可以提高嵌入式系统的可靠性和应用开发效率。

（6）需要专门的开发工具和环境。

一个用于网络连接的嵌入式系统简图如图 8.13 所示。

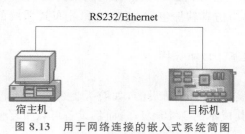

图 8.13　用于网络连接的嵌入式系统简图

8.8.2　嵌入式系统在大学生创新创业项目中的应用

在大学生创新创业项目实践中,经常会用到嵌入式硬件,它包括嵌入式处理器和外围设备的设计。嵌入式处理器包括 MCU、DSP 和 FPGA。MCU 用于控制外围设备,如 51 单片机;DSP 是针对信号处理优化的处理器,如 TI 的 TMS320 系列;FPGA 系列是基于电路逻辑的可编程器件,并行度高。外围设备包括存储器,如 SDRAM、Flash 等;接口芯片有 RS232 接口、USB 接口和以太网接口等;I/O 设备有键盘、鼠标、显示器、触摸屏等。图 8.14 显示了嵌入式系统在项目中的应用设计框图。

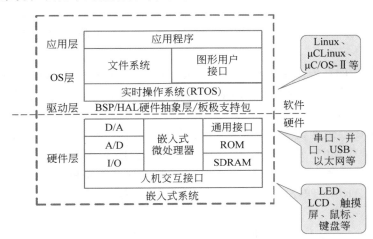

图 8.14　嵌入式系统在项目中的应用设计框图

8.8.3　嵌入式系统硬件平台

1. 嵌入式硬件平台 1——MCU

MCU(Micro-Controller Unit,微控制单元),又称单片微型计算机(Single Chip Microcomputer)或者单片机,是把中央处理器(Central Processing Unit,CPU)的频率与规格做适当缩减,并将内存、计数器、USB、A/D 转换、UART、PLC、DMA 等周边接口,甚至 LCD 驱动电路都整合在单一芯片上,形成芯片级的计算机,为不同的应用场合做不同组合控制,如手机、PC 外围、遥控器、汽车电子、工业上的步进电动机、机器手臂、电梯、空调的控制等。单片机通常无操作系统,可用于简单直接的控制。

2. 嵌入式硬件平台 2——DSP

DSP(Digital Signal Processing,数字信号处理器)的结构与 MCU 不同,加快了运算速度,突出了运算能力。可以把它看成一个超级快的 MCU。低端的 DSP,如 C2000 系列,主要是用在电机控制上,不过 TI 公司称其为 DSC(数字信号控制器)。高端的 DSP,如 C5000/C6000 系列,可用于复杂大型计算,像离散余弦变换、快速傅里叶变换,常用于图像处理和通信设备、数码相机等。

3. 嵌入式硬件平台 3——FPGA

FPGA 即现场可编程门阵列,以硬件描述语言(Verilog 或 VHDL)所完成的电路设计,可以经过简单的综合与布局,快速地烧录至 FPGA 上进行测试,是现代 IC 设计验证的技术主流。它就像一张白纸，功能实现完全靠编程人员设计，它的所有过程都是硬件，包括 Verilog HDL 程序设计也是硬件范畴，一般称为编写"逻辑"。而 MCU 和 DSP 的内部硬件结构都是设计好的，所以只能通过软件编程来进行顺序处理。FPGA 可以并行处理，执行速度最快。

为什么 MCU、DSP 和 FPGA 会同时存在呢？那是因为 MCU、DSP 的内部结构都是由 IC 从业人员精心设计的，在完成相同功能时功耗和价钱都比 FPGA 要低得多。而 FPGA 虽然处理速度快，但开发设计比较复杂，完成相同功能耗费的人力财力也要多。因此可以灵活利用三者进行项目设计。

嵌入式系统相对于台式计算机而言，系统可裁剪，形态各异，在体积、功耗、成本要求低，实时性要求高的应用场合中广泛应用，如示波器、手机、平板电脑、全自动洗衣机、路由器、数码相机等。

根据对象体系的功能复杂性和计算处理复杂性，嵌入式系统可以提供不同的选择。对于简单的家电控制嵌入式系统，采用简单的 8 位单片机就已足够，对于手机和游戏机等，就必须采用 32 位的 ARM 和 DSP 等芯片。

单片机 MCU 经过这么多年的发展，早已不只有普林斯顿的 51 结构，性能也已得到了很大的提升。因为 MCU 必须顺序执行程序，所以适于做控制，较多地应用于工业。而 ARM 本是一家专门设计 MCU 的公司，由于技术先进加上策略得当，这两年单片机市场份额占有率巨大。ARM 的单片机有很多种类，从低端 M0（小家电）到高端 A8、A9（手机、平板电脑）都很畅销。

4 位、8 位、16 位、32 位、64 位 MCU 的应用范围如表 8.2 所示。

表 8.2　不同等级 MCU 的应用范围

等级	应 用 范 围
4 位	计算器、车用仪表、车用防盗装置、呼叫器、无线电话、CD 播放器、LCD 驱动控制器、儿童玩具、磅秤、充电器、胎压计、温湿度计、遥控器等
8 位	电表、电动机控制器、电动玩具机、呼叫器、传真机、电话录音机、键盘及 USB
16 位	移动电话、数码相机及摄录放影机
32 位	智能家居物联网、电机及变频控制、安防监控、指纹辨识、触控按键、路由器、GPS 定位系统、工作站、ISDN 电话、激光打印机与彩色传真机等
64 位	高阶工作站、多媒体互动系统、高级电视游乐器、高级终端机等

高整合度 MCU 已经成为趋势。物联网对于其中每个节点最理想的要求是智能化，即能够通过传感器感知外界信息，通过处理器进行数据运算，通过无线通信模块发送/接收数据。因此，集成传感器、MCU 和无线模块的方案始终是各 MCU 厂商的追求。对于一些相对容易实现整合的传感器类型，如触摸屏控制器、加速度计、陀螺仪等，某些技术实力强大的厂商已经实现了与 MCU 整合的单芯片 SoC/SiP。

数字信号处理（DSP）是指为得到满足人们需要的信号形式而对数字化的信号进行处理的数学原理、方法和手段。也就是说，将现实世界的模拟信号转换成数字信号，再用数学的方法来处理此数字信号，得到相应的结果。例如，IIR、FIR、FFT 数字信号处理器是指一类具有专门为完成数字信号处理任务而优化设计的系统体系结构、硬件和软件资源的单片可编程处理器件。

DSP 的优点是采用哈佛总线结构和流水线技术、片内多总线并行技术，具有软、硬件等待功能，独立的乘法器和加法器，低功耗、体积小、价格低，有 DMA 通道和通信口，有中断和定时器。DSP 针对卷积和相关操作有优化方案，DSP 针对 FFT 有位反转寻址优化。

常用的 DSP 芯片厂家有 Texas Instruments，Analog Devices，Frescale(NXP) 和 Ceva 等。

Texas Instruments 公司产品有 TMS320C2000，TMS320C5000，TMS320C6400，TMS320C6700 等。

Analog Devices 公司产品有 ADSP-21xx、SHARC DSP、TigerSharc DSP、blackfin 等。

Frescale(NXP) 公司产品有 MSC8xx、DSP563xx、DSP566xx、DSP567xx 等。

Ceva 公司产品有 CEVA-XM6、CEVA-XM64、CEVA-XC5、CEVA-XC512 等。

对 DSP 代码的优化主要是指对其执行时间的优化，通过优化代码，使得关键的处理模块所消耗的时间满足实时系统的要求。例如，一个滤波器模块，输入数据的采样速率为 100kb/s，则每个采样数据持续的时间为 $10\mu s$；滤波模块对每个输入数据进行滤波操作所需的时间必须小于 $10\mu s$，否则无法对输入的数据进行实时处理。

DSP 代码优化的思路是资源合理分配、充分使用 DSP 提供的专用硬件和并行功能，明确所设计的算法到 DSP 结构的映射。

DSP 适合对大量数据做相同的运算，把相同的工作放在一起完成，形成循环，若循环中工作太多，导致资源不够，如寄存器不够分配，则可以拆分循环。

DSP 代码优化的方法有循环展开：用空间换时间；利用块循环功能：零循环开销；使用查表法计算复杂函数 sin、cos 等；调用厂家提供的 DSP 库函数实现基本操作；用汇编核心模块注意寄存器的使用规则；使用 const、volatile、restrict 等关键字提高编译效率。

FPGA 基于查找表加触发器的结构，采用 SRAM 工艺，也有采用 Flash 或者反熔丝工艺；主要应用于高速、高密度的数字电路设计。

FPGA 由可编程输入/输出单元、基本可编程逻辑单元、嵌入式块 RAM、丰富的布线资源(时钟/长线/短线)、底层嵌入功能单元、内嵌专用的硬核等组成。

目前市场上应用比较广泛的 FPGA 芯片主要来自 Altera 公司与 Xilinx 公司。另外还有其他厂家的一些低端芯片，如 Actel、Lattice 等。

FPGA 演变过程如图 8.15 所示。

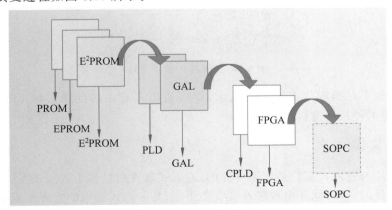

图 8.15　FPGA 演变过程

1）PROM/EPROM/E^2PROM 阶段

PROM：可编程只读存储器，通过专用的烧录器编程；编程后不可擦除信息。

EPROM：紫外线可擦除只读存储器，可通过光擦除编程信息。

E^2PROM：电可擦除存储器。

2）PLD/GAL 阶段

PLD：可编程逻辑阵列。

GAL：通用逻辑阵列。

PLD/GAL：基于与或结构，采用 E^2PROM 工艺，主要用于替代早期的 74 系列门电路芯片，灵活度较大。

3）CPLD/EPLD 阶段

CPLD：复杂可编程逻辑器件。

EPLD：增加型可编程逻辑器件。

CPLD 基于乘积项结构，采用 E^2PROM 或 Flash 工艺，掉电配置信息可保留，主要应用于接口转换、IO 扩展、总线控制等；CPLD 结构主要由可编程 IO 单元、基本逻辑单元、布线池/矩阵组成。

可编程 IO 单元：可设置集电极开路输出、摆率控制、三态输出等。

基本逻辑单元：主要指乘积项阵列，是一个与或阵列，每一个交叉点都是一个可编程熔丝，如果导通就是实现"与"逻辑。后面的乘积项选择矩阵是一个"或"阵列。两者一起完成组合逻辑。

布线矩阵：用于输入与输出的互联，因布线长度固定，点到点的延时也固定。

FPGA 的设计流程如图 8.16 所示。

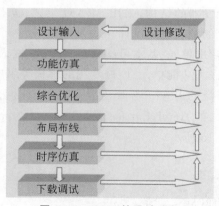

图 8.16　FPGA 的设计流程

目前还出现了可编程片上系统的概念，即将通用式嵌入式处理器与 FPGA 结合在一起，再配以一定的硬核高速接口。

8.8.4　嵌入式软件

嵌入式软件与嵌入式系统是密不可分的，嵌入式软件就是基于嵌入式系统设计的软件，它是计算机软件的一种，同样由程序及其文档组成，是嵌入式系统的重要组成部分。嵌入式软件可分为以下三类。

（1）系统软件：嵌入式操作系统。

（2）支撑软件：用于帮助和支持软件开发的数据库和开发工具等。

（3）应用软件：用于实现具体功能的软件。

◆ 8.9　嵌入式系统设计案例

8.9.1　扫地机器人定位系统

扫地机器人是一种智能吸尘器，当处于未知环境中时，会利用携带的各种传感器，如碰撞传感器、红外避障传感器、防跌落传感器、灰尘检测传感器及摄像头等感知在室内的位置和自身状态，通过智能控制算法实现自动避障、定位、路径规划等功能，最终实现地面的高效清洁。

定位是扫地机器人实现自主导航的关键，用于解决机器人正处于何处的问题，主要分为绝对定位和相对定位两大类。

可以采用 MPU6050 传感器控制摄像头，进行灰度视频采集，扫地机器人电路系统包含 USTM32F4，为 CPU 的运动控制部分和以 Smart210 核心板为主的视觉定位部分，两部分之间的通信用 RS232 串口实现，串口的比特率为 115.2kb/s。扫地机器人嵌入式系统设计框图如图 8.17 所示。

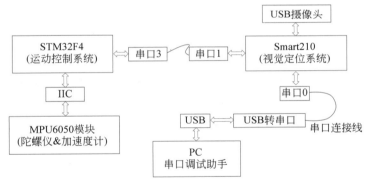

图 8.17　扫地机器人嵌入式系统设计框图

8.9.2　低功耗燃气地震开关嵌入式系统设计

低功耗燃气地震开关设计的研究内容主要分为三部分：核心器件的选择及超低功耗自供电的硬件模块化设计、嵌入式软件开发以及基于 NB-IoT 的数据传输和设备维护。

整个燃气地震开关包括如下几部分：主控芯片 ADuCM3029、三轴加速度传感器 ADXL362、阀门关闭电路、具有关断管道部件的电动阀和通信模块 SIM7020 电路。设备外接电池电压为 3.6V，在不考虑设备频繁触发、报警、升级的情况下，设定设备每天定时唤醒的时长为 4min，每天处于低功耗的休眠工作模式下时长为 23h56min。按照休眠状态电流取 0.1mA，唤醒状态电流取 10mA，电池一天的耗电量通过计算预估为 3.1mAh。电池的容量为 7000mAh，考虑到电池的低自放电率，使用的电池型号为优力源 ER18505M，在环境温度为 25℃下，年自放电率为 1%，电池折损因子为 0.6 的情况下，该电池使用时间通过计算预估为 3.7 年,基本满足设备长期供电要求。

　　低功耗自供电的硬件设计,核心器件的选型原则是均需具备低功耗工作模式,其中加速度传感器模块本身应具备智能控制功能,能够实现振动自唤醒及振动数据基础识别处理能力;嵌入式软件开发则是通过软件程序来实现硬件功能设计的需求。包括控制主控模块初始化设置,协调加速度传感器实现振动自唤醒功能并完成地震数据采集。通过负载开关实现通信模块的中断与连接并完成地震数据传输,通过升压模块实现对燃气电磁阀的控制。具体参见文献[25]。

　　低功耗燃气地震开关嵌入式系统硬件功能设计框图如图 8.18 所示。

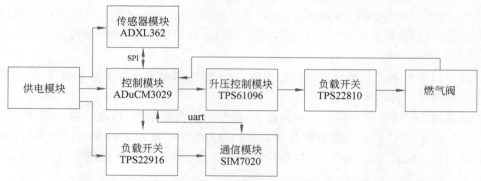

图 8.18　低功耗燃气地震开关嵌入式系统硬件功能设计框图

◆ 小　　结

　　本章基于大学生创新创业虚拟项目对于软件的迫切需要,介绍了软件基本概念,软件危机,软件工程,软件生命周期,软件开发模型,软件设计方法和常用的通信仿真软件,嵌入式系统以及嵌入式系统设计案例。进一步提高了学生对于专业创新项目实践的兴趣,为后续科研工作打下基础。

◆ 习　　题

1. 说明软件的标准定义。
2. 软件危机发生在什么年代?
3. 简述软件工程的定义。
4. 描述软件生命周期。
5. 软件开发模型有哪些? 说明软件开发的瀑布模型。
6. 简述软件设计方法。
7. 举例说明通信仿真软件的应用。
8. 简述嵌入式系统的概念和应用。DSP 和 FPGA 有哪些主要应用场合?
9. 用 MATLAB 编一个产生随机数的软件。
10. 创建结构数组 student,要求包含 12 个属性:姓名,班级,学号,年龄,性别,专业,学院,宿舍号,籍贯,电话,QQ 号,辅导员名称。分别存放本团队或本班级所有学生信息,并写出根据姓名或学号取得电话信息的操作。

11. 求最短路由。

问题描述:设 $G=(V,E)$ 为连通图,顶点集为 $\{1,2,3,\cdots,n\}$,图中各边 (i,j) 有非负权,当 (i,j) 不是边时,权等于 inf;求一条路径使它从顶点 1 到顶点 n 的所有道路中总权数最小。

12. 自学版本控制软件,Git 培训第一集,Git 培训第二集和 Git 安装基础环境。

13. 拓展学习 1:使用 Simulink 开发满足 AUTOSAR 标准的应用软件。

东风汽车公司技术中心搭建了一个应用软件开发环境,它基于 MATLAB 与 Simulink®,可以从需求生成带有 AUTOSAR 接口的框架模型,可以很方便地进行单元测试、需求校验、模型检查,并能生成满足 AUTOSAR 标准的软件代码和 XML 文件,以及用于标定的 a2l 文件。目前,东风汽车公司技术中心已经在多个电控类开发项目中使用该开发环境。

14. 拓展学习 2:航空航天行业主题。运用 MATLAB/Simulink 开发航空航天防御控制系统。

下篇　项目管理和产品开发

第9章

项目管理概述

◇ 9.1 项目概述

当前,理工类高校也开始开设"项目管理"课程。未来人才多元化的需求,各行各业的交叉融合发展,使得单一专业知识难以适应现代发展的需要。从国际工程认证的十二条毕业要求(参见 1.3 节),可以看出,项目管理起着越来越重要的作用。

在 20 世纪 80 年代之前,专业项目管理仅在欧美军事、计算机和建筑等行业应用。中国改革开放以来,积极向欧美国家学习,企业和行政项目管理也日趋严谨。实际上,项目管理渗透在我们日常生活的方方面面。小到学生考试、家庭装修、婚礼策划,大到制造卫星、发射导弹,都会涉及项目范围、时间、质量等的管理内容。

项目管理的成功案例可以用家喻户晓的"唐僧师徒西天取经"的故事来说明。虽然彼时并无现代西方项目管理十大知识领域,但是古今管理精髓的暗合道妙,却也令后辈们叹为观止。不畏艰难的团队协作精神,精确的时间管理等仍值得后辈们努力学习。

国际上,每年获得项目管理职业认证(Project Management Professional,PMP)的人数持续增加。据统计,2007 年,美国项目经理平均年薪为 12 万美元,澳大利亚为 13 万美元,英国为 16 万美元。有报告显示,美国每年在项目上支出 2.3 万亿美元,这相当于其国内生产总值的 1/4。2007 年,美国超过 1600 万人从事着专业的项目管理工作。

许多机构和专业人员根据切身经验描述了项目管理给他们带来的好处:可以更好地控制财力、物力和人力资源,处理更好的客户关系,缩短开发时间,降低成本和提高生产率,提高质量和可靠性,获得更大的边际利润空间、更好的内部协调,更易实现战略目标,员工士气更高。

9.1.1 项目的定义

根据行业定义,项目是指为创造独特的产品、服务或成果而进行的临时性工作。

开展项目是通过可交付成果达成目标。目标指的是工作所指向的结果,例如,要达到的战略地位,要达到的目的,要取得的成果,要生产的产品,或者准备提供的服务。可交付成果指的是在某一过程、阶段或项目完成时,必须产出的任何独特并可核实的产品、成果或服务能力。可交付成果包括有形的和无形的两种。

实现项目目标可能会产生以下一个或多个可交付成果形式。

（1）一个独特的产品，可能是其他产品的组成部分、某个产品的升级版或修正版，也可能其本身就是新的最终产品，例如，一个最终产品缺陷的修正。

（2）一种独特的服务或提供某种服务的能力，如支持生产或配送的业务职能。

（3）一项独特的成果，如某研究项目所创造的知识，可据此判断某种趋势是否存在，或判断某个新过程是否有益于社会。

（4）一个或多个产品、服务或成果的独特组合，例如，一个软件应用程序及其相关文件和支持。

某些项目可交付成果和活动中可能存在重复的元素，但这种重复并不会改变项目工作本质上的独特性。例如，即便采用相同或相似的材料，由相同或不同的团队来建设，但每个建筑项目仍具备独特性，如位置、设计、环境、情况、参与项目的人员等。

项目可以在机构的任何层面上开展。一个项目可能只涉及一个人，也可能涉及一组人；可能只涉及一个机构单元，也可能涉及多个机构的多个单元。

生活中到处都是项目，例如，为市场开发新的复方药，扩展导游服务，合并两家机构，提供培训服务，改进机构内的业务流程，为机构采购和安装新的计算机硬件系统，一个地区的石油勘探，修改机构内使用的计算机软件，开展研究以开发新的制造过程，建造一座大楼等。

项目的"临时性"是指项目有明确的起点和终点。每个项目都有明确的起止时间。"临时性"并不一定意味着项目的持续时间短。在以下一种或多种情况下，项目即宣告结束。

（1）达成项目目标。

（2）不会或不能达到目标。

（3）项目资金缺乏或没有可分配资金。

（4）项目需求不复存在，例如，客户不再要求完成项目，战略或优先级的变更致使项目终止，机构管理层下达终止项目的指示等。

（5）无法获得所需人力或物力资源。

（6）出于法律或其他原因而终止项目。

虽然项目是临时性工作，但其可交付成果可能会在项目终止后依然存在。项目可能产生与社会、经济、材料或环境相关的可交付成果。例如，国家纪念碑建设项目就是要创造一个流传百世的可交付成果。

项目是多种多样的，有不同的形式和规格，但有些项目属性是共同的，这有助于进一步明确项目的定义。

（1）项目有一个独特的目的。每个项目都应该有一个明确定义的目标。所有项目的结果都是一个独特的产品、服务或者成果。

（2）项目常要随着发展而逐渐进行细化。刚开始时，项目一般会定义得很广泛，然而随着时间的推移，项目的具体细节会变得越来越清晰。因此，项目应该逐步、增量地开展下去。项目团队应该先制订初步的计划，随着新信息的出现再不断更新、增添更多的细节。例如，假定一些员工虽然提出了自己的看法，但是他们没有清楚地表达如何支持公司改进运营战略。项目团队可能会准备一些问卷，让员工填写，以此让员工表达想法，从而提高项目质量。

（3）项目需要各种各样来自不同领域的资源。这些资源包括人员、硬件、软件以及其资产。许多项目需要涉及多个部门才能达到其独特的目的,对于这类项目,来自公司 IT、营销、销售、分销以及其他领域的员工需要共同工作来达到目标,公司也可能会雇用外部咨询师。一旦项目团队选择了要实施的关键项目,可能会需要更多的资源。为达到新的项目目标,来自其他公司,例如供应商和咨询公司的员工也将成为所需使用的资源。但无论如何,资源都是有限的,因此必须对其进行合理利用,以达到项目目标和公司其他方面的目标。

（4）项目应该有一位主要客户或项目发起人。大多数项目都有许多的利益团体或利益相关者,但是其中必须有一方或几方来承担主要责任。项目发起人常常会为项目提供目标和资金。一旦选择了需进一步开展的项目,这些项目的发起人或许就会变为受项目影响的公司主要部门的高级负责经理。例如,销售经理发起了一个利用互联网促进直接产品销售的项目,那么他将会成为项目发起人。

（5）项目包含不确定性。由于每个项目都是独一无二的,所以有时候很难明确定义它的目标、估算项目持续时间或者预算成本。外部因素同样会带来不确定性,例如,供应商破产,或者项目成员需要离开,尚不知其几时回来,这种不确定性是项目管理富于挑战性的原因之一,尤其是对那些涉及新技术的项目。

每个项目都会以不同的方式受到范围、时间和成本目标的约束。它们是项目管理中最重要的三个因素。在项目管理中,这些因素被称为三维约束。为了使项目成功完成,项目经理必须考虑范围、时间和成本,并平衡这三个经常冲突的目标。为此,他必须考虑以下几方面。

（1）范围:作为项目的一部分,需要完成哪些工作?顾客或者项目发起人希望从项目中得到什么样的独特产品、服务或成果?如何确认?

（2）时间:需要多长时间完成项目?项目进度如何安排?团队如何跟踪实际进程?谁有权批准进度的变更?

（3）成本:完成项目都需要花费什么?项目预算有多少?如何跟踪控制成本?谁能授权改变预算?

对三维约束的管理还包括使范围、时间和成本之间做到相互平衡。例如,为满足范围和时间目标,可能会增加项目预算;相反,为了满足时间和成本目标,不得不缩减项目。有经验的项目经理明白,必须首先判断三维约束中哪方面是最重要的。假如时间最重要,必须经常改变最初的范围或成本目标以满足日程安排。假如项目目标范围最重要,那就需要对时间和成本目标进行调整。

例如,为了形成项目创意,假定 IT 合作项目的项目经理按计划给所有员工发送了一份电子邮件调查表。基于这份电子邮件调查,最初的时间和成本估计为一星期和 5000 美元。现在,假定电子邮件调查仅产生了为数不多的好的项目创意,而项目的目标是收集至少 30 条好的创意,那么项目团队是否应该使用不同的方法?例如,通过焦点小组或面谈来获得好的建议?即使它不在最初的范围、时间和成本内,但是它对项目确实是有益的。由于好的创意对项目成功至关重要,因而必须告知项目发起人对成本和日程进行调整。

尽管三维约束描述了项目的基本影响因素:范围、时间和成本,以及它们之间的相互关联,但其他因素同样可以发挥巨大作用。质量通常也是项目的一个关键因素,它和顾客满意或项目发起人满意一样重要。事实上,有些人称,项目管理应具有“四维约束”,即包含范围、时间、成本和质量。还有些人认为,质量也包括顾客满意,必须将其作为一项要素来设置项目范围、时间和成本目标。假如一个项目团队没有对这些问题给予足够的重视，它极有可能达到了范围、时间和成本的目标，然而却没有达到质量标准或令发起人满意。项目团队或许在成本控制下按时完成了工作，然而其质量却可能是令人难以接受的。所以，项目经理在项目进行过程中应该积极与项目发起人进行沟通，以确保项目符合他的期望。

9.1.2　运营的定义

运营是机构为了维持业务而进行的工作。运营管理与项目管理相区别的是，运营管理是另外一个领域，超出了项目管理的一般定义。运营管理关注的是产品的持续生产和服务的持续运作。它使用最优资源满足客户要求，来保证业务运作的持续高效。它重点管理那些把各种输入（如材料、零件、能源和劳力）转变为输出（如产品、商品和服务）的过程。

9.1.3　项目和运营的区别

项目和运营的不同之处在于，当项目的预期已经达到或者项目被终止时项目就结束了。运营管理就是对运营过程的计划、组织、实施和控制，是与产品生产和服务创造密切相关的各项管理工作的总称。从另一个角度来讲，运营管理可以指为对生产产品和提供服务进行的设计、运行、评价和改进。

当项目交付的新产品或新服务将导致业务运营有实质性改变时也许就是某个项目的关注焦点。持续运营不属于项目的范畴，但是它们之间存在交叉。

项目与运营会在产品生命周期的不同时点交叉，例如，在新产品开发、产品升级或提高产量时，在改进运营或产品开发流程时，在产品生命周期结束阶段，在每个收尾阶段。

在每个交叉点，可交付成果及知识在项目与运营之间转移，以完成工作交接。在这一过程中，将项目资源或知识转移到运营中，或将运营资源转移到项目中。

项目管理的核心词在"项目"上，任何项目都会有一个最大的特点，那就是"一次性"，也就是说，一个项目完成以后，同样的项目就再也不会发生。

项目管理有十大内容，也称十大知识体系，包括范围、时间、成本管理、质量、人力资源、沟通、采购、风险、干系人管理、综合或集成管理。

运营管理的范围比项目管理更大一些，现在流行的标准说法是"生产运营管理"，也有人叫"生产运作管理"。具体地说，就是"在需要的时候，以适宜的价格，向顾客提供具有合格质量的产品和服务"，实际上是把原来的生产制造提升到了根据客户需求进行产品设计，一直到为客户提供对应产品和服务的全过程管理。运营管理，从概念上来说，就是从需求、设计、试制、生产、质检、运输、安装服务一直到售后服务全过程的管理。

◈ 9.2　项 目 管 理

9.2.1　项目管理的定义

项目管理是指在项目活动中运用知识、技能、工具和技术，以满足项目需要。项目管理必须有一个领导人也即项目经理。项目经理不应该仅局限于试图满足项目具体的时间、成本和质量目标，还应该满足项目活动涉及者或影响者的需要和期望。

图 9.1 描述了一个有助于理解项目管理的框架。这个框架的关键因素包括项目利益相关者、项目管理知识领域、项目管理工具和技术，以及成功的项目对整个企业的贡献。

图 9.1　项目管理框架

项目干系人也称为项目利益相关者，是指参与项目活动和受项目活动影响的人，包括项目发起人、项目团队、支持人员、客户、使用者、供应商，甚至项目的反对者。这些利益相关者通常具有极不相同的需要和期望。建造新房是一个常见的项目例子。在房屋建造项目中就包括以下项目干系人：客户、房地产商、物业、建筑工人、电工、木匠、保洁、后勤人员、保安、工地附近住户等。

项目发起人可能是潜在的、未来的房屋拥有者。他们可能是将来买下房子的人，并且可能处于财务预算紧张的状况，所以他们期望承包人能准确估算建造房屋所需的成本。他们同样可能关注何时可以入住、依据他们的预算可以建造什么样的房屋等现实问题。新房屋拥有者得做出重大决定，以使房屋成本低于预算。如果同时建好地下室，他们能支付得起吗？假如他们能够支付建造地下室的费用，那会不会影响原来预计的入住日期呢？在本例中，项目发起人既是客户，也是房屋这件产品的使用者。

建造房屋的项目团队可能包括一些建筑工人、电工、木匠等。这些利益相关者需要准确了解他们需要于何时、何地、做哪些工作。他们也必须明确，是建筑工地提供所需的材料和工具，还是由他们自己提供。由于团队成员之间的各项工作密切联系，所以也需要对他们的工作做出调整。例如，在墙建好之前，木匠是肯定不能安装橱柜的。

支持人员包括买方的老板、总承包商的行政助理，以及其他支持利益相关者的人。买方老板或许期望，买方能够在不影响本职工作的情况下业余探访工地或为建造房屋的事操心，合理安排好时间。承包商的行政助理可能通过安排好买方、承包商和供应商的会议等活动来支持项目的开展。

建造房屋常有很多的供应商，供应商提供诸如木材、窗户、地板材料、家具等必要材料，供应商希望能够了解需要提供什么产品，以及在何时、何处提供等详细情况。

一个项目可能存在反对者，当然也可能不存在。在本例中，可能会存在反对施工的邻居。由于施工人员弄出的声音太大，可能使他们在家中无法安心工作，或者嘈杂声可能会吵醒熟睡中的孩子。邻居或许会打断工人的工作，开始抱怨。或邻居会严肃告知有关新房设计和装修的规章制度。假如房屋拥有者没有遵守这些规则，他们可能不得不由于法律问题而停工。

正如从本例中看到的，每个项目都有许多不同的利益相关者，并且他们都有不同的利益需求。满足利益相关者的需要和期望在项目开始以及整个生命周期中都十分重要。成功的项目经理会建立并维护与项目利益相关者的关系，理解并满足他们的需要和期望。

图 9.1 展示了项目管理的四大核心知识领域和五大辅助领域，以及综合集成管理。

核心领域由范围、时间、成本和质量管理组成。

（1）项目范围管理：包括调查用户需求以确定项目范围，确保能够完成项目所有工作。

（2）项目时间管理：包括估算完成项目所需的时间，建立可接受的项目进度计划，以及保证项目的及时完成。

（3）项目成本管理：包括制定并管理项目预算。

（4）项目质量管理：确保项目满足了各方明确表述的或隐含的需要。

项目管理的五大辅助知识领域包括人力资源、沟通、风险、采购和干系人管理。简要描述如下。

（1）项目人力资源管理：关注如何有效管理项目涉及的人员。

（2）项目沟通管理：包括团队沟通、干系人沟通，如何生成、收集、分发和存储项目信息等。

（3）项目风险管理：包括对项目相关风险的识别、分析，以及如何应对。

（4）项目采购管理：管理实施项目所需获取和购进的产品及服务。

（5）项目干系人管理：包括管理对参与项目活动和受项目活动影响的所有利益相关者的需要和期望的收集和处理。

项目集成管理也称集成或集成管理，它会影响其他知识领域并受其他知识领域的影响。

表 9.1 给出了十大知识领域的主要工作内容。

表 9.1　十大知识领域的主要工作内容

知 识 领 域	主要工作内容描述
范围管理	涉及确定并管理成功完成项目所需的所有工作
时间管理	估算完成项目所需的时间，建立计划，保证项目及时完成
成本管理	包括制定并管理项目预算
质量管理	确保项目满足各方明确表述的或隐含的质量需要
人力资源管理	关注如何有效管理项目涉及的人员
沟通管理	包括生成、收集、分发和存储项目信息
风险管理	包括对项目相关风险的识别、分析，以及如何应对
采购管理	管理从实施项目的机构外部获取和购进产品、服务
干系人管理	包括对参与项目活动和受项目活动影响的所有利益相关者的需要和期望的收集和处理
集成管理	对隶属于项目管理过程组的各种过程和项目管理活动进行识别、定义、组合、统一和协调的各个过程

项目经理必须具备所有十大知识领域中的知识和技能。由于这些知识领域对项目成功至关重要，因此本书会对每个知识领域都分别进行讲解。

著名的历史学家和作家托马斯·卡莱尔说过："人是使用工具的动物。离开了工具，他将一无所成；而拥有了工具，他就掌握了一切。"由于世界不断变得复杂，对于人类来说，开发并使用工具，尤其是管理重要项目的工具就显得更加重要了。项目管理工具和技术能够帮助项目经理和其团队实施十大知识领域的所有工作。例如，流行的时间管理工具和技术包括甘特图、项目网络图表法、关键路线分析等。表 9.2 列举了各知识领域常用项目管理的工具和技术。在本书的后续章节中，读者将能够详细了解这些工具和技术。

表 9.2　各知识领域常用项目管理的工具和技术

知 识 领 域	工具和技术
范围管理	项目说明、工作分解结构、工作说明、需求分析、管理计划、验证技术、变更控制
时间管理	甘特图、项目网络图、关键路径分析、赶工、快速追踪、进度绩效测量
成本管理	净现值、投资回报率、回收分析、挣值管理、项目组合管理、成本估算、成本管理计划、成本基线
质量管理	质量控制、核减清单、质量控制图、帕累托图、鱼骨图、成熟度模型、统计方法
人力资源管理	激励技术、同理聆听、责任分配矩阵、项目组织图、资源柱状图、团队建设练习
沟通管理	沟通管理计划、开工会议、冲突管理、传播媒体选择、现状和进程报告、虚拟沟通、模板、项目网站
风险管理	风险管理计划、风险登记册、概率/影响矩阵、风险分级
采购管理	自制-购买分析、合同、需求建议书、资源选择、供应商评价矩阵
干系人管理	干系人登记表
集成管理	项目挑选方法、项目管理方法论、利益相关者分析、项目章程、项目管理计划、项目管理软件、变更请求、变更控制委员会、项目评审会议、经验教训报告

使用率高并对项目成功作用潜力巨大的工具被定义为"超级工具"。调查发现，这些超级工具包括用于任务进度计划（例如项目管理软件）、说明书、需求分析，以及经验教训报告的软件。目前已被广泛使用，并且实践证明能促进项目开展的重要工具包括进度报告、开工会议、甘特图以及变更要求等。当然，不同的工具在不同的环境下发挥效用不同。所以，项目经理及项目团队成员判断一下对于自己具体的项目，何种工具最有用，也是至关重要的。

9.2.2　项目成功

该怎样定义一个项目的成功和失败呢？有很多方法可以定义项目的成功。下面列出了衡量一个项目是否成功的常用标准，如项目达到了范围、时间和成本目标，或客户满意，或完成了主要目标，如投资收益增长。下面以在 3 个月内花费 30 万美元对 500 台计算机进行升级的项目为例。

（1）项目达到了范围、时间和成本目标。假如 500 台计算机都完成了升级并满足了其他一些要求，刚好 3 个月或 3 个月以内完成，成本为 30 万美元或更低，那么根据此条判断标准，就可以初步认为它是成功的。

（2）项目使客户/项目发起人感到满意。即使项目达到了最初的范围、时间和成本目标，计算机使用者和他们的经理（本例中的主要客户和项目发起人）也未必会满意。或许由于项目经理或者项目组成员从来都不回复电话或者态度极为恶劣；或许在升级期间，计算机使用者的日常工作受到了影响，或者由于升级以致不得不花费额外的时间来工作。假如客户对项目的重要方面感到不满意，基于此条准则，这就是个失败的项目；相反，项目或许没能达到最初的范围、时间和成本目标，但是客户仍可能十分满意。或尽管项目组成员用了比计划更长的时间，并花费了比计划更多的钱，但是他们却十分有礼貌，并帮助客户和经理解决了一些与工作相关的问题。许多机构对项目实施了顾客满意度系统，以此来衡量项目的成功与否，而不是仅仅留意项目在范围、时间和成本方面的表现。

（3）项目的结果达到了主要目标。例如赚取或者节省了一定数目的钱，带来了好的投资收益，或者仅仅是使项目发起人感到满意。即使项目花费超过了预算，用了更长的时间，并且项目团队很难合作共事，只要使用者对计算机升级项目满意，那么基于这条标准，此项目就是一个成功的项目。

为什么有些 IT 项目成功了，而有的却失败了呢？表 9.3 总结了 2001 年斯坦迪什咨询集团对美国 IT 项目的研究结果。表中按照重要性从高到低的顺序，排列了促使 IT 项目成功的主要因素。这张表显示管理层支持是最重要的因素。然而在更早期的调查中，使用者的高度参与是最重要的因素。同时也要注意，其他的一些成功要素同样会受到管理层的巨大影响，例如，鼓励使用者的参与、提供清晰的商业目标、安排有经验的项目经理、使用标准软件基础结构以及使用正规的方法。一些成功要素与良好的项目范围时间管理有关，例如，拥有较小的、明确的基本需要和可靠的预测计划等。项目中拥有一个有经验的项目经理能够带动其他所有的因素，可以显著提高项目成功率。

表 9.3　促使美国项目获得成功的因素

序　　号	成 功 因 素
1	管理层支持
2	客户参与
3	经验丰富的项目经理
4	明确的目标
5	项目范围较小
6	标准软件基础结构
7	明确的基本需要
8	正规的方法
9	可靠的估计
10	其他，例如，小里程碑、合适的规划、胜任的员工和所有权

值得注意的是，每个国家 IT 项目成功的调查结果各有特点。例如，2004 年的一项研究总结了中国 247 名信息系统项目实践者的调查结果。此项研究的主要发现之一是，关系管理在中国被视为促成 IT 项目成功的首要因素，然而在对美国的研究中却没有发现这一点。调查同样显示，在美国拥有能干的团队成员比在中国重要。当然两者也有相同之处，高层管理的支持、使用者的参与和胜任的项目经理对于项目成功都是至关重要的。

公司或政府在组织一个项目的开展中发挥的作用也不容小觑。一项研究比较了在项目交付方面出众的公司特点,我们称它们为"优胜者",结论是优胜者拥有以下 4 个显著的特点。

(1) 使用完整的工具箱。在管理项目方面总是成功的公司,清楚地界定了在一个项目中需要做什么、由谁做、什么时间做、怎么做等。他们使用一个完整的工具箱,其中包括项目管理工具、方法和技术。他们精心挑选工具,把这些工具与项目和商业目标融为一体,加上度量方法,提供给项目管理者,从而达到积极的结果。

(2) 培养项目领袖。"优胜者"公司知道,强有力的项目管理者对于项目成功是至关重要的。他们同样知道,一位优秀的项目领袖同样需要成为商业领袖,并具有良好的人际技能。在项目管理方面出色的公司常常有意培养项目领袖,为他们提供职业机会,进行多方面培训和指导。

(3) 形成流程化的项目交付过程。"优胜者"公司检测项目交付过程中的每一个环节,分析工作量的浮动,寻找变更的方法,并消除瓶颈,以形成可重复的交付过程。所有的项目都经由明确的阶段实施,并明确定义了关键里程碑。所有的项目领袖使用一张共享的路线图,集中精力于项目的关键业务方面,同时在企业内部所有部门整合目标。

(4) 使用度量体系检测项目的状况。在项目交付方面,"优胜者"公司使用绩效度量体系来量化过程。项目中运用一整套度量体系包括顾客满意度、投资收益和进度比率等。在后面的章节中将会学习如何使用这些度量工具和方法。

项目经理在管理项目成功方面发挥着重要的作用。项目经理为达到项目目标而与项目发起人、项目团队一起工作。优秀的项目经理并不认为,他们对成功的定义应该与项目发起人一样。他们会花时间去了解项目发起人的期望,然后基于重要的成功标准来衡量项目绩效。

9.2.3　项目管理的历史

项目管理通常被认为是第二次世界大战的产物,如美国研制原子弹的曼哈顿计划或者开始于亨利·甘特的时间节点图,美国项目管理历史如下。

20 世纪初叶,亨利·甘特发明了甘特图。

20 世纪 40 年代,曼哈顿工程将项目管理应用于计划和协调。

20 世纪 50 年代,美国企业和军方相继开发出关键路线法(CPM)、项目计划评估和审查技术(PERT)、图形评审技术(GERT)等。

20 世纪 60 年代前期,NASA 在阿波罗计划中开发了"矩阵管理技术"。工作分解结构(WBS)、EVM、PPBS 以及绩效管理等相继出现。

1965 年,国际项目管理协会 IPMA 在欧洲瑞士成立。

1969 年,美国 PMI(Project Management Institute,项目管理协会)在美国宾州成立。

1984 年,PMI 推出严格的、以考试为依据的专家资质认证制度 PMP。

1987 年,PMI 公布 PMBOK 研究报告(并于 1996 年、2000 年、2004 年分别修订)。

1997 年,ISO 以 PMBOK 为框架颁布为 ISO 10006 项目管理质量标准。

1998 年,IPMA 推出 ICB。

1999 年,PMP 成为全球第一个获得 ISO 9001 认证的认证考试(PMP 如今已经被全球 130 多个国家引进和认可)。

2000 年,国家外国专家局引进 PMBOK,成为 PMI 在华唯一一家负责 PMP 资格认证考试的组织机构和教育培训机构。

事实上,从古代到近代,无数项目的成功建设说明项目管理实践历史悠久。其发展大致经历了以下阶段。

1. 古代项目管理

其代表作如我国的长城、埃及的金字塔、古罗马的供水渠这样不朽的伟大工程。我国汴梁古城的复建也是成功项目管理的典型例子。

2. 近代项目管理的萌芽

1917 年,亨利·甘特发明的甘特图,是一种用来安排项目进度的工具。它是一种标准格式。通过在日程表上列出各种项目活动及各自开始和结束时间来显示项目进度信息。使用初期,甘特图都是手绘生成的,现在大多通过计算机辅助生成。

20 世纪 40 年代,项目管理主要应用于国防和军工项目。美国把研制第一颗原子弹的任务作为一个项目来管理,命名为"曼哈顿计划"。美国退伍将军莱斯利·R·格罗夫斯的著作《现在可以说了》,详细记载了这个项目的管理过程。

3. 近代项目管理的成熟

20 世纪 50 年代后期,美国出现了关键路线法(CPM)和计划评审技术(PERT)。项目管理的突破性成就出现在 20 世纪 50 年代。

1957 年,美国的路易斯维化工厂,由于生产过程的要求,必须昼夜连续运行。因此,每年都不得不安排一定的时间,停下生产线进行全面检修。过去的检修时间一般为 125h。后来,他们把检修流程精细分解,竟然发现,在整个检修过程中所经过的不同路线上的总时间是不一样的。缩短最长路线上工序的工期,就能够缩短整个检修的时间。他们经过反复优化,最后只用了 78h 就完成了检修,节省时间达到 38%,当年产生效益达一百多万美元。这就是至今项目管理工作者还在应用的著名时间管理技术"关键路径法"。

就在这一方法发明一年后,美国海军开始研制北极星导弹。这是一个军用项目,技术新,项目巨大,据说当时美国有三分之一的科学家都参与了这项工作。管理如此庞大的尖端项目难度是可想而知了。而当时的项目组织者想出了一个方法:为每个任务估计一个悲观的、一个乐观的和一个最可能情况下的工期,在关键路径法技术的基础上,用"三值加权"方法进行计划编排,最后竟然只用了 4 年的时间就完成了预定 6 年完成的项目,节省时间33%以上。20 世纪 60 年代,此方法在由 42 万人参加、耗资 400 亿美元的"阿波罗"载人登月计划中应用,取得巨大成功。

此时,项目管理有了科学的系统方法。现在,CPM 和 PERT 常被称为项目管理的常规"武器"和经典手段。

4. 项目管理的传播和现代化

20 世纪 60 年代,项目管理的应用也还只局限于建筑、国防和航天等少数领域,如美国的阿波罗登月项目。项目管理在阿波罗登月计划中取得了巨大成功,并因此风靡全球。国际上许多人对于项目管理产生了浓厚的兴趣,并逐渐形成了两大项目管理的研究组织,即以欧洲为首的 IPMA 和以美国为首的体系 PMI。他们做出了卓有成效的工作,为推动项目管理国际化、现代化发挥了积极的作用。1969 年,美国成立了 PMI,它是一个有着近五万名会员的国际性协会,是项目管理专业领域中最大的由研究人员、学者、顾问和经理组成的全球性专业组织。PMI 一直致力于项目管理领域的研究工作,1976 年,PMI 提出了制定项目管理标准的设想。经过近十年的努力,于 1987 年推出了项目管理知识体系指南(Project Management Body of Knowledge,PMBOK)。这是项目管理领域的又一个里程碑。因此,项目管理专家们把 20 世纪 80 年代以前称为"传统的项目管理"阶段,把 20 世纪 80 年代以后称为"新的项目管理"阶段。这个知识体系把项目管理归纳为范围管理、时间管理、费用管理、质量管理、人力资源管理、风险管理、采购管理、沟通管理和综合管理九大知识领域。PMBOK 又分别在 1996 年和 2000 年进行了两次修订,使该体系更加成熟和完整。目前,知识领域又增加了干系人管理,形成十大知识领域。

20 世纪 70～80 年代,项目管理迅速传遍世界其他各国。20 世纪 60 年代初,华罗庚教授将这种技术在中国普及推广,称作统筹方法,现在通常称为网络计划技术。项目管理从美国最初的军事项目和宇航项目很快扩展到各种类型的民用项目。其特点是面向市场迎接竞争,项目管理除了计划和协调外,对采购、合同、进度、费用、质量、风险等给予了更多重视,初步形成了现代项目管理的框架。

5. 现代项目管理的新发展

进入 20 世纪 90 年代,随着信息时代的来临和高新技术产业的飞速发展并成为支柱产业,项目的特点也发生了巨大变化。为了在迅猛变化、急剧竞争的市场中迎接经济全球化一体化的挑战,项目管理更加注重人的因素,注重顾客,注重柔性管理,力求在变革中生存和发展。

在信息经济环境里,事务的独特性取代了重复性过程,信息本身也是动态不断变化的。灵活性成了新秩序的代名词。人们很快发现实行项目管理恰恰是实现灵活性的关键手段。项目管理在运作方式上最大限度地利用了内外资源,从根本上改善了中层管理人员的工作效率。于是各国各企业政府纷纷采用这一管理模式。

经过长期探索总结,在发达国家中现代项目管理逐步发展成为独立的学科体系和行业,成为现代管理学的重要分支。我们可以通过美国项目管理协会在《项目管理知识指南》中的一段话来了解项目管理的轮廓:"项目管理就是指把各种系统、方法和人员结合在一起,在规定的时间、预算和质量目标内完成项目的各项工作,有效的项目管理是指在规定用来实现具体目标和指标的时间内,对组织机构资源进行计划、引导和控制工作。"

项目管理的理论来自工作实践。时至今日,项目管理已经成为一门学科,但是当前大多数的项目管理人员拥有的项目管理专业知识不是通过系统教育培训得到的,而是在实践中逐步积累的。并且还有许多项目管理人员仍在不断地通过实践积累这些专业知识。通常,他们要在相当长的时间付出昂贵的代价后,才能成为合格的项目管理专业人员。正因为如此,近年来,随着项目管理的重要性为越来越多的机构,包括各类企业、社会团体和政府机关所认识,机构的决策者开始认识到项目管理知识、工具和技术可以为他们提供帮助。于是这些机构开始要求他们的雇员系统地学习项目管理知识。在多种需求的促进下,项目管理迅速得到推广普及。在西方发达国家高等学院中陆续开设了项目管理硕士、博士学位教育,其毕业生常常比 MBA 毕业生更受到各大公司的欢迎。

项目管理是一种特别适用于那些责任重大、关系复杂、时间紧迫、资源有限的一次性任务管理方法。近几年来,随着国际、国内形势的发展,这类任务越来越多,人们对项目管理的呼声越来越强烈,专业界的活动也日益频繁。

国际项目管理发展的现状和特点是什么,我国应该如何发展项目管理以与国际接轨,已成为大家共同关注的问题。目前,在欧美发达国家,项目管理不仅广泛应用于建筑、航天、国防等传统领域，而且在电子、通信、计算机、软件开发、制造业、金融业、保险业、政府机关和国际组织中作为运作中心模式应用，如 AT&T、Bell（贝尔）、US West、IBM、EDS、ABB、NCR、Citybank、摩根·斯坦利财团、美国白宫行政办公室、美国能源部、世界银行等在其运营的核心部门都采用项目管理模式。

9.2.4　项目管理的重要性

在企事业项目当中，现代项目管理方法已经成为不可或缺的重要方法。

（1）项目是解决社会供需矛盾的主要手段。需求与供给的矛盾是社会与经济发展的动力，而解决这一矛盾的策略之一是扩大需求，如商家促销、政府鼓励个人贷款消费、鼓励社会投资、加大政府投资等，这类策略是我国目前为促进社会发展而采取的主要策略。另一策略就是改善供给，改善供给需要企业不断推陈出新，推出个性化服务和产品，降低产品价格，提高产品功能，而这类策略的采用，就要求政府和企业不断启动、完成新项目来实现，这也向项目管理提出了新的要求和挑战。

（2）项目是知识转化为生产力的重要途径，是知识经济的一个主要业务手段。知识经济可以理解为把知识转化为效益的经济。知识产生新的创意，形成新的科研成果，新的科研成果需要通过一个项目的启动、策划、实施、经营才能最终变为财富，否则，知识永远是躺在书本上的黑字。因此，从知识到效益的转化要依赖于项目来实现。

（3）项目是实现企业发展战略的载体。企业的使命、企业的愿景、企业的战略目标都需要通过诸多成功的项目来具体实现。成功的项目不仅能够实现企业发展目标，增加企业利润、扩大企业规模，而且能强化企业品牌效应，锻炼企业研发团队，留住企业人才。

（4）项目是项目经理社会价值的体现。大部分工程技术人员的人生是由一个个项目堆积而成的，技术人员和项目管理人员的价值只能透过项目的成果来反映。参与有重大影响的项目本身就是工程技术和项目管理人员莫大的荣誉。

9.2.5　常用的项目管理软件——Redmine

Redmine 是一款开源的项目管理软件，集成了缺陷跟踪工具，是一款基于 Web 的项目管理工具。它是目前最流行的项目管理系统，以 Web 形式把成员、任务、文档、讨论及各种形式的资源组织在一起，推动项目的进度，可对接 GIT、SVN 等版本管理系统。其特点是支持多项目和子项目，如新建多个项目或在一个平台上管理多个项目。

由于是开源软件，所以用户可以对软件进行二次编程，这样就满足了不同公司和项目的发展需要，保证了差异性和扩展性。读者可以访问相关的网站来获取相关信息。

◆ 9.3　项　目　经　理

9.3.1　项目经理的定义

项目经理的角色不同于职能经理或运营经理。一般而言，职能经理专注于对某个职能领域或业务部门的管理监督。运营经理负责保证业务运营的高效性。项目经理是由执行机构委派，领导团队实现项目目标的个人。

9.3.2　项目经理的作用和职责

项目经理在领导团队达成项目目标方面发挥着至关重要的作用。在整个项目期间,作用非常明显。很多项目经理从项目启动时参与项目,直到项目结束。不过,在某些机构内,项目经理可能会在项目启动之前就参与评估和分析活动。这些活动可能包括咨询管理层和业务部门领导者的想法,以推进战略目标的实现、提高机构绩效,或满足客户需求。某些机构可能还要求项目经理管理或协助项目的商业分析、商业论证的制定以及项目组合管理事宜。项目经理还可能参与后续跟进活动,以实现项目的商业效益。不同机构对项目经理的角色有不同的定义,但本质上都一样——项目经理角色需要符合机构需求,如同项目管理过程需要符合项目需求一般。

下面将大型项目的项目经理与大型管弦乐队的指挥做比较,以帮助理解项目经理角色。

1. 成员与角色

大型项目和管弦乐队都包含很多成员,每个成员扮演不同角色。一个大型管弦乐队包括一位指挥和上百位演奏者。这些演奏者需要演奏 25 种不同的乐器,因此分成多个乐器组,例如,弦乐器、木管乐器、铜管乐器和打击乐器组。类似地,一个大型项目可能包括由一位项目经理领导的上百位项目成员。这些团队成员需要承担各种不同的角色,例如,设计、制造和设施管理。与乐队的主要乐器组一样,项目团队成员也组成了多个业务部门或小组。演奏者和项目成员都会形成对应的团队。

2. 在团队中的职责

项目经理和指挥都需要为团队的成果负责,分别是项目成果和交响音乐会。这两个领导者都需要从整体的角度来看待团队产品,以便进行规划、协调和完成。首先,应审查各自机构的愿景、使命和目标,确保与之保持一致。其次,解释与成功完成产品相关的愿景、使命和目标。最后,向团队阐明自己的想法,激励团队成功完成目标。

3. 知识和技能

指挥不需要掌握每种乐器,但应具备音乐知识、理解和经验。指挥通过沟通领导乐队并进行规划和协调,采用乐谱和排练计划作为书面沟通形式,还通过指挥棒和其他肢体语言与团队进行实时沟通。

项目经理无须承担项目中的每个角色,但应具备项目管理知识、技术、理解和经验。项目经理通过沟通领导项目团队进行规划和协调。项目经理通过文档和计划等与团队进行书面沟通,通过会议和口头提示或非言语提示与团队进行实时沟通。

9.3.3　项目经理必备技能

项目经理要具备多种技能,而且能够判断在不同的情境下哪种技能是更重要的,PMBOK 指南建议项目经理管理团队理解并运用以下几方面的专业知识。

(1) 项目管理知识体系。

(2) 应用领域的知识、标准和规则。

(3) 项目环境知识。

(4) 普通管理知识和技能。

(5) 软技能或人际关系能力。

项目经理应该掌握管理知识，了解财务管理、会计、融资、销售、营销、合同、制造、运送、物流、供应链、战略规划、战术规划、运作管理、组织结构和行为、人事管理、津贴、效益、职业生涯规划、健康、安全等相关的重要内容。

近期的 PMI 研究，通过 PMI 人才三角指出了项目经理根据《项目经理能力发展（PMCD）框架》需要具备的技能。人才三角重点关注三个关键技能组合，如图 9.2 所示。

图 9.2　PMI 人才三角

技术项目管理：与项目、项目集和项目组合管理特定领域相关的知识、技能和行为，即角色履行的技术方面。

领导力：指导、激励和带领团队所需的知识、技能和行为，可帮助机构达成业务目标。

战略和商务管理：关于行业和机构的知识和专业技能，有助于提高绩效并取得更好的业务成果。

虽然技术项目管理技能是项目管理的核心，但 PMI 研究指出，当今全球市场越来越复杂，竞争也越来越激烈，只有技术项目管理技能是不够的。各个机构正在寻求其他有关领导力和商业智慧技能。来自不同机构的成员均提出，这些能力有助于支持更长远的战略目标。

技术项目管理技能指有效运用项目管理知识实现项目预期成果的能力。项目经理经常会依赖专家判断来有效开展工作。要获得成功，重要的是项目经理必须了解个人专长以及如何找到具备所需专业知识的人员。

研究表明，顶尖的项目经理会持续展现出如下几种关键技能。

1. 关注项目的关键管理要素

项目经理随时准备好合适的资料。资料包括项目成功的关键因素分析，进度报告，财务报告，问题日志，针对每个项目使用的敏捷工具、技术和方法。项目经理需要花时间制订完整的计划并谨慎排定优先顺序，管理好进度、成本、资源和风险等关键要素。

2. 战略和商务管理技能

战略和商务管理技能包括纵览机构概况并有效协商和执行有利于战略调整和创新的决策和行动的能力。这项能力可能涉及其他职能部门，如财务部、市场部和运营部。战略和商务管理技能可能还包括发展和运用相关的产品和行业专业知识。这种业务知识也被称为领域知识。项目经理应掌握足够的业务知识，例如，向其他人解释关于项目的必要商业信息，与项目发起人、团队和主题专家合作制订合适的项目交付策略，以实现项目商业价值最大化的方式执行策略。

为制订关于项目成功交付的最佳决策,项目经理应咨询具备运营专业知识的运营经理。这些经理应了解机构工作以及项目计划会对工作造成的影响。对项目经理而言,对项目主题的了解越多越好,至少应能够向其他人说明关于机构的如下方面:战略;使命;目标;产品和服务;运营位置、类型、技术;市场和市场条件,例如,客户、市场状况和上市时间因素等。为确保一致性,项目经理应将以下关于机构的知识和信息运用到项目中:战略,使命,目标,优先级,策略,产品或服务。

战略和商业技能有助于项目经理确定应为其项目考虑哪些商业因素。项目经理应确定这些商业和战略因素会对项目造成的影响,同时了解项目与机构之间的相互关系。这些因素包括:风险和问题;财务影响;成本效益分析(例如,净现值、投资回报率),包括各种可选方案;商业价值;效益预期实现情况和战略;预算、进度和质量等。通过运用这些商务知识,项目经理能够为项目提出合适的决策和建议。随着条件的变化,项目经理应与项目发起人持续合作,使业务战略和项目策略保持一致。

3. 领导力技能

领导力技能包括指导、激励和带领团队的能力。这些技能可能包括协商、抗压、沟通、解决问题、批判性思考和人际关系技能等基本能力。随着越来越多的公司通过项目执行战略,项目变得越来越复杂。项目管理不仅涉及数字、模板、图表、图形和计算机系统方面的工作,更为关键的是人的管理工作。领导力技能主要包括以下方面。

1) 人际交往

人际交往占据项目经理工作的很大一部分。项目经理应研究人的行为和动机,应尽力成为一个好的领导者,因为领导力对机构项目是否成功至关重要。项目经理需要运用领导力技能和品质与所有项目相关方合作,包括项目团队、团队指导和项目发起人。

2) 领导者的品质和技能

研究显示,领导者的品质包括尊重他人,谦恭有礼,诚实可信,遵守职业道德并帮助他人保持独立自主,果断勇敢,幽默风趣,积极乐观,善于合作等。

领导者的技能包括以结果和行动为导向的思维模式;对项目的主要制约因素保持警惕;在战术优先级上保持灵活;能够从大量信息中筛选出最重要的信息。以整体和系统的角度来看待项目;同等对待内部和外部因素;运用批判性思维来制订决策,并将自己视为变革推动者;能够创建高效的团队;有远见有梦想;管理关系和冲突;平衡相互竞争和对立的目标;运用说服、协商、妥协解决冲突的技能;具有政治敏锐性等。

3) 办好事情

领导和管理的最终目的是办好事情。

项目经理对机构运行方式的了解越多,就越有可能获得成功。项目经理应观察并收集有关项目和机构概况的数据,然后从项目、相关人员、机构以及整个环境出发来审查这些数据,从而得出计划和执行大多数行动所需的信息和知识。这些行动是项目经理运用适当的权力影响他人和进行协商之后的成果。

项目经理的行动准则就是让合适的人执行必要的活动来实现项目目标。人们对领导者的认知通常是因为权力,因此,项目经理应关注自己与他人的关系。借助人际关系可以让项目相关事项得到落实。行使权力的方式有很多,项目经理可自行决定。

在权力方面,顶尖的项目经理积极主动且目的明确。这些项目经理会在机构政策、协议和程序许可的范围内主动寻求所需的权力和职权,而不是坐等机构授权。

◈ 9.4   项目管理认证和协会

当前,国际上规范的项目管理正在快速发展。了解项目管理的发展历史,诸如项目管理认证,项目管理协会,项目管理软件等概况会有助于工作中的具体应用。

9.4.1   项目管理认证 PMP

职业认证是行业内承认和确保项目管理质量的一个重要因素,PMI 提供项目管理师 PMP 认证。要想通过认证成为一个项目管理师,就需要具有足够的项目经验和培训记录,同意遵守 PMI 职业道德规范,并通过一个综合考试来证明你具备项目管理的知识,如美国计算机行业协会的 Project＋认证模式。注意你不需要有工作经验就有资格获得项目管理资格认证或项目管理协会 PMI 的 CAPM 认证(只有一个学位和课程的项目管理助理认证),所以刚进入职场的大学毕业生就可以考取这些证书,从而变得更具有竞争优势。

获得 PMP 认证的人数在持续增长。1993 年,仅有 1000 名通过认证的项目管理师。到 2015 年 4 月末,已上升到 658 534 人。

研究表明,那些支持资格认证的企业一般都处于比较复杂的 IT 领域,并且比那些不支持资格认证的企业更有效率。同样,那些支持 PMP 认证的企业已经认识到资格认证的价值,并把它作为提高员工项目管理知识的手段。现在,许多雇主都要求职员持有特定的资格证书以确保他们具有当前技能,求职者也发现获得并拥有市场需要的资格证书在求职中占有一定优势。许多人现在都需要特定的证书来证明他们有足够的工作能力。在全球知识登记中,PMP 认证是 2014 年全球薪资第五高的资格证。随着 IT 项目变得越来越复杂和国际化,那些能够证明自己具备项目管理知识和技能的人将会越来越抢手。正如通过 CPA 考试是会计的标准一样,通过 PMP 考试则是成为项目经理的标准。项目管理认证还使得在这个领域的专业人员能够分享一个公共知识库。它有助于项目管理理论与实践的发展。PMI 也提供了一些其他认证,如敏捷技术、进度、风险和项目群管理方面的认证。

9.4.2   PMI 和 PMP 之间的关系

项目管理协会(PMI)一直吸引和拥有大量的会员,截至 2014 年年初,会员人数已经超过了 449 000 人,由于不同行业都有人在项目中工作,因此 PMI 创建了实践社团,团队成员可以在他们各自的领域中交流项目管理经验。PMI 还设立了其他一些小组,如金融服务、政府、医疗和敏捷技术等。PMP 是 PMI 提供的项目管理师认证。

◈ 9.5   项目管理的系统观

尽管项目是暂时的,目的是提供一种特定的产品或服务,但是开展一个项目通常需要团队的协作。如果项目经理没有上层机构的支持和约束,那么结果是这些项目不可能真正满足机构的需要。因此,项目必须在一个大的机构环境中进行,项目经理需要在一个比项目本身更大的机构环境中对项目进行思考。为了有效处理复杂情况,项目经理必须以全面系统的视角来认识项目,并且理解该项目是如何与比项目本身更大的机构相联系的。系统思考描述了在一个机构环境下开展项目的系统观点。

9.5.1　什么是系统方法

系统方法产生于 20 世纪 50 年代,用于描述一种在解决复杂问题时所需的整体性和分析性的方法。该方法包括系统哲学、系统分析和系统管理。系统哲学是将事情作为系统考虑的整体模型。

系统由为实现某种目的而在同一个环境中工作的一系列相互影响的部分组成。例如,人体是由许多子系统——神经系统、骨骼系统、循环系统、消化系统等组成的。系统分析是一种解决问题的方法。该方法需要明确系统的范围,将其分解为各个组成部分,然后识别和估计其问题、机会、限制和需求。完成这些工作后,系统分析者随之为改进现有情况审视替代方案,识别最优或至少令人满意的解决方案或行动计划,并且检查针对整个系统的计划。系统管理则用来解决与系统的创建、维持和变更相关的业务、技术和组织上的问题。

应用系统方法对于成功管理项目是至关重要的。高层管理者和项目经理必须遵循系统哲学,从而理解项目与整个机构如何联系在一起。使用系统分析方法来解决问题;应用系统管理来识别与每个项目相关的关键业务、技术和机构上的问题,以便识别和满足关键利益相关者的需求,并最大限度地符合整个机构的利益。

9.5.2　了解机构

项目管理的系统方法要求项目经理在一个超越项目本身的、更大的组织环境中去看待他们的项目。机构问题经常是项目管理工作中最困难的一个方面。例如,许多人认为,大多数项目的失败都是由公司的政治原因造成的。项目经理通常没有花足够的时间来识别项目的各个利益项目相关者,特别是那些对项目持反对意见的人。最新版的《项目管理知识体系指南》在项目沟通管理一章中加入了一个启动过程称为"识别项目利益相关者"。同样,他们也很少考虑项目的政治背景和组织文化。为了提高 IT 项目的成功率,项目经理很有必要更好地了解人和机构。

可以将机构看作由 4 个不同的框架所组成:结构、人力资源、政治和标志。

(1) 结构框架用来解决组织如何结构化的问题,通常以组织结构图来示意。它着眼于不同部门的角色和责任,以满足最高管理层设定的目标和政策。这种框架非常理性,并重点用于协调和控制。例如,在结构框架中的一个关键问题就是,IT 人员是应当集中在一个部门还是应当分散到各个不同的部门。

(2) 人力资源框架的重点在于促成机构需求和个人需求之间的平衡与协调。该框架表示在解决任何一个潜在的问题时,机构需求和个人、部门、具体工作等因素的需求之间一般都有不相符的地方。例如,如果人们能够连续几个月每周都工作 80h 或更长的时间,那对机构来说许多项目的效率将是非常高的,但这种工作进度计划可能与个人生活发生冲突。IT 业在人力资源方面存在的问题就是人员短缺,许多项目的工作进度计划不切合实际。

(3) 政治框架处理机构和人的政治问题。企业机构内的政治表现为团体和个人为争夺权力和领导地位的竞争。政治框架意味着企业机构是由各种人和利益集团组成的联合体。

通常，一些重要的决策需要在所需资源紧缺的情况下做出。对稀缺资源的竞争就成为机构中冲突的中心问题，而权力则能够增加获取稀缺资源的能力。项目经理想要有效地工作，就必须重视企业的政治和权力问题，了解谁反对你的项目、谁支持你的项目，这都是非常重要的。IT 与政治框架有关的主要问题是，从中心职能部门向执行部门，或从职能经理向项目经理的权力转移。

（4）标志框架主要是指符号和含义。就机构中发生的任何一件事情来讲，最重要的并不是表面发生的事情，而是其蕴含的意义。公司 CEO 也来参加一个项目动员会，这是好事还是坏事？或者是一个威胁？公司文化也同这个框架有关系。人们的工作着装会体现什么样的企业文化？他们要工作几个小时？他们的开会形式是什么样的？许多 IT 项目是国际化的，涉及来自不同文化背景的利益相关者。了解不同的文化背景同样是标志框架重要的一部分内容。

◆ 9.6　高层支持的重要性

显而易见，对项目来说，高层管理者是关键的利益相关者。项目经理能否成功地领导一个项目，其中一个非常重要的因素就是他们从高层管理者那里能获得多大的支持。事实上，没有高级管理层的参与和支持，多数项目都不会成功。一些项目有一个被称为推动者或支持者的高级经理，该经理对项目起着关键的支持作用。支持者可由项目的发起人担任，但通常是由其他更能成功胜任这一职位的经理担任。如同前面所说，项目只是比项目本身更大的机构环境的一部分。项目的许多影响因素是不为项目经理所控制的。一些研究认为，事实上，对于所有的项目来说，高级管理层的参与和支持是关系项目成败的关键因素之一。

高层支持对项目经理之所以如此重要，原因如下。

（1）项目经理需要获取足够的资源。扼杀一个项目最好的方法就是不给它提供需要的资金、人员、其他资源和成功的希望。如果项目经理能够得到高级管理层的支持，他们就能得到足够的资源，不会为项目以外的其他琐事分心了。

（2）项目经理经常需要及时获得项目的审批。例如，对于一个大型 IT 项目而言，高级管理层必须明白，所开发产品的特点以及项目团队成员的专业技能会导致很多预料不到的事情发生。例如，项目进行到一半的时候，可能需要其他硬件和软件来进行适当的测试。项目经理为了留住关键的项目人员，有时可能需要为他们提供额外的报酬和好处。在高级管理层的支持下，项目经理同样很容易满足时间方面的特殊要求。

（3）项目经理必须与来自机构其他部门的人员进行合作。由于大多数 IT 项目都是跨部门进行的，高级管理层必须帮助项目经理处理那些由此而产生的政治问题。如果某些职能经理拒绝为项目经理提供必要的信息，那么高级管理层就得出面促使职能经理积极合作。

项目经理经常需要他人在领导事务上给予适当的指导和帮助。许多项目经理对管理事务还不是很熟悉。上级管理人员应该花些时间来传授领导经验，教他们如何成为一个出色的领导者。他们还应该鼓励新任项目经理参加一些学习班以提高管理水平，并为他们提供时间和资金去做这些事情。

在一个高级管理层重视 IT 的环境下，项目经理的工作是最为出色的。一个重视项目管理并为开展项目设立标准的机构环境，同样有助于项目经理的成功。

◆ 小　　结

　　本章阐述了项目和运营的定义和区别,项目管理的十大要素,以及如何判断项目是否成功,项目经理的重要性和职责,国际公认项目管理职业认证,项目管理的系统观和高层支持的重要性。

◆ 习　　题

　　1. 语音作业:针对以下要求录制一段语音回答问题,尽量控制时间,不要太长,小于3min 为宜。使用范围、时间和成本目标等术语对自己参加过的项目或者媒体中的项目进行描述,也可描述其他因素,例如,质量、资源和风险。讨论项目怎样算成功,怎样算失败,以及项目经理和发起人的作用。描述项目最终是成功了还是失败了,为什么?

　　2. 课程论文安排。

　　请同学们结合自己的专业特色,分组分工,协作完成本课程论文和部分章节的作业。最好 3～5 人一个小组。论文题目是设计一个产品(可以是软件、硬件或软硬结合),并按对应要求和时间提交相应文档。

　　3. 为什么人们对项目管理领域产生了新的兴趣?

　　4. 什么是项目管理? 简要描述项目管理框架,并举出利益相关者、知识领域、工具和技术,以及项目成功因素的例子。

　　5. 利用项目管理软件你能完成哪些事情? 你能分别列出一些低端、中端和高端工具的名字吗?

　　6. 使用所了解的项目,例如,新冠防治、电视节目、家庭项目、学习规划项目或亲人朋友工作中的项目,从范围、时间和成本目标方面描述该项目,并形成两页的总结。指出该项目的成功之处或失败之处。

　　7. PMP 的英文原文是什么?

　　8. 充足的资金为什么没有出现在十大要素里?

　　9. 2019—2022 年新型冠状病毒感染防治成功的三大原因是什么?

　　10. 什么是项目?

　　11. 什么是运营?

　　12. 如何避免在达到范围、时间、成本目标同时忽略质量或客户满意度而产生的问题?

　　13. 什么是项目成功?

　　14. 不想当项目经理要不要了解项目管理的内容?

　　15. 对自己进行简单自测,看看适合哪种团队角色。

项目生命周期和项目管理过程

◇ 10.1 项目阶段和项目生命周期

由于项目是作为系统的一部分开展的,并具有一定的不确定性,所以将项目分为几个阶段是一种很好的方法。项目生命周期就是这样一系列项目阶段的集合。一些机构设定一系列的生命周期以将其应用于所有的项目,而另外一些机构则依据项目类型选择遵循行业相应的惯例。通常,项目生命周期定义了每个阶段需要进行的工作、需要输出的可交付成果、何时输出和各个阶段所需的人员。可交付成果是一项产品或服务,例如,一份作为项目一部分的技术报告、一次培训会议、一款硬件或一段软件代码。

在项目生命周期的早期阶段,资源需求通常最低但不确定水平最高。在这期间,项目利益相关者最有可能影响项目最终产品、服务或成果的特征。在项目的晚期阶段,要变更项目付出的代价太大。在项目生命周期的中间阶段,随着项目的推进,完成项目的确定性也随之提高,有关项目需求和目标的信息更加丰富,并且比项目初始或最后阶段需要更多的资源。项目最后阶段的重点是确保满足项目需求,并确保项目发起人认可项目的完成。

项目阶段划分因项目和行业的不同而不同,但基本包括以下几个阶段:定义、开发、实施和收尾。要注意这些阶段与项目管理过程组是不同的。《项目管理知识体系指南》将这几个过程称为项目开始、项目准备、项目执行和项目收尾,这几个阶段不可与本书所介绍的项目管理过程组中提到的启动、计划、执行、监控、收尾过程组相混淆。前两个阶段(定义和开发)的主要工作是制订计划,常称为项目可行性阶段。后两个阶段(实施和收尾)主要是开展实际工作,常被称为项目获取阶段。一个项目在开始下一个阶段之前,必须确保成功完成了本阶段的工作。使用这种项目生命周期的方法可以更好地对项目进行管理和控制,并能更好地处理与企业日常运营之间的关系。

我们把一般的项目生命周期的基本框架总结为如图10.1所示的形式。

在项目的定义阶段,经理通常要对项目进行简要的描述,为项目编制高水平的总体计划,并通过这个计划来描述项目的必要性和一些基本的概念。在这一阶段,还要对项目做一个前期的大致成本估算,并对所涉及的工作形成一个整体描述。项目工作通常是通过一个工作分解结构(Work Breakdown Structure,WBS)来确定的。通过WBS可以将项目分解为不同的层级。WBS可以用一个面向输

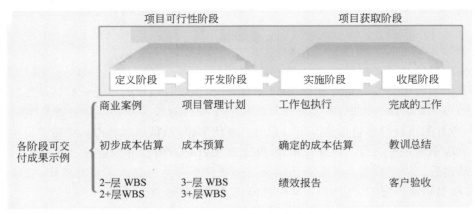

图 10.1　传统项目生命周期的各个阶段

出的文本资料来表达,用来确定项目的总体工作范围。

在定义阶段结束之后,开发阶段紧接着就开始了。在开发阶段,项目团队要编制出更详细的项目计划,并给出更准确的成本估算和更详细的 WBS。

项目生命周期的第 3 个阶段称为实施阶段。在这一阶段,项目团队要给出具体要做的工作任务和最终准确的成本估算,并向利益相关者提交绩效报告。项目团队的大部分工作和支出通常都集中发生在项目实施阶段。

项目生命周期的最后一个阶段称为收尾阶段。在收尾阶段,应该已经完成所有的工作任务,包括顾客对项目整体的验收工作。项目团队应该通过撰写报告总结记录项目的运作经验。

但是许多项目并不一定符合这种传统的项目生命周期。这些项目虽仍然具有常见的几个阶段,这些阶段也同传统项目周期具有相似的特点,但是它们更加灵活。例如,有些项目可能仅有初始、中间和结束阶段,或者可能有多个中间阶段。有些特定的项目可能仅仅是为了开展一项可行性研究。不管项目生命周期的特定阶段如何,将项目考虑为连接开始和结束的一系列阶段是一个很好的做法,这样人们就可以在各个阶段测量达成项目目标的进度。

如同项目具有生命周期一样,产品也有其所谓的生命周期。理解产品的生命周期如同理解项目生命周期的各个阶段一样非常重要。

◈ 10.2　项目管理过程组

项目管理包括 10 个知识领域:范围、时间、成本、质量、人力资源、沟通、风险、采购、干系人和集成管理。过程,是针对某一特定结果的一系列行动。项目管理过程组包括启动过程、计划过程、实施过程、监控过程以及收尾过程。

在每个过程组都能满足项目的具体需求可以增加项目成功的可能性。本章将通过晶科公司的一个模拟案例来详细介绍各个项目管理过程组,还将介绍适用于这一案例的典型项目文件的示例。

项目管理是一项综合性的工作。在一段时间内、一个知识领域内所做出的决定和行动,通常会影响到其他的知识领域。管控相互之间的作用和影响,往往需要在项目的范围、时间和成本,即第 9 章讲的项目管理的三维约束之间做出权衡取舍。对于一位项目经理,可能还需要在其他知识领域之间做出权衡，例如，在风险和人力资源之间。过程组之间的关系是错综复杂的。

1. 启动过程

启动过程包括定义和授权一个项目或项目阶段。当启动一个项目或一个项目阶段时，一定要有人阐明项目的商业需求，发起该项目，并承担项目经理的角色。启动过程发生在一个项目的每一个阶段。因此，不能将过程组等同于项目阶段。不同项目可能有不同的项目阶段，但所有的项目都将包括这 5 个过程组。举例来说，项目经理和团队应在项目生命周期每一个阶段重新审视项目的业务需求，以确定该项目是否值得继续进行。结束一个项目也需要启动过程。一定要有人发起活动以确定该项目小组是否完成了所有工作，总结经验教训，进行项目资源再分配，并且确定客户已经接受了工作成果。

2. 计划过程

计划过程包括设计并维护一个切实可行的计划，以确保项目专注于组织的需要。通常没有一个单一的"项目计划"。而是会有很多计划。例如，范围管理计划、进度管理计划、成本管理计划、采购管理计划等。需要确定各个知识领域与项目之间的结合点来制订计划。例如，一个项目小组需要制订一个计划来定义完成项目需要做哪些工作，并为这些工作的相关行动制订进度，估算工作成本，以及决定需要获取哪些资源来完成工作等。考虑到项目不断变化的情况，项目小组经常需要在项目生命周期的每一阶段修改计划。在第 12 章描述的项目管理计划便是为了协调和包含所有其他计划的信息。

3. 实施过程

实施过程包括协调人员和其他资源，实施项目计划，产生项目产品、服务、项目结果或项目的阶段结果。举例来说，实施过程包括组建项目团队、实施质量保证、发布信息、管理利益相关者期望以及项目采购执行等。

4. 监控过程

监控过程包括定期测量和检查项目进程以确保项目团队能够实现项目的目标。例如，项目经理和工作人员监督、衡量进度计划，并在必要时采取纠正措施。一个常见的监控过程就是绩效报告工作。如果需要，项目利益相关者可以从中发现为保持项目按计划运行所需要做出的变更。

5. 收尾/终止过程

收尾过程是对项目或者项目阶段的正式接收，并使之高效率地收尾。这一过程组往往包括一些行政管理活动，如归档项目档案、终止合同、总结经验教训、对项目或项目阶段进行正式验收等。

这些过程并非相互孤立的。例如，项目经理必须确保监控过程贯穿整个项目。对于每个项目而言，各过程所需的时间及活动水平都会有所不同。通常实施过程是最需要资源和时间的，其次是计划过程，启动和收尾过程（分别为项目或项目阶段的开始和结束）通常是最短的，要求资源和时间也最少。然而，每一个项目都是独一无二的，所以会有例外。可以在项目的每个主要阶段，或者是像本章所讲的晶科咨询公司的案例一样，在整个项目中应用这些过程组。

每个项目管理过程组都是为完成某些特定工作。在一个新项目的启动过程中，机构会认识到需要一个新的项目，并制定一个项目章程模板。本章将给出一些图表，从知识领域的角度列举出每个过程组可能的输出。

在 10.5 节给出的案例(晶科咨询公司局域网项目管理)中也提到了每个过程组的输出的例子。项目经理及其团队必须决定他们的项目需要什么输出。

计划过程组的输出包括要完成项目范围说明、工作分解结构、项目进度表和其他内容。计划在 IT 项目中至关重要。每位参与过涉及新技术的大型 IT 项目的人员都知道一个说法："在计划过程中花费的 1 美元,相当于开始实施后的 100 美元"。因为一旦项目组开始实施新的系统,要改变这个系统则需要相当大的努力。研究表明,公司的最佳实践是在启动和计划过程阶段至少花费项目 20% 的时间。

实施过程组包括实施那些在计划中描述的用于完成工作的必要活动。这一过程的主要结果是项目实际工作的交付物。例如,如果一个 IT 项目涉及提供新的硬件、软件或培训,实施过程包括带领项目小组和其他利益相关者购买硬件,开发、测试软件,交付并进行培训等。实施过程组应与其他过程组同时进行,并且需要最多的资源。

监控过程组针对项目目标衡量进展情况,监控与计划的偏差,并采取纠正措施,以使项目进展与计划相符合。监控过程组的常见输出是绩效报告。项目经理应密切监测工作进展,以确保输出的逐步完成及目标的逐步实现。项目经理必须与项目小组和其他利益相关者紧密合作,并采取适当的行动保持项目的顺利运行。监控过程理想的结果是,在限定的时间、成本和质量内完成预定的工作。如果有需要改动项目目标或计划的情况,监控过程可以确保快捷、有效地做出一些变更,以满足利益相关者的需要和期望。监控过程组重叠于所有其他项目管理过程组,因为变更可以在任何时间发生。

在收尾或终止过程组中,项目小组要使其最终产品、服务或输出获得认可,并使项目或项目阶段井然有序地结束。这一过程组的主要成果是正式验收工作和编制收尾文件,例如,最终项目报告、经验总结报告等。

◆ 10.3　项目管理过程组的知识领域图解

可以将每个项目管理过程组的主要活动与 10 个项目管理知识领域联系起来。表 10.1 从宏观的角度列出了 44 个项目管理活动的关系,表明它们通常属于哪个过程组,以及涉及哪些知识领域。列在表中的活动是《项目管理知识体系指南》中每个知识领域的主要流程。

正如很多机构以项目管理协会(PMI)的资料为基础开发自己的项目管理方法,表 10.1 显示了大部分项目管理流程出现在计划过程组部分。因为每个项目都是独一无二的,项目小组总是需要试图做一些之前没有做过的事。如果想在独特的和新颖的活动中取得成功,项目小组必须做相当多的计划工作。然而,最花时间和金钱的通常是实施过程。对机构来说,努力找出项目管理如何在特定的机构中发挥最佳作用,不失为一个好的做法。

表 10.1　项目管理过程组与知识领域

知识领域	项目管理过程组				
	启动过程组	规划过程组	执行过程组	监控过程组	收尾过程组
1.项目集成管理	1.1 制定项目章程	1.2 制订项目管理计划	1.3 指导与管理项目工作 1.4 管理项目知识	1.5 监控项目工作 1.6 实施整体变更控制	1.7 结束项目或阶段

续表

知识领域	项目管理过程组				
	启动过程组	规划过程组	执行过程组	监控过程组	收尾过程组
2.项目相关方管理	2.1 识别相关方	2.2 规划相关方参与	2.3 管理相关方参与	2.4 监督相关方参与	
3.项目范围管理		3.1 规划范围管理 3.2 收集需求 3.3 定义范围 3.4 创建 WBS		3.5 确认范围 3.6 控制范围	
4.项目进度管理		4.1 规划进度管理 4.2 定义活动 4.3 排列活动顺序 4.4 估算活动持续时间 4.5 制订进度计划		4.6 控制进度	
5.项目风险管理		5.1 规划风险管理 5.2 识别风险 5.3 实施定性风险分析 5.4 实施定量风险分析 5.5 规划风险应对	5.6 实施风险应对	5.7 监督风险	
6.项目资源管理		6.1 规划资源管理 6.2 估算活动资源	6.3 获取资源 6.4 建设团队 6.5 管理团队	6.6 控制资源	
7.项目沟通管理		7.1 规划沟通管理	7.2 管理沟通	7.3 监督沟通	
8.项目质量管理		8.1 规划质量管理	8.2 管理质量	8.3 控制质量	
9.项目成本管理		9.1 规划成本管理 9.2 估算成本 9.3 制订预算		9.4 控制成本	
10.项目采购管理		10.1 规划采购管理	10.2 实施采购	10.3 控制采购	

这五大过程组与应用领域（如营销、信息服务或会计）或行业（如建筑、航天、电信）无关。在阶段或项目完成之前，往往需要反复实施过程组中的单个过程。过程迭代的次数和过程间的相互作用因具体项目的需求而不同。过程通常分为以下三类。

（1）仅开展一次或仅在项目预定义点开展的过程。例如，制定项目章程，以及结束项目或阶段。

（2）根据需要定期开展的过程。例如，在需要资源时开展获取资源过程，在需要使用采购品之前开展实施采购过程。

（3）需要在整个项目期间持续开展的过程。例如，可能需要在整个项目生命周期持续开展定义活动过程，特别是当项目使用滚动式规划或适应型开发方法时；从项目开始到项目结束需要持续开展许多监控过程。

　　一个过程的输出通常成为另一个过程的输入,或者成为项目或项目阶段的可交付成果。例如,需要把规划过程组编制的项目管理计划和项目文件(如风险登记册、责任分配矩阵等)及其更新,提供给执行过程组作为输入。

　　过程组不同于项目阶段。如果将项目划分为若干阶段,则各过程组中的过程会在每个阶段内相互作用。在一个阶段内可能需要使用所有的过程组,如图 10.2 所示。当项目被分为不同的阶段(例如概念开发、可行性研究、设计、原型、构建或测试等)时,各过程组中的过程根据需要在每个阶段中重复,直至达到该阶段的完工标准。

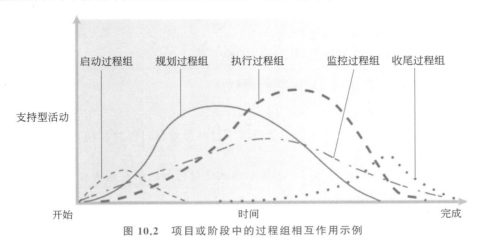

图 10.2　项目或阶段中的过程组相互作用示例

　　每个项目管理过程组都是为完成某些特定工作。在一个新项目的启动中,机构会认识到需要一个新的项目,并指定一个项目章程。项目经理及团队必须决定他们的项目需要什么输出。

　　规划过程组的输出包括要完成项目范围说明、工作分解结构、项目进度表和其他内容。

　　执行过程组包括采取必要的行动来完成在计划活动中需要完成的工作。这个过程组的主要成果是产生项目的实际工作。例如,如果一个 IT 项目涉及提供新的硬件、软件和培训,执行过程就包括领导项目组和其他干系人去购买硬件,开发和测试软件,交付和参与培训。执行过程组应当与其他过程组重叠,因为它通常需要最多的资源。

　　监控过程度量项目目标的进展,监视与计划的偏离,采取正确的行动来使进展与计划相符,业绩报告是常见的监控输出。项目经理应当严密地监视进展情况以保证可交付成果能够被完成,同时满足目标。项目经理必须与项目团队及其他干系人紧密配合,采取合适的活动以保证项目的顺利进行。监控过程组的理想产出是通过交付满足时间、成本和质量约束的项目来成功地完成项目。如果需要变更项目的目标或者计划,监控过程就要保证这些变更是有效的,同时能够满足干系人的需要和期望。监控过程与其他项目管理过程组是有重叠的,因为变更可以发生在任何时候。

　　收尾过程是项目团队努力工作以获得最终产品、服务和成果,最终有序地结束阶段或者项目。该过程组的关键产出是工作的正式验收和结束文档的撰写,如最终的项目报告和经验教训报告。

◇ 10.4　项目集成（整合）管理

项目集成管理包括对隶属于项目管理过程组的各种过程和项目管理活动进行统一和协调。在项目管理中，整合兼具统一、合并、沟通和建立联系的性质，这些行动应该贯穿项目始终。项目集成管理包括进行以下选择。

(1) 资源分配。

(2) 平衡竞争性需求。

(3) 研究各种备选方法。

(4) 为实现项目目标而调整过程。

(5) 管理各个项目管理知识领域之间的依赖关系。

10.4.1　项目集成（整合）管理的主要过程

项目集成管理过程包括：

(1) 制定项目章程——编写一份正式批准项目并授权项目经理在项目活动中使用组织资源的文件的过程。

(2) 制订项目管理计划——定义、准备和协调项目计划的所有组成部分，并把它们整合为一份综合项目管理计划的过程。

(3) 指导与管理项目工作——为实现项目目标而领导和执行项目管理计划中所确定的工作，并实施已批准变更的过程。

(4) 管理项目知识——使用现有知识并生成新知识，以实现项目目标，并且帮助组织学习的过程。

(5) 监控项目工作——跟踪、审查和报告整体项目进展，以实现项目管理计划中确定的绩效目标的过程。

(6) 实施整体变更控制——审查所有变更请求，批准变更，管理对可交付成果、组织过程资产、项目文件和项目管理计划的变更，并对变更处理结果进行沟通的过程。

(7) 结束项目或阶段——终结项目、阶段或合同的所有活动的过程。

图 10.3 概述了项目集成管理的各个过程。虽然在《PMBOK 指南》中，各项目集成管理过程以界限分明和相互独立的形式出现，但在实践中它们会以本指南无法全面详述的方式相互交叠和相互作用。

项目集成管理包含接口管理。接口管理涉及识别和管理项目众多要素间相互作用的交接点。

随着参与项目人数的增加，这种接口的数量会呈指数增加。因此，项目经理的另外一个重要职能是建立并维持组织界面间的良好沟通和关系。项目经理必须与所有干系人，包括客户、项目团队成员、高层管理、其他项目经理以及项目的反对者进行良好沟通。

10.4.2　项目集成管理的核心概念

项目集成管理由项目经理负责。虽然其他知识领域可以由相关专家（如成本分析专家、进度规划专家、风险管理专家）管理，但是项目集成管理的责任不能被授权或转移。只能由

项目整合管理概述

4.1 制定项目章程

.1 输入
　.1 商业文件
　.2 协议
　.3 事业环境因素
　.4 组织过程资产
.2 工具与技术
　.1 专家判断
　.2 数据收集
　.3 人际关系与团队技能
　.4 会议
.3 输出
　.1 项目章程
　.2 假设日志

4.2 制订项目管理计划

.1 输入
　.1 项目章程
　.2 其他过程的输出
　.3 事业环境因素
　.4 组织过程资产
.2 工具与技术
　.1 专家判断
　.2 数据收集
　.3 人际关系与团队技能
　.4 会议
.3 输出
　.1 项目管理计划

4.3 指导与管理项目工作

.1 输入
　.1 项目管理计划
　.2 项目文件
　.3 批准的变更请求
　.4 事业环境因素
　.5 组织过程资产
.2 工具与技术
　.1 专家判断
　.2 项目管理信息系统
　.3 会议
.3 输出
　.1 可交付成果
　.2 工作绩效数据
　.3 问题日志
　.4 变更请求
　.5 项目管理计划更新
　.6 项目文件更新
　.7 组织过程资产更新

4.4 管理项目知识

.1 输入
　.1 项目管理计划
　.2 项目文件
　.3 可交付成果
　.4 事业环境因素
　.5 组织过程资产
.2 工具与技术
　.1 专家判断
　.2 知识管理
　.3 信息管理
　.4 人际关系与团队技能
.3 输出
　.1 经验教训登记册
　.2 项目管理计划更新
　.3 组织过程资产更新

4.5 监控项目工作

.1 输入
　.1 项目管理计划
　.2 项目文件
　.3 工作绩效信息
　.4 协议
　.5 事业环境因素
　.6 组织过程资产
.2 工具与技术
　.1 专家判断
　.2 数据分析
　.3 决策
　.4 会议
.3 输出
　.1 工作绩效报告
　.2 变更请求
　.3 项目管理计划更新
　.4 项目文件更新

4.6 实施整体变更控制

.1 输入
　.1 项目管理计划
　.2 项目文件
　.3 工作绩效报告
　.4 变更请求
　.5 事业环境因素
　.6 组织过程资产
.2 工具与技术
　.1 专家判断
　.2 变更控制工具
　.3 数据分析
　.4 决策
　.5 会议
.3 输出
　.1 批准的变更请求
　.2 项目管理计划更新
　.3 项目文件更新

4.7 结束项目或阶段

.1 输入
　.1 项目章程
　.2 项目管理计划
　.3 项目文件
　.4 验收的可交付成果
　.5 商业文件
　.6 协议
　.7 采购文档
　.8 组织过程资产
.2 工具与技术
　.1 专家判断
　.2 数据分析
　.3 会议
.3 输出
　.1 项目文件更新
　.2 最终产品、服务或成果
　　移交
　.3 最终报告
　.4 组织过程资产更新

图 10.3　项目集成管理的各过程图示

项目经理负责整合所有其他知识领域的成果,并掌握项目总体情况。项目经理必须对整个项目承担最终责任。

项目与项目管理本质上具有整合性质,例如,为应急计划制定成本估算时,就需要整合项目成本管理、项目进度管理和项目风险管理知识领域中的相关过程。在识别出与各种人员配备方案有关的额外风险时,可能需要再次进行上述某个或某几个过程。

　　项目管理过程组的各个过程之间经常反复发生联系。例如,在项目早期,规划过程组为执行过程组提供书面的项目管理计划;然后,随着项目的进展,规划过程组还将根据变更情况,更新项目管理计划。

　　项目集成管理指的是:确保产品、服务或成果的交付日期,项目生命周期以及效益管理计划这些方面保持一致;编制项目管理计划以实现项目目标;确保创造合适的知识并运用到项目中,并从项目中获取必要的知识;管理项目管理计划中活动的绩效和变更;做出针对影响项目的关键变更的综合决策;测量和监督项目进展,并采取适当措施以实现项目目标;收集关于已达成结果的数据,分析数据以获取信息,并与相关方分享信息;完成全部项目工作,正式关闭各个阶段、合同以及整个项目;管理可能需要的阶段过渡。项目越复杂,相关方的期望越多样化,就需要越全面的整合方法。

10.4.3　项目集成管理的发展趋势和新兴实践

　　项目集成管理知识领域要求整合所有其他知识领域的成果。与集成管理过程相关的发展趋势包括(但不限于):

　　(1) 使用自动化工具。项目经理需要整合大量的数据和信息,因此有必要使用项目管理信息系统(PMIS)和自动化工具来收集、分析和使用信息,以实现项目目标和项目效益。

　　(2) 使用可视化管理工具。有些项目团队使用可视化管理工具,而不是书面计划和其他文档,来获取和监督关键的项目要素。这样,就便于整个团队直观地看到项目的实时状态,促进知识转移,并提高团队成员和其他相关方识别和解决问题的能力。

　　(3) 项目知识管理。项目人员的流动性和不稳定性越来越高,就要求采用更严格的过程,在整个项目生命周期中积累知识并传达给目标受众,以防止知识流失。

　　(4) 增加项目经理的职责。项目经理被要求介入启动和结束项目,例如,开展项目商业论证和效益管理。按照以往的惯例,这些事务均由管理层和项目管理办公室负责。现在,项目经理需要频繁地与他们合作处理这些事务,以便更好地实现项目目标以及交付项目效益。项目经理也需要更全面地识别相关方,并引导他们参与项目,包括管理项目经理与各职能部门、运营部门和高级管理人员之间的接口。

　　(5) 混合型方法。经实践检验的新做法会不断地融入项目管理方法,例如,采用敏捷或其他迭代做法,为开展需求管理而采用商业分析技术,为分析项目复杂性而采用相关工具,以及为在机构中应用项目成果而采用机构变革管理方法。

　　因为每个项目都是独特的,所以项目经理可能需要调整项目集成管理过程。调整时应考虑的因素包括(但不限于):

　　(1) 项目生命周期。什么是合适的项目生命周期?项目生命周期应包括哪些阶段?

　　(2) 开发生命周期。对特定产品、服务或成果而言,什么是合适的开发生命周期和开发方法?预测性或适应型方法是否适当?如果是适应性,开发产品是该采用增量还是迭代的方式?混合型方法是否为最佳选择?

　　(3) 管理方法。考虑到机构文化和项目的复杂性,哪种管理过程最有效?

　　(4) 知识管理。在项目中如何管理知识以营造合作的工作氛围?

　　(5) 变更。在项目中如何管理变更?

　　(6) 治理。有哪些监控机构、委员会和其他相关方该参与项目治理?对项目状态报告的要求是什么?

(7) 经验教训。在项目期间及项目结束时,应收集哪些信息? 历史信息和经验教训是否适用于未来的项目?

(8) 效益。应该在何时以何方式报告效益:在项目结束时还是在每次迭代或阶段结束时?

迭代和敏捷方法能够促进团队成员以相关领域专家的身份参与集成管理。团队成员可以自行决定计划及其组件的整合方式。

在适应型环境下,集成管理的核心理念中对项目经理的期望保持不变,但把对具体产品的规划和交付授权给团队来控制。项目经理的关注点在于营造一个合作型的决策氛围,并确保团队有能力应对变更。如果团队成员具备广泛的技能基础而不局限于某个狭窄的专业领域,那么这种合作型方法就会更加有效。

10.4.4　战略计划与项目选择

战略计划包括通过分析机构的优势和劣势,研究在商业环境中的机会和威胁,预测未来的趋势,以及预测对新产品和新服务的需求来确定长期目标。战略计划为机构识别和选择有潜力的项目提供重要信息。

许多人对于战略计划的 SWOT 分析非常熟悉,即分析优势(Strength)、劣势(Weakness)、机会(Opportunity)和威胁(Threat)。

例如,一个由 4 人组成的团队,准备在影业开始一项新的业务。他们采用 SWOT 分析帮助识别有潜力的项目,分析结果如下。

优势:

(1) 作为有经验的从业者,我们在电影行业有着广泛的人脉。

(2) 团队中有两个人擅长销售和人际交往。

(3) 团队中有两个人擅长技术且熟悉一些电影制作的软件工具。

(4) 我们成功完成了一些令人印象深刻的项目。

劣势:

(1) 我们没有会计/财务的方面经验。

(2) 我们对产品和服务没有清晰的营销战略。

(3) 我们在新项目上缺乏资金。

(4) 我们没有公司网站,而且缺少运营方面的技术应用。

机会:

(1) 目前有一位客户提到一个大型项目,希望我们竞标。

(2) 电影业持续发展。

(3) 今年有两个重大会议,可以借此推广我们的公司。

威胁:

(1) 其他个人或公司也可提供同类的服务。

(2) 客户可能倾向于和从业时间更长的个人或机构合作。

(3) 电影业存在高风险。

优势和劣势是自身的,机会和威胁是外部的。有人喜欢用思维导图法进行 SWOT

分析。

思维导图是一种结构分解的技术，通过从核心理念发散出来的方式将想法和概念结构化。思维导图更加可视化，可以促进产生更多想法，如图 10.4 所示。

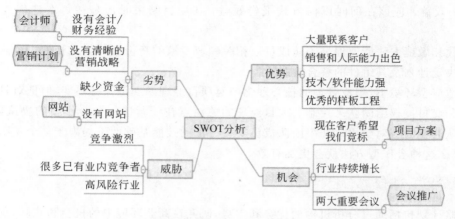

图 10.4　SWOT 分析示意图

项目管理的第一步就是确定首先要做哪些项目，因此项目启动从识别有潜力的项目开始。

图 10.5 显示了一个选择 IT 项目的四阶段流程。

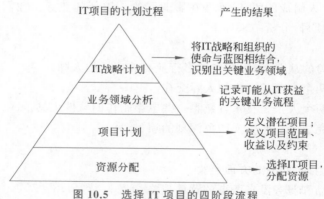

图 10.5　选择 IT 项目的四阶段流程

将 IT 技术与业务战略相结合是经过证明的最佳实践。

在识别了各种潜在的项目以后如何选择项目也十分重要，常见的选择方法有以下 5 种。

（1）聚焦于广泛的机构需求。

（2）将 IT 项目分类来选择项目，如项目动机、时间窗口、优先权等。

（3）财务分析：财务方面的考虑常常是项目选择过程中的一个重要方面，尤其是在经济困难的时期。正如丹尼斯·科恩和罗伯特·格雷厄姆所说："项目从来不自己结束。它们永远是一种达到目的的手段，那就是获取现金。"

① 净现值分析（Net Present Value，NPV）。每个人都知道今天赚的 1 美元要比 5 年后赚的 1 美元具有更多的价值——金钱的时间价值。很多项目都有未来的财务影响，为了平等准确地评估潜在的项目，需要考虑它们的净现值。

净现值分析就是一种计算预期净货币收益或损失的方法,该计算方法将当前时间点之后的所有未来预期现金流入和流出都做折现计算。

② 投资回报率。投资回报率(Return On Investment,ROI)是项目的收益减去成本并除以成本的结果。

(4) 采用加权评分模型,这是一种基于多种标准进行项目选择的系统方法。

(5) 实施平衡计分卡,这是一种战略性的计划和管理系统,它可以帮助机构调整业务活动策略,改善沟通,监督企业战略目标的达成。

项目选择以后,就可以遵循项目管理过程组的 5 个过程,进行项目集成管理,下面将对项目预启动和启动阶段的一些方法加以介绍。

◇ 10.5　项目各过程模板

以如下项目管理案例来给出项目的各过程模板。

案例:项目的各过程模板

艾丽丽负责其所在的晶科咨询公司的项目管理办公室(PMO),晶科咨询公司有二百多名全职咨询师和更多的兼职咨询师。晶科咨询公司提供各种咨询服务来帮助机构选择和管理 IT 项目。该公司致力于搜索和管理高回报的项目,开发强有力的度量标准来衡量项目管理的绩效和当项目完成以后对公司的利益。公司的重点放在度量标准以及与客户协同工作上面,从而比许多竞争者更加突出。

首席执行官高福泉想让公司继续成长成为一家世界级的咨询公司。因为业务的核心是帮助其他机构来进行项目管理,他感觉到在公司内部使用示范性过程来管理自己的项目是至关重要的。他要求艾丽丽和其团队以及公司的其他咨询师一起工作来开发一个内网网站,使得他们能够共享项目管理知识。他同样认为将一些信息对公司的客户透明化是有意义的。例如,公司能够提供项目管理模板、工具、论文、其他网站的链接和"专家咨询台"的特色服务等来帮助与现在和未来的客户建立关系。因为晶科咨询公司强调高盈利项目的重要性,所以,高福泉同样想要在该项目进行之前看到该项目的商业案例。

对于工程项目来说,需要建立标准化的流程。因此模板显得非常重要。在项目不同的过程对应不同的知识领域会有相应的标准化模板与章程。下面给出常见模板的形式。

10.5.1　项目预启动

在项目管理中,启动包括识别和启动一个新的项目。在项目管理中启动所涉及的模板包括商业论证报告和财务分析报告、项目章程和会议议程的撰写等。

一个机构在选择项目时要深思熟虑,以确保为了正确的原因启动正确的项目。在一个重要的项目上取得较小的成功,要优于在一个不重要的项目上取得巨大的成功。与启动时项目选择同样重要的是项目经理的选择。在理想情况下,项目经理应该参与到项目的启动中,但项目经理往往是在已经做出了有关项目启动的很多决定后才被选出来的。

在决定开展某个项目时,战略计划应当作为项目决策的基础。组织的战略计划表明了该组织的愿景、使命、目标和战略,这些都是 IT 项目计划的基础。信息技术在一个组织中通常起到支持的作用,所以人们在启动 IT 项目时,理解这些项目与现在和将来的需求是如何关联的将至关重要。例如,晶科咨询公司的主要业务是给其他机构提供咨询,不是开发自己的内网网站。因此,信息系统必须支持公司的业务目标,如更有效地提供咨询。

一个机构启动 IT 项目可能有多个原因,但是最重要的原因是支持业务目标。晶科咨询公司的核心业务是帮助其他机构管理项目,所以它需要一个规范的程序来管理自己的项目。开发一个局域网网站来分享项目管理的知识,能够帮助晶科咨询公司通过有效的工作以及允许已有的和潜在的客户来访问公司的一些信息从而减少内部成本。晶科公司也可以通过招揽更多的业务来提高公司的收入。因此,公司会用这些指标(降低内部成本和增加收入)来衡量这个项目的绩效。

在正式启动项目之前,为项目奠定良好的基础非常重要。为此,高级经理经常先完成一些任务,称为预启动任务,包括以下方面。

(1) 决定项目的范围、时间和成本的制约因素。

(2) 识别项目发起人。

(3) 选择项目经理。

(4) 为项目开发一个业务案例。

(5) 与项目经理开会讨论项目管理过程及预期成果。

(6) 决定项目是否需要被分为两个或更多个子项目。

正如案例中讲到的,晶科咨询公司 CEO 高福泉定义了项目的范围。因为他提出了这个项目,而且该项目对公司业务有着战略意义,所以他想担任项目发起人。如果经过商业论证,证明项目可行,那么高福泉将任命项目管理中心主管艾丽丽来管理项目,并且和艾丽丽讨论管理项目的过程和期望,否则项目将会终止。

关于最后一个预启动任务的必要性,很多人都有这样的经验,即小项目比大项目更容易成功完成,特别是 IT 项目。通常将一个大项目划分为一些小项目是个很明智的方法,因为这样可以增加成功概率。在这个案例中,高福泉和艾丽丽决定这项工作可以作为一个项目完成,项目周期大约为 6 个月。

为了证明在这个项目上投资是合理的,艾丽丽起草了一份商业论证,并从高福泉、项目管理中心的一名高级员工以及一位财务部同事那里得到了一些建议和反馈。她还参考了过去项目使用的公司模板和商业论证样本。表 10.2 提供了晶科咨询公司商业论证的样本。下述信息包含在商业论证样例中。

(1) 引言/背景。

(2) 业务目标。

(3) 当前的形势和问题/机会说明。

(4) 关键的假设条件和制约因素。

(5) 选择和建议分析。

(6) 项目的初步需求。

(7) 预算评估和财务分析。

(8) 进度评估。

(9) 潜在风险。

(10) 展示。

表 10.2　晶科咨询公司的商业论证

1.0 引言/背景

晶科咨询公司的核心经营目标是为各种机构提供世界一流的项目管理咨询服务。公司首席执行官高福泉认为,该公司可以通过在其公司网站上提供项目相关信息,使现有的或潜在的客户获得一些资料来简化操作和增加业务。

2.0 业务目标

晶科咨询公司的战略目标包括持续增长和盈利。项目管理局域网网站项目将通过让客户和公众可以登录网站的一部分获取公司的专业知识来达到这些目标。它也将通过为公司所有的咨询师提供标准的工具、技术、模板以及项目管理知识来降低内部成本而提高盈利能力。因为晶科咨询公司主要是确定能够产生利润的项目并在完成后评估其价值,所以这个项目也必须符合公司的评价标准。

3.0 当前的形势和问题/机会说明

晶科咨询公司有一个公司网站和局域网。公司网站目前的主要用途是搜集市场信息。局域网主要用于人力资源信息。例如,咨询师输入他们在各个项目上花费的时间、变更或者查看他们的福利信息、获得在线电话簿和基于网络的电子邮件系统等。该公司还使用了一种企业范围内的项目管理系统,以追踪所有的项目信息,特别是项目的状态,确保能达到预计的范围、时间和成本目标。这里存在一个机会,即公司可以在局域网上提供一个新栏目,以便在机构内分享咨询师的项目管理知识库。晶科咨询公司只雇用有经验的咨询师,并让他们享有按照他们认为合适的方式来管理项目的自由。然而,随着企业的不断成长和项目变得越来越复杂,即使是有经验的项目经理,也不得不去寻找如何更有效工作的建议。

4.0 关键的假设条件和制约因素

即将建设的局域网对晶科咨询公司而言必须是有价值的。目前公司现有的咨询师和客户要积极支持该项目,并且项目必须在 1 年内通过降低内部营运成本及产生新的业务来收回成本。项目管理中心虽然由经理来牵头,但是也要有公司其他部门人员以及客户代表的参与。新的系统必须能够在现有的硬件和软件上运行,对技术支持的要求应该尽可能低。它必须易于客户和公众登录,同时可以对未经授权的用户进行限制。

5.0 选择和建议分析

面对这种情况有以下 3 种选择。

(1) 什么也不做。公司现在生意做得很好,可以不进行这个新的项目,继续经营。

(2) 购买专用软件支持这一新功能,这样就只需要做很少的内部开发工作。

(3) 自主设计和开发新的局域网功能,但在很大程度上要使用现有的硬件和软件。

基于与项目干系人的讨论,我们认为方案 3 是最好的选择。

6.0 项目的初步需求

项目管理局域网网站的主要特点包括以下几条。

(1) 能够获得若干项目管理的模板和工具,用户必须能够搜索到模板和工具,能阅读如何使用这些模板和工具的说明书,并能看到我们如何将它们应用到实际项目中的案例。使用者还可以提出新的模板和工具,并先经过项目管理办公室的筛选或编辑。

(2) 能获取项目管理方面的文献。很多咨询师和客户在搜索项目管理资料时似乎存在一种信息超载的感觉,往往浪费了那些本应花在客户身上的时间。新的局域网应包括几个项目管理方面的文献,可按专题进行搜索,并允许用户需求项目管理办公室的工作人员帮助寻找更多的文献来满足他们的需求。

(3) 有一些不断更新的与其他外部网站的链接,并附以简要介绍。

(4) 有"专家咨询"的功能,以协助现有的和未来的客户与公司咨询师之间建立联系,分享知识。

(5) 保证公司内部咨询师可以接触到整个网络,而其他人只可以登录到特定栏目。

(6) 可提供收费信息。网站的一些资料或功能以收费的方式提供给外部使用者。付费方式可以选择信用卡支付或类似的在线支付。系统确认收款后,用户可以浏览或下载他们所需要的信息。

7.0 预算评估和财务分析

初步评估整个项目成本为 14 万美元。这一评估是以项目经理每周工作 20h,其他内部工作人员每周合计工作 60h,一共工作 6 个月为基础计算出来的,并且不为客户代表支付报酬。专职项目经理每小时费用为 50 美元,其他项目组成员每小时为 70 美元,因为这一项目会占用一些他们本应用在客户身上的时间。初步成本评估还包括从供应商那里购买软件和服务的 1 万美元。这一项目完成后,还需要每年 4 万美元的维护费用,主要是用于更新资料、专家咨询功能以及在线文章。

预计效益是以减少咨询师搜索项目管理信息、合适的工具和模板等时间为基础算出来的。预计效益包括由于这一项目能增加业务而带来的利润。如果 400 多位咨询师每人每年节省 40h(每星期不到 1h),并将这些时间用于其他项目,保守估计每小时带来 10 美元的利润,这一项目的预计效益将为每年 16 万美元。如果新的局域网增加业务 1%,根据过去的盈利信息,每年因为新业务而增加的利润就将至少达到 4 万美元,因此预计总效益大约有 20 万美元。展示 A 总结了预测成本和成效,并列出了估计的净现值(NPV)、投资回报率(ROI)以及回报发生的年份。它还列出了实现这项初步的财务分析的假设条件,所有的财务预算都是非常乐观的,预计可按发起人要求的那样在 1 年内收回成本,净现值是 272 800 美元,基于 3 年系统生命周期得出的投资回报率为 112%,这是非常突出的。

8.0 进度评估

项目发起人希望项目在 6 个月内完成,但也存在一定的灵活性。我们假设新系统的有效年限至少为 3 年。

9.0 潜在风险

这个项目面临几个风险。首要的风险是公司内部的咨询师和外部客户对新系统缺乏兴趣。对于给系统输入信息和实现使用系统的潜在效益,使用者的投入至关重要。在选择用于搜索、安全检查、处理付款的软件时也存在一些技术上的风险,但系统的这些功能所使用的技术都是经过检验的。因而,主要的业务风险是在项目上投入了时间和资金,并没有实现预期效益。

10.展示

展示 A:项目管理内网网站项目的财务分析

折扣率	8%				
假定项目在 6 个月内完成	年				
	0	1	2	3	合计
成本	140 000	40 000	40 000	40 000	
折扣因子	1	0.93	0.86	0.79	
折扣成本	140 000	37 037	34 294	31 753	243 084
利润	0	200 000	200 000	200 000	
折扣因子	1	0.93	0.86	0.79	
折扣利润	0	186 185	171 468	158 766	515 419
折扣率	8%				
假定项目在 6 个月内完成	年				
折扣利润——成本	(140 000)	148 148	137 174	127 013	
累积成本——成本	(140 000)	8148	145 322	272 336	

续表

第一年的回收				
折扣生命周期 ROI	112%			
假设				
成本	♯ 小时数			
项目经理(500h,￥50/h)	25 000			
成员(1500h,￥70/h)	105 000			
外包的软件和服务	10 000			
总的项目成本(在第 0 年)	140 000			
利润				
咨询师人数	400			
节省的小时数	40			
每小时的利润	10			
节省时间获得的利益	160 000			
利润增长 1% 的收益	40 000			
每年总的项目收益	200 000			

　　鉴于项目较小而且是由一个内部发起人发起,所以该项目的商业论证不像其他商业论证那样长。高福泉和艾丽丽审核了这份商业论证后,认为这个项目值得做。高福泉很高兴看到大约一年内即可收回投资,而且投资回报率预计为 112%。他告诉艾丽丽,继续进行项目正式启动的任务。

　　另一个简单的仿真商业论证模板如表 10.3 所示。

表 10.3　商业论证模板
项目名称：杭州湖滨银泰 in77

1.0 项目背景
位于杭州最繁华的商业及旅游休闲区,是西湖湖滨的多功能复合型购物中心。

2.0 业务目标
杭州湖滨银泰 in77 依据精致生活、年轻潮流、国际先锋的项目定位,打造杭城地标,吸引一众消费者前来打卡。

3.0 当前的形势和问题/机会说明
in77 为配合湖滨步行街改造,进行了一系列的物业形象升级,保留骑楼等传统建筑特色的同时,融入了风尚元素,糅合城市文化与现代特色为一体。新旧交融,将旧建筑与新潮流完美融合,赋予物业崭新的商业价值。

4.0 关键的假设条件和制约因素
(1) 大商场的过度发展,竞争激烈。
(2) 其他商业业态及外资零售业的增长,给大百货商场造成巨大的冲击。
(3) 大型百货商场经营雷同,缺少特色。
(4) 成本居高不下,对顾客缺乏吸引力。
(5) 管理手段和管理方法落后,决策缺少前瞻性。

5.0 选择和建议分析
6.0 项目的初步需求 在品牌实力的凸显方面下足功夫
7.0 预算评估和财务分析 年营收 37 亿元,年客流超 5000 万人次
8.0 进度评估 一年
9.0 潜在风险 1. 资产集中 2. 多重风险并存 3. 受外来风险影响大
10.0 展示 展示 A:财务分析

10.5.2　项目启动

1. 起草项目章程

艾丽丽起草了一份项目章程,在拿给高福泉看以前,项目团队先进行了审核。高福泉做了一些小的修改,在艾丽丽的协调下,所有关键的干系人签署了项目章程。表 10.4 显示了最终的项目章程。注意包含在项目章程中的项及它们的简短性。晶科咨询公司认为项目章程最合适的长度是一页或者两页,如果需要也可以引用其他文档,如商业案例。艾丽丽感觉到项目章程最重要的部分是关键干系人的签名及他们各自的意见。由于很难让干系人对只有数页的项目章程取得一致的意见,所以允许每个人都可以将自己所关心的部分放在意见部分中。请注意高级咨询师陈尔生,虽然他关心这个项目,但他感到外部客户的其他安排也许优先级更高。他会在需要的时候提供协助。IT 人员提到了测试和安全问题。艾丽丽认为在管理项目时应该考虑这些问题。

制定项目章程是编写一份正式批准项目并授权项目经理在项目活动中使用组织资源的文件的过程。本过程的主要作用是,明确项目与机构战略目标之间的直接联系,确立项目的正式地位,并展示机构对项目的承诺。本过程仅开展一次或仅在项目的预定义点开展。图 10.6 描述了本过程的输入、工具与技术和输出,图 10.7 是本过程的数据流向图。

1) 制定项目章程中的输入

(1) 商业文件。

在商业论证和效益管理计划中,可以找到关于项目目标以及项目对业务目标的贡献的相关信息。虽然商业文件是在项目之前制定的,但需要定期审核。

经批准的商业论证或类似文件是最常用于制定项目章程的商业文件。商业论证从商业视角描述必要的信息,并且据此决定项目的期望结果是否值得所需投资。高于项目级别的经理和高管们通常使用该文件作为决策的依据。一般情况下,商业论证会包含商业需求和成本效益分析,以论证项目的合理性并确定项目边界。商业论证的编制可由以下一个或多个因素引发。

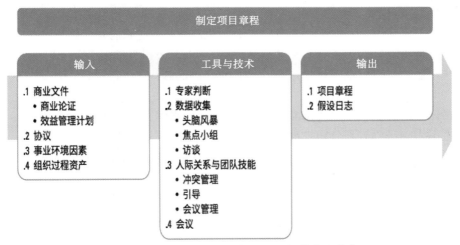

图 10.6　制定项目章程：输入、工具与技术和输出

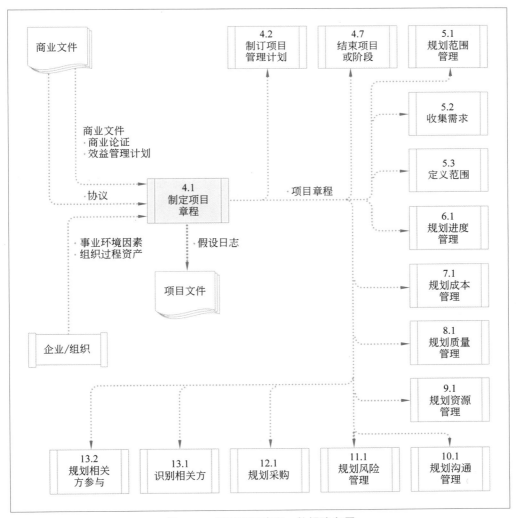

图 10.7　制定项目章程：数据流向图

① 市场需求（例如，为应对汽油紧缺，某汽车制造商批准一个低油耗车型的研发项目）。

② 机构需要（例如，因为管理费用太高，公司决定合并一些职能并优化流程以降低成本）。

③ 客户要求（例如，为了给新工业园区供电，某电力公司批准一个新变电站建设项目）。

④ 技术进步（例如，基于技术进步，某航空公司批准了一个新项目，来开发电子机票以取代纸质机票）。

⑤ 法律要求（例如，某油漆制品厂批准一个项目，来编写有毒物质处理指南）。

⑥ 生态影响（例如，某公司批准一个项目，来降低对环境的影响）。

⑦ 社会需要（例如，为应对霍乱频发，某发展中国家的非政府组织批准一个项目，为社区建设饮用水系统和公共厕所，并开展卫生教育）。

项目章程包含来源于商业文件中的相关项目信息。既然商业文件不是项目文件，项目经理就不可以对它们进行更新或修改，只可以提出相关建议。

（2）协议。

协议用于定义启动项目的初衷。协议有多种形式，包括合同、谅解备忘录、服务水平协议、协议书、意向书、口头协议、电子邮件或其他书面协议。为外部客户做项目时，通常就以合同的形式出现。

（3）事业环境因素。

能够影响制定项目章程过程的事业环境因素包括：

① 政府或行业标准（如产品标准、质量标准、安全标准和工艺标准）。

② 法律法规要求和（或）制约因素。

③ 市场条件。

④ 机构文化和政治氛围。

⑤ 机构治理框架（通过安排人员、制定政策和确定过程，以结构化的方式实施控制、指导和协调，以实现机构的战略和运营目标）。

⑥ 相关方的期望和风险临界值。

（4）组织过程资产。

能够影响制定项目章程过程的组织过程资产包括：

① 组织的标准政策、流程和程序。

② 项目组合、项目集和项目的治理框架（用于提供指导和制定决策的治理职能和过程）。

③ 监督和报告方法。

④ 模板（如项目章程模板）。

⑤ 历史信息与经验教训知识库（如项目记录与文件、关于以往项目选择决策的结果及以往项目绩效的信息）。

2）制定项目章程中的工具与技术

（1）专家判断。

专家判断是指基于某应用领域、知识领域、学科和行业等的专业知识而做出的，关于当前活动的合理判断，这些专业知识可来自具有专业学历、知识、技能、经验或培训经历的任何小组或个人。

本过程应该就以下主题：机构战略、效益管理、关于项目所在的行业以及项目关注的领域的技术知识、持续时间和预算的估算、风险识别等考虑具备相关专业知识或接受过相关培训的个人或小组的意见。

（2）数据收集。

可用于本过程的数据收集技术包括：

① 头脑风暴。本技术用于在短时间内获得大量创意,适用于团队环境,需要引导者进行引导。头脑风暴由两部分构成：创意产生和创意分析。制定项目章程时可通过头脑风暴向相关方、主题专家和团队成员收集数据、解决方案或创意。

② 焦点小组。焦点小组召集相关方和主题专家讨论项目风险、成功标准和其他议题,比一对一访谈更有利于互动交流。

③ 访谈。访谈是指通过与相关方直接交谈来了解高层级需求、假设条件、制约因素、审批标准以及其他信息。

（3）人际关系与团队技能。

可用于本过程的人际关系与团队技能包括：

① 冲突管理。冲突管理有助于相关方就目标、成功标准、高层级需求、项目描述、总体里程碑和其他内容达成一致意见。

② 引导。引导是指有效引导团队活动成功以达成决定、解决方案或结论的能力。引导者确保参与者有效参与,互相理解,考虑所有意见,按既定决策流程全力支持得到的结论或结果,以及所达成的行动计划和协议在之后得到合理执行。

③ 会议管理。会议管理包括准备议程、确保邀请每个关键相关方群体的代表,以及准备和发送后续的会议纪要和行动计划。

（4）会议。

在本过程中,与关键相关方举行会议的目的是识别项目目标、成功标准、主要可交付成果、高层级需求、总体里程碑和其他概述信息。

3）制定项目章程中的输出

（1）项目章程。

项目章程是由项目启动者或发起人发布的,正式批准项目成立,并授权项目经理使用组织资源开展项目活动的文件。它记录了关于项目和项目预期交付的产品、服务或成果的高层级信息,例如：

① 项目目的。

② 可测量的项目目标和相关的成功标准。

③ 高层级需求。

④ 高层级项目描述、边界定义以及主要可交付成果。

⑤ 整体项目风险。

⑥ 总体里程碑进度计划。

⑦ 预先批准的财务资源。

⑧ 关键相关方名单。

⑨ 项目审批要求（例如,用什么标准评价项目成功,由谁对项目成功下结论,由谁来签署项目结束）。

⑩ 项目退出标准（例如,在何种条件下才能关闭或取消项目或阶段）;委派的项目经理及其职责和职权;发起人或其他批准项目章程的人员的姓名和职权。

项目章程示例如表 10.4 所示。

表 10.4　项目章程

项目名称：项目管理内网项目

项目开始日期：4 月 2 日　　　　　**项目完成日期**：10 月 4 日

预算信息：公司为该项目划拨了 14 万美元，项目的主要成本是内部的人力成本，最初的估计是每周 80h 的工作时间。

项目经理：艾丽丽，(0086)**********，erica_bell@jkconsulting.com

项目目标：开发晶科咨询公司的内网网站的可访问性，以帮助内部的咨询师和外部的客户有效地管理项目。内网网站将包含用户可以下载的几个模板和工具、完成的模板以及基于实际项目的相关项目管理文档的例子、与最近的项目管理主题相关的重要文章、论文检索服务、链接到拥有有用信息的其他站点和一个"专家咨询"栏目，在该栏目中用户能够提交其项目中遇到的问题，并获得相关领域专家的帮助。内网网站的某些部分是公众可以访问的，有些部分只对现在的客户或内部的咨询师开放，其他内网网站的部分则是收费的。

主要项目成功标准：项目应该赚到足以支付 1 年内完成的费用。

方法：

- 进行调研以决定新内网网站至关重要的要素和咨询师及客户的请求输入。
- 审核项目管理文档的内部和外部的模板和例子。
- 研究软件以提供安全性能、管理用户输入、提供文章检索和"专家咨询"栏目为特征；使用迭代的方法开发内网网站，不断请求用户的反馈。
- 在项目开发中以及项目完成后 1 年的时间内，确定某种方式用减少的成本和新增的收入来度量内网网站的价值。

角色和职责：

姓名	角色	职位	联系信息
高福泉	角色发起人	晶科咨询公司，CEO	joe_fleming@jkconsulting.com
艾丽丽	项目经理	晶科咨询公司，管理人员	erica_bell@jkconsulting.com
陈尔生	团队成员	晶科咨询公司，高级咨询师	michael_chen@jkconsulting.com
费杰西	团队成员	晶科咨询公司，咨询师	jessie_faue@jkconsulting.com
宗凯文	团队成员	晶科咨询公司，IT 部	kevin_dodge@jkconsulting.com
胡道迪	团队成员	晶科咨询公司，IT 部	cindy_dawson@jkconsulting.com
金方平	顾问	客户代表	kim_phuong@client1.com
章佩琪	顾问	客户代表	page_miller@client2.com

签名：（上面列出的所有干系人的签名）

意见：（如果可以，请将上述干系人的意见手写或打印）

如果时间允许，我将支持这个项目，但是我认为我的客户的项目优先级更高。在项目需要的时候将指派我的助理来支持该项目。

——陈尔生

我们在测试新系统的时候要非常小心，当提供给公众和客户访问内网网站的时候要特别注意安全问题。

——宗凯文和胡道迪

项目章程确保相关方在总体上就主要可交付成果、里程碑以及每个项目参与者的角色和职责达成共识。

（2）假设日志。

通常，在项目启动之前编制商业论证时，应识别高层级的战略和运营假设条件与制约因素。这些假设条件与制约因素应纳入项目章程。较低层级的活动和任务假设条件在项目期间随着诸如定义技术规范、估算、进度和风险等活动的开展而生成。假设日志用于记录整个项目生命周期中的所有假设条件和制约因素。

2. 召开项目启动会议

像艾丽丽这样有经验的项目经理都懂得，良好的项目开端非常关键，而成功的启动会议是一个有效途径。启动会议是指在项目开始时召开的会议，以便项目干系人见面、评论项目目标、讨论未来的计划。通常项目启动会议在商业论证和项目章程完成后举行，也可以根据需要提前。即使一些或所有项目干系人都必须面对面地参与项目，召开启动会议也仍然重要。

艾丽丽知道，主要项目干系人出席的任何项目会议都应该有会议议程。艾丽丽为项目管理内网网站项目启动会议指定的会议议程，如表 10.5 所示模板。议程的主要议题如下。

（1）会议目的。

（2）议程（将讨论的主题按顺序列出）。

（3）记录项目活动内容的部分（每个人的责任分配，每人完成项目活动的时间）。

（4）记录下次会议召开的日期和时间的部分。

表 10.5　启动会议议程模板

启 动 会 议
[会议日期]

项目名称：项目管理内网网站项目
会议目的：通过介绍关键干系人、评论项目目标和讨论未来计划，使项目有效启动
议程：

- 介绍出席会议人员
- 回顾项目背景
- 回顾项目相关文件（商业论证、项目章程）
- 讨论项目组织结构
- 讨论项目范围、时间和成本目标
- 讨论其他重要议题
- 会议提出的项目活动内容清单

活 动 内 容	责 任 分 配	到　期　日

下次会议的日期和时间：

关注会议的结果是很好的做法，一个好的会议议程应该有记录行动条目并且有下一次会议的日期和时间。总结会议纪要也是很好的做法，重点是关键决策和行动项目。艾丽丽

计划在会后一两天内向所有与会者和其他项目干系人发送会议记录。

项目执行过程、收尾过程的模板将在后续章节中陆续讲解。

◇ 小　结

本章介绍了项目阶段和项目生命周期,项目管理过程组,项目管理过程组的知识领域图解,项目集成管理,通过案例输出项目预启动和启动过程模板。规划过程、实施和收尾过程模板在后续章节陆续介绍。

◇ 习　题

1. 根据自己参加的项目或者媒体中的项目,使用本章提供的模板撰写项目的商业论证报告。模板参阅晶科咨询公司的商业论证。

2. 根据本章提供的模板起草项目章程。

3. 根据本章提供的模板起草启动会议议程。以上任务中假设项目需要一年完成,共有1万元人民币的预算,每个小组虚拟一个项目团队,其中一人作为项目经理,其他人是项目团队成员,使用模板撰写商业论证、项目章程和启动会议议程。

注意:三个文档放在同一个文件里,以小组为单位提交,每个小组一份,作业中要标明每个成员的工作量或工作占比。

4. 什么是系统管理的三球模型?

5. 下列哪一项说法是错误的?

(1) 项目生命周期是项目阶段的集合。

(2) 产品生命周期和项目生命周期是一样的。

(3) 瀑布式方法是预测开发周期模型的一种方法。

(4) 敏捷开发是自适应开发周期的一个例子。

6. 很多人在编制各种项目管理文件时都使用什么作为标准格式?

(1) 方法论。

(2) 模板。

(3) 标准。

(4) 项目管理软件。

7. 什么是以系统眼光看待项目? 怎样以系统方法应用于项目管理?

8. 讨论高层支持和标准建立对成功的项目管理的重要性。根据你在项目上的经历,举例说明这些因素的重要性。

9. 预习使用 Project 2010 来模拟产生工作分解结构和甘特图。

10. 小明的项目成长故事:小明 26 岁,软件工程专业,进入软件行业 3 年,凭着扎实的技术功底,积极的工作态度,取得了不错的绩效,受到主管和同事的一致好评。逐步从普通开发人员成长为项目骨干。这时小明所在部门接到一个视频监控项目,由于部门暂时没有合适的项目经理人选,因此在大家的期望和推荐下,小明走上项目经理的岗位。同时,部门安排一位资深项目经理老王作为小明的导师,指导小明完成项目交付和个人成长。小明了解到,该项目是本市公安局委托公司开发的,用于监控城市街道的视频监控系统,市公安局要求该系统半年内必须上线。小明认为虽然以前没有接触过类似项目,但该系统业务逻辑不算复杂,另外,听说本公司其他部门有过类似系统的开发案例,因此有信心完成好这个项目。小明在接受新的工作安排后,找来公司各类管理文档,学习作为一个项目经理所必须掌握的项目管理等方面的知识。请你结合自己的成长经历分析:

(1) 小明应该优先学习哪些知识?

(2) 如果要保证员工既能有好的技能成长又适合项目管理,应该选择什么样的组织架构?

(3) 该项目受到哪些事业环境因素、组织过程资产的影响?

第11章

项目范围管理

◆ 11.1 项目范围管理流程

11.1.1 项目范围管理的定义

项目范围管理包括确保项目做且只做所需的全部工作,以成功完成项目的各个过程。管理项目范围主要在于定义和控制哪些工作应该包括在项目内,哪些不应该包括在项目内。

项目范围管理过程包括:

- 规划范围管理——为记录如何定义、确认和控制项目范围及产品范围,而创建范围管理计划的过程。
- 收集需求——为实现项目目标而确定、记录并管理相关方的需要和需求的过程。
- 定义范围——制定项目和产品详细描述的过程。
- 创建 WBS ——将项目可交付成果和项目工作分解为较小的、更易于管理的组件的过程。
- 确认范围——正式验收已完成的项目可交付成果的过程。
- 控制范围——监督项目和产品的范围状态,管理范围基准变更的过程。

图 11.1 概括了项目范围管理的各个过程。虽然各项目范围管理过程以界限分明、相互独立的形式出现,但在实践中它们会以《PMBOK 指南》无法全面叙述的方式相互交叠、相互作用。

图 11.2 是项目范围管理输出文档。

11.1.2 项目需求的定义

项目范围管理的第一步是制订计划以说明在整个项目生命周期内如何管理范围。在评审了项目管理计划、项目章程、企业环境因素和组织过程资产之后,项目团队使用专家评审会议制订两个重要的输出:范围管理计划和需求管理计划。

范围管理计划是项目管理计划的组成部分,描述将如何定义、制定、监督、控制和确认项目范围。范围管理计划要对将用于下列工作的管理过程做出规定。

(1)制定项目范围说明书。

(2)根据详细项目范围说明书创建 WBS。

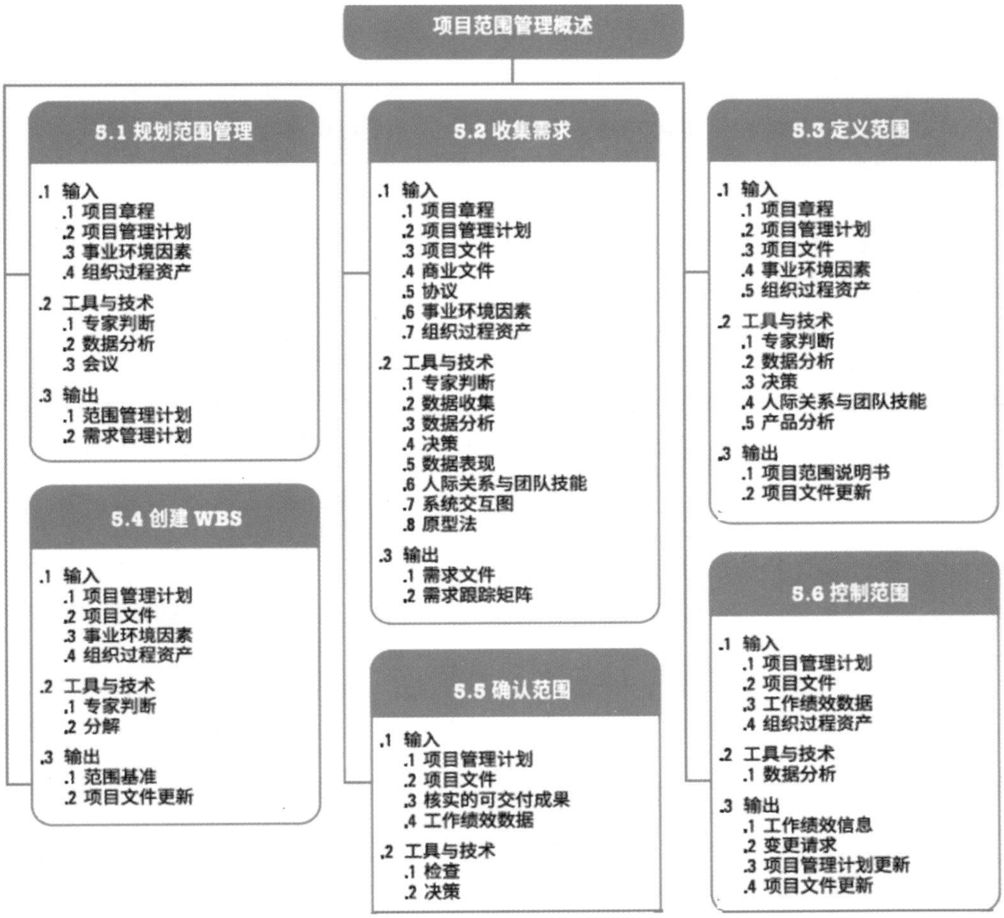
项目范围管理概述
5.1 规划范围管理
.1 输入
.1 项目章程
.2 项目管理计划
.3 事业环境因素
.4 组织过程资产
.2 工具与技术
.1 专家判断
.2 数据分析
.3 会议
.3 输出
.1 范围管理计划
.2 需求管理计划
5.2 收集需求
.1 输入
.1 项目章程
.2 项目管理计划
.3 项目文件
.4 商业文件
.5 协议
.6 事业环境因素
.7 组织过程资产
.2 工具与技术
.1 专家判断
.2 数据收集
.3 数据分析
.4 决策
.5 数据表现
.6 人际关系与团队技能
.7 系统交互图
.8 原型法
.3 输出
.1 需求文件
.2 需求跟踪矩阵
5.3 定义范围
.1 输入
.1 项目章程
.2 项目管理计划
.3 项目文件
.4 事业环境因素
.5 组织过程资产
.2 工具与技术
.1 专家判断
.2 数据分析
.3 决策
.4 人际关系与团队技能
.5 产品分析
.3 输出
.1 项目范围说明书
.2 项目文件更新
5.4 创建 WBS
.1 输入
.1 项目管理计划
.2 项目文件
.3 事业环境因素
.4 组织过程资产
.2 工具与技术
.1 专家判断
.2 分解
.3 输出
.1 范围基准
.2 项目文件更新
5.5 确认范围
.1 输入
.1 项目管理计划
.2 项目文件
.3 核实的可交付成果
.4 工作绩效数据
.2 工具与技术
.1 检查
.2 决策
5.6 控制范围
.1 输入
.1 项目管理计划
.2 项目文件
.3 工作绩效数据
.4 组织过程资产
.2 工具与技术
.1 数据分析
.3 输出
.1 工作绩效信息
.2 变更请求
.3 项目管理计划更新
.4 项目文件更新

图 11.1　项目范围管理过程

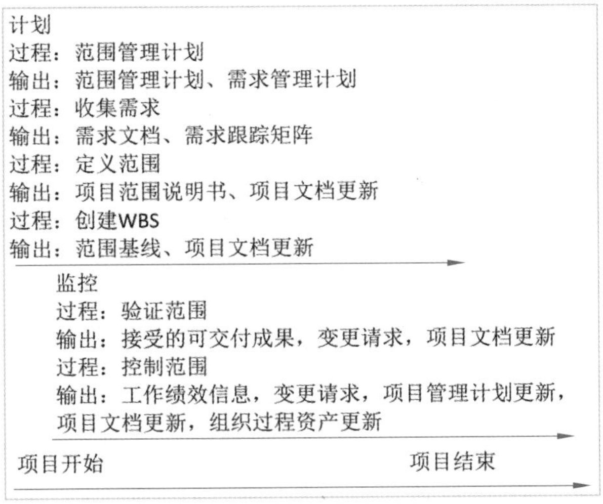
计划
过程：范围管理计划
输出：范围管理计划、需求管理计划
过程：收集需求
输出：需求文档、需求跟踪矩阵
过程：定义范围
输出：项目范围说明书、项目文档更新
过程：创建WBS
输出：范围基线、项目文档更新
监控
过程：验证范围
输出：接受的可交付成果，变更请求，项目文档更新
过程：控制范围
输出：工作绩效信息，变更请求，项目管理计划更新，
项目文档更新，组织过程资产更新
项目开始
项目结束

图 11.2　项目范围管理输出文档

(3) 确定如何审批和维护范围基准。

(4) 正式验收已完成的项目可交付成果。

根据项目需要,范围管理计划可以是正式或非正式的,非常详细或高度概括的。

范围管理计划的另外一个重要输出是需求管理计划。在学习本节内容之前,重要的是理解什么是需求。1990 年,IEEE 的软件工程标准词汇表定义"需求"如下。

(1) 用户解决问题或者达到目标所需要的一种条件或能力。

(2) 一个系统或系统组件为了符合合同、标准、规范或者其他正式提出的文档化的需求,必须满足或具备的条件或能力。

(3) 上述条件或能力的一份文档说明。

《PMBOK 指南》描述需求是指"根据特定协议或其他强制性规范,产品、服务或成果必须具备的条件或能力"。进一步的解释即需求"包括发起人、客户与其他项目干系人的量化和文档化的需求和期望。一旦项目开始执行,这些需求需要被获取、分析,并被详细记录在范围基线内而且进行度量"。

对于一些 IT 项目,将需求开发分成不同的类别——获取、分析、规范和验证四类会很有帮助。这些类别包括的活动涉及收集、评估和记录软件或包含软件产品的需求。用迭代法定义需求也很重要,因为它们在项目初期往往不清楚。参见文献[28]的配套网站建议阅读部分可获得更多信息。

需求管理计划是项目管理计划的组成部分,描述将如何分析、记录和管理项目和产品需求。根据文献[33],有些机构称为"商业分析计划"。需求管理计划的主要内容包括(但不限于):

(1) 如何规划、跟踪和报告各种需求活动。

(2) 配置管理活动,例如,如何启动变更,如何分析其影响,如何进行追溯、跟踪和报告,以及变更审批权限。

(3) 需求优先级排序过程。

(4) 测量指标及使用这些指标的理由。

(5) 反映哪些需求属性将被列入跟踪矩阵的跟踪结构。

11.1.3 收集需求

项目范围管理的第二步即收集需求,这通常是最困难的。不能准确定义需求的主要后果是重复工作,这很可能会耗费过半的项目总成本,特别是对于软件开发项目。如图 11.3 所示,在后续开发阶段才发现软件的缺陷并加以弥补,其成本比在收集需求阶段就发现并修正的成本要高得多。

问题是,人们往往没有做好收集和记录项目需求的过程。

收集需求的方法有很多。尽管与项目干系人一对一访谈成本高、耗时长,但是一种很有效的方法,而使用焦点小组会议、引导式研讨会、群体创新和决策技术来收集需求,比一对一访谈法更快、成本更低。问卷调查法是一种行之有效的方法,前提是关键干系人能够提供真实而全面的信息。观察法也是很好的收集需求技术,特别是对于需要改进工作流程或程序的项目。对于软件开发项目,原型法和文档分析法是常见的收集需求的技术,如语境图表,有助于明确一个项目或过程的接口或边界。基准测试是通过与执行机构的内部或外部的其

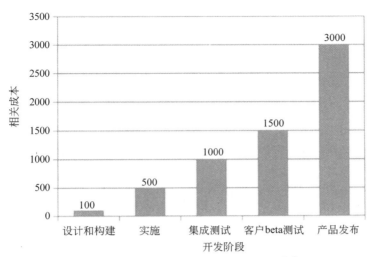

图 11.3　弥补软件需求缺陷的相关成本[28]

他项目或产品进行比较,以获得具体项目实践或产品特征的需求思路。

即使有很多方法可收集需求,但在软件项目中,工作人员在定义和管理需求时仍有相当大的难度,一项研究给出了下列有趣的数据。

(1) 88％的软件项目是增强现有的产品而不是创建一个新产品。

(2) 86％的受访者表示客户满意度是衡量项目开发成功的最重要的指标。82％的受访者认为客户和合作伙伴的反馈是产品创意和需求的主要来源。73％的受访者认为团队最重要的挑战是明确理解客户需求,其次是记录和管理需求。

(3) 75％的受访者至少管理 100 个项目需求,20％的受访者至少管理 1000 个项目需求。

(4) 70％的受访者至少花 10％的时间管理变更请求,30％的受访者在这些变化上花费超过 25％的时间。

(5) 大多数软件开发团队使用混合方法,26％的受访者使用瀑布式生命周期模型法或者改进的瀑布式模型法,19％的受访者使用敏捷技术。

(6) 83％的软件开发团队仍在使用微软办公应用,如用 Word 和 Excel 作为沟通需求的主要工具。

(7) 受访者在他们的愿望清单上列出"需求协作和管理软件"和"需求建模和可视化"作为两大软件工具,其次是测试管理和项目管理。

要花费多大的精力去收集需求,取决于项目的规模、复杂程度、重要性和其他因素。例如,如果一个团队正在为一家拥有五十多家地区分公司、数十亿美元资产的企业更新整个公司的会计系统,那么该团队应该花相当多的时间来收集需求。与之相反,对于为一家只有 5 名员工的小型会计公司而做的软件和硬件升级项目而言,就只需要花很少的精力收集需求。无论如何,对一个项目团队来说,决定如何收集和管理需求是非常重要的。

正如一个项目团队可以用很多种方法来收集需求,记录需求的方法也不少。项目团队最先阅读的应该是项目章程,因为它包含项目的高层需求或者指出其他列出需求的文件;他们也应该参考项目范围与需求管理计划;他们还应该查阅干系人记录与干系人管理计划;以保证在确定需求时所有关键干系人都有所表述。记录干系人需求的文档格式多种多样,既可以在一页纸上列出全部需求的清单,也可以是堆满整个房间的记录各种需求的笔记本。参加过复杂项目(如建造新飞机)的人员深知:一份记录飞机需求的文档比飞机本身更有价值!需求文档通常由软件生成,可以是文档、图像、程序、录像和其他媒介。需求经常被分为不同的类别,如功能需求、服务需求、性能需求、质量需求和培训需求。

除了将项目干系人需求文档作为需求收集过程的输出外,项目团队经常会创建需求跟踪矩阵。需求跟踪矩阵(Requirement Traceability Matrix,RTM)是列出各种需求、需求属性和需求状态的一种表格,以确保所有需求被跟踪。记住,需求跟踪矩阵的主要目的是通过对需求的分解、执行和验证来保持每个需求源的联系。可查询互联网或者查看文献[28]配套网站上更详细的 RTM 例子。

表 11.1 给出了第 10 章案例的需求跟踪矩阵样本。

表 11.1　需求跟踪矩阵样本

需求序号	名　　称	种类	需　求　源	状　　态
R32	笔记本电脑内存	硬件	项目章程和公司笔记本电脑说明书	已完成。根据需求订购了16GB 内存的笔记本电脑

11.1.4　定义范围

项目范围管理的下一步是要进一步定义项目所需要开展的工作。合理的范围定义对项目的成功非常重要,因为项目定义有助于提高时间、成本及资源估计的精确度,定义绩效测量及项目控制的基线,帮助厘清和明确工作职责。在范围定义中,使用的主要工具及技术包括专家判断、产品分析、可供选择的工作方法识别和引导式研讨会等。例如,一个新产品开发技术可以由用户、开发者和销售人员加入一个面对面的会议或虚拟会议来交换新产品开发的思想。范围定义的主要输出是项目范围说明书和项目文档更新。

项目范围说明书的关键输入包括项目章程、范围管理计划、需求文档、组织过程资产(如政策、范围说明书的相关程序)、项目文件以及以前做过的类似项目的经验教训。

尽管项目范围说明书的内容各异,但至少应该包括产品范围描述、用户可接受的产品指标、所有可交付成果的详细信息。它还有助于将其他与项目范围相关的信息文档化,如项目界限、项目的限制条件和假设条件。项目范围说明书也应参考一些支持性的文档,如产品的具体说明,它会影响到生产或购买什么样的产品或公司政策,它可能影响到如何提供产品或服务。许多 IT 项目需要开发软件的详细功能和设计规范,这些都应该作为参考编入范围说明书中,将范围说明书逐步细化。

这里需要注意的是,项目范围说明书常常参考相关文档,如产品规范、产品手册或是其他计划。随着越来越多的信息可利用,与项目范围相关的决策也被制定出来,如特定产品的购买或是被批准的变更,项目团队应该不断更新项目范围说明书。他们可以为不同的范围说明书命名为版本 1、版本 2 等,这些更新同样可能需要对其他项目文档进行变更,例如,如果这个公司需要从一个以前从未交易过的供应商那里购买服务器,采购管理计划就应该包括有与新供应商合作的信息。

一份最新的项目范围说明书就是一份关于开发和确认项目范围以达成共识的重要文档。这份说明书详细描述了项目中需要完成的工作,同时它也是一个保证客户满意和防止范围蔓延的重要工具,这些内容将在本章的后续部分进行讲述。

回顾第 9 章所述,强调项目管理的三项约束(满足范围、时间和成本目标)是非常重要的。时间和成本目标通常是很明显的,例如,IT 升级项目的时间目标是 9 个月,成本目标是 150 万美元。而描述、同意和满足项目的范围目标要困难得多。

◇ 11.2　创建工作分解结构

在收集需求和定义范围之后,项目范围管理的下一步骤是创建一个工作分解结构。工作分解结构(Work Breakdown Structure,WBS)是把项目可交付成果和项目工作分解成较小、更易于管理的组件的过程。由于大多数项目都包括很多人和不同的可交付成果,因此将工作按照实施的顺序进行逻辑分解是十分重要的。WBS 是项目管理中的基础文档,由于它提供了计划和管理项目进度、成本、资源和变更的基础。WBS 定义了项目的总体范围,因而一些项目管理专家认为如果不包含在 WBS 中的工作就不应该去做。因此,创建一个好的 WBS 是至关重要的。

创建 WBS 的主要输入是项目范围管理计划、范围说明书、需求文档、企业环境因素和组织过程资产。其主要的工具或技术是分解,也就是说,把项目可交付成果划分为更小的部分。创建 WBS 的过程输出是范围基线和项目文档更新,基线范围包括批准的项目范围说明书和与之相关的 WBS 以及 WBS 字典。

WBS 一般被刻画成一个基于任务的活动树,类似于结构图。项目团队总是围绕项目产品、项目阶段或是使用项目管理过程组来对 WBS 进行编写。很多人偏好创建图表格式的 WBS,它可以先帮助他们看到项目的整体和所有的主要部分。例如,图 11.4 展示了一个内部局域网项目 WBS,注意产品区域是机构的基础。在这个案例中,开发网站设计、企业内网主页、市场部的网页和销售部的网页都包括基于 WBS 的主要框图或分组。

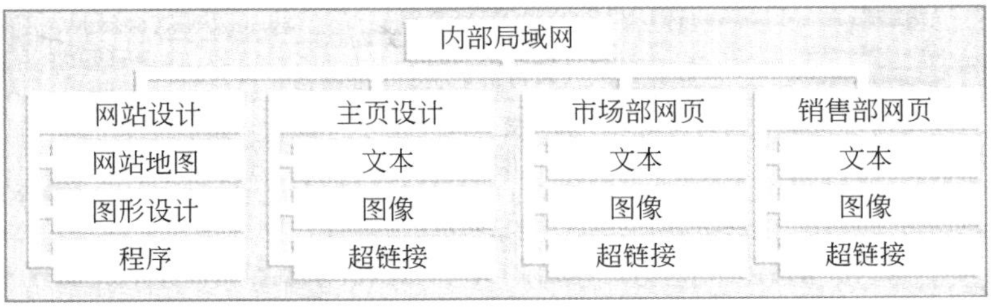

图 11.4　按产品编写的内部局域网 WBS 示例

与之相对应,同样的内部局域网项目的 WBS 也可以围绕项目阶段创建,如图 11.5 所示。

注意项目阶段的概念、网站设计、网站开发、正式上线和技术支持阶段为它的机构提供了基础。

注意图 11.5 中的层级。整个项目的名称是最高层级,即层级 1,下一层级称为层级 2,是层级 1 的主要分支,包含工作的主要分组。层级的序号是根据项目管理协会(PMI)的《工作分解结构实践标准》编制的。这些分支都可以分解为若干子分支,以体现工作任务的等级。PMI 用"任务"来表示 WBS 中每一个层级的工作。例如,在图 11.5 中,以下层级的内容

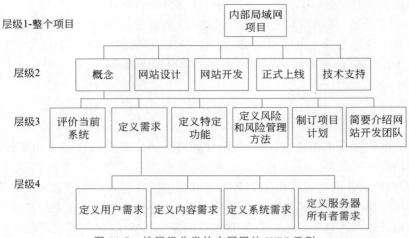

图 11.5　按层级分类的内网网站 WBS 示例

都可用"任务"命名：层级 2 的内容称为"概念"，层级 3 的内容称为"定义需求"，层级 4 的内容称为"定义用户需求"，被进一步分解为子任务的任务称为概要任务。

图 11.5 是分别用图表和表格形式制作的 WBS 样本，注意，两种形式包含的信息是相同的。许多文件（如合同）都使用这种表格形式，项目管理软件也使用这种格式。WBS 成为在微软 Project 中的任务名称栏的内容，任务的层次或级别在软件内是通过任务缩进和编号显示的。表格形式编号的显示基于《工作分解结构实践标准》。在微软 Project 2013 中的自动编号功能使用这个标准，但并不是所有软件都是如此。一定要和你的机构检查看看哪种编号方案更适合用来做工作分解结构。为了避免混淆，当涉及 WBS 时决定哪种编号方案并使用它是很重要的。

第 10 章案例的 WBS 示例如图 11.5 所示。

案例采用 PMI 标准编号的形式如图 11.6 所示。

1.1 概念

    1.1.1 评价当前系统

    1.1.2 定义需求

        1.1.2.1 定义用户需求

        1.1.2.2 定义内容需求

        1.1.2.3 定义系统需求

        1.1.2.4 定义服务器所有者需求

    1.1.3 定义特定功能

    1.1.4 定义风险及风险管理方法

    1.1.5 制订项目计划

    1.1.6 简要介绍网站开发团队

1.2 网站设计

1.3 网站开发

1.4 正式上线

1.5 技术支持

图 11.6　案例采用 PMI 标准编号的形式

还要确定如何为 WBS 条目命名,一些机构仅适用名词来定义。例如,WBS 将会将"定义需求"说成"需求的定义"。请记住,WBS 的主要目的是定义完成项目所需的所有工作,因此请注意遵循机构的结构指南。

在图 11.6 中,WBS 的最底层为层级 4,一个工作包为 WBS 最底层的一项任务。在图 11.6 中,任务 1.1.2.1、1.1.2.2、1.1.2.3 和 1.1.2.4(基于左侧的编号系统)都是工作包。其他任务很可能被进一步分解,但是 WBS 的层级 2 或层级 3 的一些任务可以保留,其他的可能要分解为层级 5 或层级 6,这要根据工作的复杂程度而定。

工作包代表了项目经理用来监控项目的工作层级,也可以把工作包理解为问责制和汇报的实施单元。如果一个项目要在短期内完成,并且需要按周做进度报告,那么一个工作包可能代表一周或更短时间的工作。如果一个项目进行时间较长,需要按季度做进度报告,那么一个工作包可能代表一个月或更长时间的工作。工作包也可能是一种或多种具体产品的采购,比如从外部购买这些产品。一个工作包应在适当的级别定义,以便项目经理可以明确地估计完成它所需的努力,估计所需资源的成本,以及评价工作包完成后成果的质量。

另一学生实践项目《基于 STM32 的收音机组装任务》项目分解结构 WBS 如图 11.7 所示。

项目名称:基于 STM32 的收音机组装
1.0 项目前期需求
1.1 项目需求收集
1.2 调研
1.2.1 前人经验
1.2.2 创新理念
1.3 写调研报告
1.4 项目计划书
2.0 设计过程
2.1 画图
2.2 购买零件
2.2.1 网络购买
2.2.2 现场购买
2.3 按技术图组装
3.0 实验过程
3.1 实验平台布置
3.2 整体外形展示
3.3 接收信号
3.3.1 收听具体节目
3.3.2 耳机测试
4.0 总结报告
4.1 实验过程描述
4.2 实验错误修正
4.2.1 实验过程错误总结
4.2.2 如何修正的经验
4.3 实验心得

图 11.7　基于 STM32 的收音机组装任务项目分解结构(WBS)

使用项目管理软件时，可以仅输入估算工期在项目软件的工作包层级，而 WBS 中其他部分只是分组或是概要的工作包任务。基于每个工作包的数据输入和 WBS 的层级，软件可以自动为不同 WBS 层级计算工期估计。

图 11.8 显示了第 10 章案例面向阶段的内部局域网 WBS，这一工作分解结构使用与图 11.8 相同的编号计划，并且使用微软软件 Project 制作甘特图。从图中可以看出，WBS 是项目进度的基础。注意工作分解结构位于任务名称栏下方图示的左边，相应的时间进度位于右边。

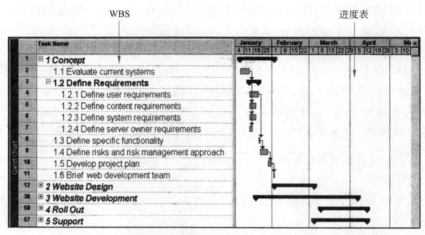

图 11.8　使用微软 Project 制作的 WBS 和甘特图

示例中的 WBS 看上去很容易构造和理解，然而，随着项目需求的增加和项目资金的增多，创建一个良好的 WBS 是非常困难的。创建一个良好的 WBS，必须先理解这个项目以及项目的范围和干系人的需求与知识。项目经理和项目团队必须组成一个整体来决定如何分解工作以及 WBS 中包含多少层级。

图 11.9 给出了某建筑项目中 WBS 成本分析示例。

虽然许多项目经理发现，在陷入更多详细层级之前，他们应更专注于做好顶层工作，但是当项目被定义得恰当且足够详细时，在范围、时间、成本方面获得更准确的估算也是事实。在高层级的操作会增加项目风险，因此通过在项目执行之前充分考虑项目的细节，即定义 WBS 的越深层级就越能抵消这种风险。

许多人将 WBS 中的任务与具体工作混淆了。WBS 中的任务指的是完成项目所必须完成的工作。例如，如果需要为重新设计厨房做一个 WBS，那么层级 2 可能包括设计、采购、地板材料、墙壁、厨具及设施。但在"地板材料"这一条目下，可能还有很多工作要做，例如，要去除旧地板材料，铺上新材料及配饰等。你不会一下细化到如"15cm×40cm 胡桃木"或"地板必须很温馨"这样的任务。

在创建 WBS 时另外一个需要关注的问题是，如何编写一个 WBS 从而让它能够为项目进度提供基础。你所要关注的焦点是什么工作要做以及如何去做，而不是何时去做。换句话说，任务不用按照顺序列表一步一步完成。如果的确需要一些按照时间为基准的作业流程，可以用项目管理过程组来创建 WBS，即将启动、计划、执行、监控和收尾作为 WBS 的层级 2。通过这样的方式，不仅项目团队有着一个很好的项目管理方案，而且 WBS 任务也可

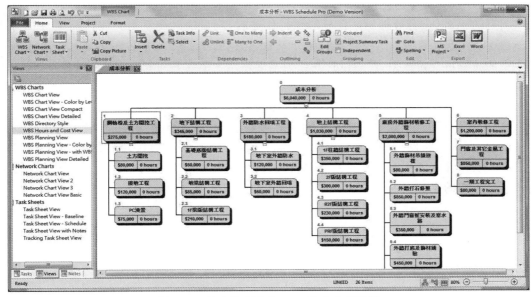

图 11.9　某建筑项目中 WBS 成本分析示例

以更加轻松地按照时间刻画出来。例如,图 11.10 显示了一个内部局域网项目通过以上的 5个项目管理过程组来编写的 WBS 和甘特图。启动过程组包括选择项目经理、组成项目团队和制定项目章程。计划过程组包括制定范围说明书、创建 WBS 和开发及再定义其他计划,开发及再定义其他计划对于一个真实的项目而言将被进一步细分。执行过程组包括概念、网站设计、网站开发和正式上线,这些在图 11.5 中原本是 WBS 中层级 2 中的条目,在这里变成了 WBS 中层级 3 的条目。任务执行的差别随项目不同而不同,但很多在项目管理过程组下的任务对所有项目都是相似的。如果不使用 WBS 中的项目管理过程组,可以使用第 2 层项目管理分类确保项目管理相关的任务都已经解决了。记住所有的工作都必须包含在 WBS 中,包括项目管理任务。

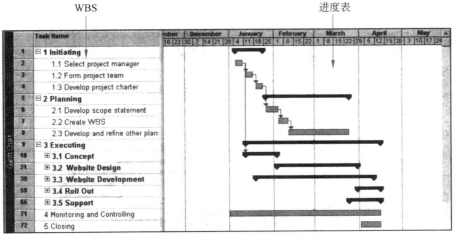

图 11.10　利用项目管理过程组制作的 WBS 和甘特图

在第 10 章晶科咨询公司就是使用了项目管理过程组作为层级 2 的条目来对项目管理内网项目的 WBS 进行处理的。在分解执行任务时，项目团队要重点关注产品的可交付成果。图 11.11 呈现了项目团队使用的部分 WBS 中的分类。一些项目团队喜欢列出他们所要生产的所有可交付成果，然后以这些作为基础创建全部或者部分的 WBS。这里回忆一下范围说明书应该罗列并描述所有项目需求的可交付成果。确保项目章程、范围说明书、WBS 和甘特图之间的一致性对精确界定项目范围是非常重要的。

将整个项目团队和客户发动起来创建和评估 WBS 也是非常重要的，做这项工作的人应该创建 WBS 来帮助计划整个工作。让项目团队成员经常开会讨论得到一个 WBS 可以让所有人明白什么工作必须做以及如何做。同样，这也有助于识别在哪些不同工作包之间的协调是必需的。

3.0 执行
3.1 调研
3.2 用户输入
3.3 内网网站内容
    3.3.1 模板和工具
    3.3.2 文章
    3.3.3 链接
    3.3.4 专家咨询台
    3.3.5 用户需求
3.4 内网网站设计
3.5 内网网站建设
3.6 网站测试
3.7 网站推广
3.8 网站正式上线
3.9 项目收益度量

图 11.11　晶科咨询公司 WBS 中的执行任务

11.2.1　制定工作分解结构的方法

案例：IT 升级项目

创安公司项目经理何婉如主持了首次项目团队会议，意在为 IT 升级项目构建工作分解结构。这个项目对于公司正在开发的几项高度优先的并且以互联网为基础的应用软件来说非常有必要。这个 IT 升级项目要在 9 个月内创建并实施一项计划，以发挥所有员工的信息技术技能，来满足公司新的标准。这些标准详细说明了每台台式计算机或笔记本电脑所需要的最少设备，包括处理器类型、存储量、硬盘大小、网络连接类型以及软件。何婉如知道要实施升级项目，必须首先掌握整个公司内 2000 名员工当前所有的硬件、网络及软件的详细清单；何婉如已经同其他利益相关者一起制定了项目章程以及初步范围指南说明书。这个项目章程包括项目的大致费用及时间进度估计，还有关键利益相关者的签名；初步范围说明书除提供了与项目范围相关的信息外，还在界定硬件、软件及网络需求方面开了一个好头。

何婉如及其团队和其他利益相关者召开了电话会议，以进一步界定项目范围，包括项目涉及内容、谁将做些什么以及如何避免潜在的范围蔓延。她想获取每个人对上述各方面的意见。公司新上任的行政总裁杨爱国,一直以来都密切关注如此重要的项目。公司已经开始使用一种新型的项目管理信息系统。这一系统能使每个人都能详尽、高水平地了解项目实施的状态。何婉如知道,建立一个好的工作分解结构是项目范围管理、时间管理和成本管理取得成功的基础,但是她从未领导过项目团队去构建工作分解结构,或者是根据工作分解结构来分摊费用,何婉如应该从哪里入手呢?

有很多方法可以帮助制定工作分解结构(WBS)。

1. 使用指南

如果有开发 WBS 的指南,那么按照这个方法去做十分重要。一些机构,如美国国防部(DOD)为特定项目制定了 WBS 的格式和内容。很多 DOD 的项目都需要承包方填写基于DOD 提供的 WBS 模板方案。这些方案必须包括对 WBS 中的每个任务详细的和概要性的成本进行估计,整个项目的成本必须由所有较低层次的 WBS 任务求和计算得到。DOD 的人员在评估成本建议时,必须将承包方的成本和 DOD 的估计值相比较。某个 WBS 在任务成本上有很大偏差往往意味着在必须完成的工作方面出现了问题。

下面来看一个美国空军大型自动化项目的案例。20 世纪 80 年代中期,空军开发了一个为当地建立一个实时网络从而自动控制 15 家空军系统指挥基地的方案。这个价值 2.5亿美元的项目包括为空军系统之间分享如契约、规范、请求建议等文件所需要的硬件和开发的软件。空军方案的指南包括承包方在提出它们成本建议时必须遵守的 WBS,WBS 条目中的第 2 层级包含硬件、软件的开发、培训和项目管理,硬件由第 3 层级的子项构成,如服务器、工作站、打印机和网络硬件。空军人员比较了承包方的成本建议和基于 WBS 的自身内部成本估计,这样一份事先制定好的 WBS 可以帮助承包方准备它们的成本估算以及便于空军进行评估。

很多机构开发 WBS 时是提供指南和模板的,同样也提供过去项目的 WBS 样例。微软Project 有相关模板,在微软的专用网站上还可以找到更多的模板。在许多会员的要求下,PMI 最近开发了一个 WBS 实践标准来为制定和应用 WBS 提供指导。这个文件包含 WBS样例库,涵盖了很多工业领域的各种项目类别,包括网页设计、电信、服务业外包和软件实现。

项目经理和他的团队应该仔细查阅合适的信息用以更加有效地开发他们独特的 WBS。例如,在本章案例中,何婉如和她的主要团队成员应该仔细阅读他们公司的 WBS 准则、模板和其他相关的信息,在他们的团队例会中创建他们的 WBS。

2. 类比法

另一种构建 WBS 的方法是类比法。在类比法中,采用一个相似项目 WBS 作为出发点。例如,本章案例中的何婉如可能会发现她所在机构的供货商之一曾经之前做过一个类似的 IT 升级项目,她可以请求该项目的成员分享那个项目的 WBS 信息从而为她自己的WBS 提供一个起点。

麦道航空公司提供了一个使用类比法创建 WBS 的案例。麦道公司曾经设计并制造过多种不同的航空飞行器。在为一种新飞行器设计 WBS 的时候,麦道公司使用了 74 种基于过去经验的子系统来帮助建造该飞行器。有一种 WBS 层级 2 中的飞机外壳由一些层级 3中的组件构成,如前部机身、中部机身、尾部机身和机翼。这样一个普通的以产品为导向的WBS 为定义新飞行器项目的范围和开发新飞行器的成本估计提供了一个起始点。

一些机构提供了数字仓储将 WBS 和其他一些项目相关文档保存起来辅助相关项目的完成，Project 和其他软件工具都带有示例文件辅助使用者创建 WBS 和甘特图。参考类似项目的 WBS 例子可以让你理解创建 WBS 的不同方法。

3. 自上而下和自下而上的方法

其他两个创建 WBS 的方法是自上而下法和自下而上法，多数项目经理认为自上而下创建 WBS 的方法是常用的方法。

自上而下法是从项目最大的条目开始，将它们分解为次一级的条目。这个过程实际上就是对于工作的进一步细分。例如，图 11.5 显示了在内部局域网项目中工作是如何被分解到层级 4 中去的。在这个过程完成之后，所有的资源必须分配到工作包层面。自上而下法最适用于那些对于整个项目有广泛技术洞察力和宏观视野的项目经理使用。

在自下而上法中，项目团队成员首先识别尽可能多的与项目有关的具体任务。随后，将这些具体的任务集中并总结成概要任务或 WBS 中的较高层次。例如，一个项目团队正在筹划建立一个电子商务的 WBS，他们可以将创建这个项目所需要的详细任务列举出来，而不是遵循类似项目作为指南来创建 WBS。在列举完这些任务之后，他们就应该将这些任务进行归类。然后，将这些分类进一步归类至更高的层次类别中去。一些人认为将所有的可能任务都写在便笺上并贴在墙上，可以有效地帮助他们看清项目的全部工作需求以开发执行工作的合理分组。例如，项目团队里的业务分析师可能会认为，在电子商务的项目中他们需要定义客户需求和内容需求。这些任务可能是需求文档的一部分并作为项目的可交付成果而创建。项目团队里的硬件专家可能会指出他们必须定义系统需求和服务器需求，这些也都将作为需求文档的一部分。作为一个团队，他们考虑将四项任务放在称为"定义需求"这样一种更高的层次项下，最终产生的可交付成果是需求文档。随后，他们可能会发现为电子商务应用定义需求应该在更加宽泛的类别概念设计下进行，同时也要考虑其他和设计概念相关的任务分组。自下而上法通常是非常耗费时间的，但也是一个很有效的创建 WBS 的方法。项目经理通常运用自下而上的方法描述整个全新系统，或作为完成工作的方法，或协助创建团队共识互信。

4. 思维导图法

一些项目经理喜欢使用思维导图法来帮助开发 WBS。思维导图法是一种从核心思想向外辐射出分支的技术，将思想和想法结构化。与写任务列表或直接尝试创建任务结构不同的是，思维导图法可以让人们用非线性的格式写甚至画出自己的想法图。用这种形象直观、结构限制少、先定义再分组任务的方法可以发挥个人的创造性，并提高团队成员的参与度和士气。

图 11.12 显示了如何使用思维导图法来为本章案例中的 IT 升级项目制作 WBS。这个图用 MatchWare（www.matchware.com）开发的 Mind View 4.0 商业版创建。图中央的矩形代表了整个项目，从中心辐射出去的 4 个主要的分支代表了 WBS 中的主要任务或层级 2 的条目。使用此思维导图的人们在绘制这幅图时可能会扮演不同的角色，这样的分工可以帮助敲定最终的任务决策和 WBS 结构。例如，何婉如对所有的项目管理任务都很关注，同时她也知道这些任务会在一个独立的预算分类中记录下来。类似地，熟悉获取或安装硬件、软件的人可能会关注获取或安装工作等。从主要任务分支的任务"更新库存"包含两项子任务——"满足实物库存"和"升级数据库"。"满足实物库存"继续分支得到三个子分类任务，

标记为建筑物 A、建筑物 B 和建筑物 C。直到想不出还有什么工作需要做了,团队才会不再继续增加分支条目。

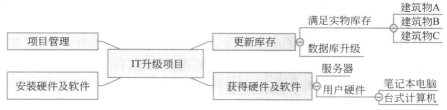

图 11.12　思维导图法创建 WBS 的示例

使用思维导图法制定 WBS 条目及结构后,可以将有关信息转换成如前所述的图表或表格形式。Mind View 商业版软件的一个特点是,单击一个图标就可以把思维导图转换成甘特图。思维导图基于 WBS 提供任务列表,Mind View 也可以让用户输入任务的信息(如依赖性和持续时间)来完成一个完整的甘特图。用户也可以导出自己的思维导图到微软 Project 中,在任务列表栏中输入"WBS",结构会基于思维导图自动创建。图 11.13 显示了 IT 升级项目在 Mind View 4.0 和 Project 2013 中的甘特图。关于使用 Mind View 4.0 和 Project 2013 的更多信息可参见文献[28]。

Mind View 4.0 甘特图

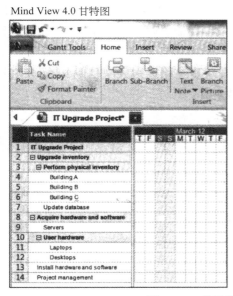

Project 2013 甘特图

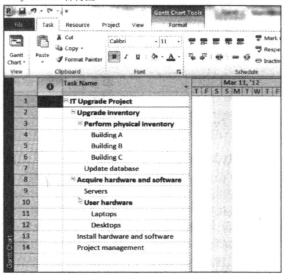

图 11.13　从思维导图生成的带 WBS 的甘特图

可以使用思维导图法来描述用自上而下法或是自下而上法创建的 WBS。例如,可以通过思维导图法为一个完整的项目在文档中列出全部内容,从中心辐射出主要的分类分支,随后按照子类进一步进行合理的分支。也可以开发一个独立的思维导图文件,对于每一个可交付成果而言,将它们置于文档的中央,然后用其他思维导图环绕文档,或者也可以不用严格按照自上而下或是自下而上的方法在思维导图的任何位置添加子项。当思维导图完成之后,就可以将它们转换为 WBS 的图表格式。

11.2.2　WBS 字典

正如从这些 WBS 示例中所看到的，很多罗列的条目都很含糊。例如，"升级数据库"到底是指什么？负责这项工作的人可能认为不需要再进一步说明这个短语了，这样已经很清楚了。然而，这个任务需要更加详细的说明从而让所有人都能够和负责人有相同的理解。如果其他人加入并从事这项任务，该让他做些什么呢？完成这项工作将会付出多少成本呢？更加详细的信息在回答这样的和其他类似的问题时是必须要有的。

WBS 字典是一个描述 WBS 每项条目详细信息的文件。在这种情况下，不应与定义术语或缩略语的术语字典相混淆，这样的定义属于一个词汇表，将被纳入项目文档中的其他地方；相反，WBS 字典的定义所涉及的是对工作任务的阐明，使得 WBS 中的摘要说明能够更容易被理解和执行。

根据项目需要的不同，WBS 字典的格式也是可以变化的。有时仅用简短篇幅描述一个工作包就可以了，但对更加复杂的项目而言，每个工作包的描述可能是一整页内容甚至更多。一些项目可能会要求每一个 WBS 条款都要描述相关的机构、资源需求、成本估计、与其他活动的依赖性等信息。项目团队通常查看类似任务中的 WBS 词典条目，以更好地了解如何创建条目。

在上述案例的 IT 升级项目中，项目经理何婉如应该和团队及项目发起人一起共同决定 WBS 词典所需要的详细程度，他们还应当确定这些信息需要输入到哪里，以及如何进行更新。项目团队通常会参考类似任务的 WBS 字典条目，以便更好地了解如何编制这些条目。对 IT 升级项目来说，何婉如和她的团队决定遵循部门的相关指南，将所有 WBS 字典的信息输入公司的项目管理系统，图 11.14 是一个 WBS 字典条目的示例。

WBS 字典条目 3 月 20 日
项目标题：信息技术（IT）升级
项目 WBS 条目号：2.2
WBS 条目名称：数据库升级
描述：IT 部门维护公司内部局域网硬件和软件的在线数据库。然而，在决定为此次升级定制之前，必须确保精确地了解员工当前正在使用的硬件配置和软件，以及他们是否有特殊要求。此任务包括再审读一下当前数据库的信息，写出罗列各部门员工及位置的报告，在进行实物盘点和获得来自各部门经理的输入信息后，升级数据。我们的项目发起人将要求部门经理为他们有可能直接影响升级的任何特殊要求提供信息。此任务也包括为网络硬件和软件更新库存清单。在更新库存清单后我们会发送电子邮件给每个部门经理，以按需要修改信息及改变在线信息。部门经理在进行实物盘点期间负责确保有足够的人员在场，并且他们能相互合作。完成此任务的语句是 WBS 条目号 2.1-进行实物盘点，并且必须在 WBS 条目号 3.0-获取硬件和软件之间进行。

　　批准的项目范围说明书和与之相关的 WBS 和 WBS 字典构成了范围基线，实现项目范围目标的绩效就是基于这样的范围基线。

图 11.14　WBS 字典条目示例

11.2.3　创建 WBS 和 WBS 字典的建议

如前所述，创建一个好的 WBS 不是一件容易的工作，通常需要多次反复修改，最好是采用一些方法组合来创建一个项目的 WBS。然而,创建优秀的 WBS 及其字典存在着一些基本的原则。

(1) 每个单元的工作应该在 WBS 中只能出现一次。

(2) WBS 条目中的工作内容是该条目以下所有条目之和。

(3) 每个 WBS 条目都只对应一个负责人,虽然很多人可能都在做这项工作。

(4) WBS 和工作时间如何执行必须保持一致:首先要服务于项目团队;在实用性的前提下,其次才考虑其他的目的。

(5) 项目团队成员应该全身心投入 WBS 的创建中去从而确保连贯性和大宗买进。

(6) 每一个 WBS 条目都必须记录在 WBS 字典中,确保精确理解条款包括或不包括的工作范围。

(7) WBS 必须对于不可避免的变更能够柔性适应,同时要按照范围说明书的内容保持对于工作内容的控制。

◈ 11.3　项目干系人管理

11.3.1　项目干系人的定义

干系人是参与项目活动或受其影响的那些人。《PMBOK 指南》将这一定义扩展如下:"项目干系人,是可能影响项目或被项目影响,或感觉自己会被项目的决定、活动或结果影响的个人、团队或组织。"干系人可以分为内部干系人或外部干系人。

内部干系人通常包含项目发起人、项目团队、支持人员以及项目的内在客户。其他的内部干系人包含高层管理人员、其他职能经理和项目经理(因为机构的资源是有限的)。

外部干系人包含项目的客户(如果他们在机构外部),可能包含在项目中或可能被项目影响的竞争对手、供应商和其他外部小组,如政府官员和有关公民。

下面就项目潜在的干系人提供了一个更详细的列表。

(1) 项目群主管。

(2) 项目群经理。

(3) 项目经理。

(4) 项目经理的家庭。

(5) 发起人。

(6) 客户。

(7) 执行机构。

(8) 机构的其他员工。

(9) 工会。

(10) 项目团队成员。

(11) 项目管理办公室。

(12) 治理委员会。

(13) 供应商。

(14) 政府监管机构。

（15）竞争对手。

（16）对项目感兴趣的潜在客户。

（17）代表消费者、竞争有限资源的团队或个人。

（18）追求的目标与本项目不同的团队或个人。

在第 10 章案例中，艾丽丽知道，正式启动管理局域网网站项目的主要任务是识别所有项目干系人并指定项目章程。根据参考文献[29]，表 11.2 说明了这些过程及输出，主要输出包括项目章程和干系人登记表。艾丽丽还发现一个启动项目的关键输出，即干系人管理策略和一个正式的项目启动会议。针对这个项目，我们提供了创建这些输出的说明，以及每项输出的相关文件样本。每个项目和机构都是独一无二的，所以并不是所有的项目章程、干系人登记表以及其他输出看起来都相同。在后面的章节中会看到一些此类文件的样本。

表 11.2　项目启动的知识领域、启动过程和输出[29]

知 识 领 域	启 动 过 程	输　　出
项目集成管理	制定项目章程	项目章程
项目干系人管理	项目干系人识别	项目干系人登记表

11.3.2　制作项目干系人登记表的方法

第 10 章案例中高福泉和艾丽丽制定了初步的合同，随后艾丽丽在项目干系人登记表记录下干系人的角色、姓名、机构以及联系方式。项目干系人登记表是指记录已经识别的干系人相关细节的文件。这个文档可以采取多种形式，包括以下信息。

- 识别信息：干系人的名字、职位、工作地点、在项目中的角色和联系信息。
- 评估信息：干系人的主要需求和期望、潜在的影响和干系人最感兴趣的项目阶段。
- 干系人分类：干系人是机构内部或外部的？干系人支持项目还是反对项目？

表 11.3 给出了一个初步的项目干系人登记表的部分示例。因为这份文件是公开的，艾丽丽在编写时很谨慎，避免包含一些敏感信息，例如，干系人对项目的支持力度和对项目的潜在影响。她会将这些敏感信息单独记下，以制定项目干系人管理策略。

表 11.3　项目干系人登记表

姓名	职　　位	内部/外部	角色	联系方式
高福泉	首席执行官	内部	发起人	joe_fleming@jkconsulting.com
艾丽丽	项目管理办公室主管	内部	项目经理	erica_bell@jkconsulting.com
陈尔生	项目组成员	内部	项目组成员	michael_chen@jkconsulting.com
金方平	业务分析师	外部	顾问	kim_phuong@client1.com
李依馨	PR 主管	内部	顾问	louise_mills@jkconsulting.com

11.3.3　制定项目干系人管理策略

项目干系人分析是一种在整个项目中帮助理解和增加项目干系人支持度的方法。项目干系人分析的结果会被记录在干系人登记表中或者单独的干系人管理策略中。这种策略包括的基本信息有干系人的姓名、干系人的相关程度、对项目的影响程度以及从特定的干系人那里获得支持或减少潜在阻碍的管理策略。因为这些都属于敏感信息,需要视为机密。一些项目经理甚至不会在文件中写入这些信息,但仍会慎重考虑,因为项目干系人管理是其工作的重要组成部分。表 11.4 截取了艾丽丽针对内网项目创建的项目干系人管理策略的一部分作为样本。

表 11.4　项目干系人管理策略影响程度潜在的管理策略

姓名	利益相关度	影响程度	潜在的管理策略
高福泉	高	高	高福泉喜欢关注关键项目的顶层问题和收益情况。召开很多简短的、面对面的会议,致力于获取项目的财务收益
李依馨	低	高	李依馨有很多需要花时间做的事情,而且她看起来对这个项目并不积极。她可能在寻找其他的工作机会。说明该项目如何给公司和她个人工作简历带来帮助

◆ 小　　结

本章介绍了项目范围管理过程和过程输出模板,项目需求收集和范围定义,如何使用 Project 创建工作分解结构 WBS,任务分解的常用方法以及如何制作项目干系人管理表,为更好地计划和实施项目打下基础。

◆ 习　　题

1. WBS 工作分解结构的英文全称是什么?

2. 什么是项目范围管理?

3. 基于上次作业中使用的项目,按照项目阶段、管理过程组或者思维导图的方式创建 WBS 并制作甘特图。选择其一种方式即可。可使用 Project 2013 使用指南制作甘特图。参考文献中的微软 Project 2013 使用指南。要求在一张表上同时完成 WBS 分解和甘特图,每人一份,下次上课前将电子版发到教师邮箱。

4. 举例说明由于缺少范围管理导致的项目失败案例。

5. 请回顾你所参加的大学生创新创业项目范围管理规范。

6. 在什么过程中需要制作 WBS?

7. 麦当劳餐厅 2001 年开始了构建内部局域网项目。此局域网将总部与所有的餐厅联系起来,可以实时提供详细的运营信息。在花费了 1.7 亿美元用于咨询及初期执行计划后,麦当劳认识到要控制这一项目太难了,并终止了它。为什么?

8. 希赛信息技术有限公司原本是一家专注于企业信息化的公司,在电子政务发展形势大好的时候,开始投入电子政务行业。在电子政务市场中,接到的第一个项目是开发一套工商审批系统。由于电子政务保密要求,该系统涉及两个互不联通的子网:政务内网和政务外网。政务内网中存储着全部信息,其中包括部分机密信息;政务外网可以对公众开放,开放的信息必须得到授权。系统要求在这两个子网中的合法用户都可以访问到被授权的信息，访问的信息必须是一致可靠的，政务内网的信息可以发布到政务外网，政务外网的信息在经过审批后可以进入政务内网系统。张工是该项目的项目经理，在捕获到这个需求后认为电子政务建设与企业信息化有很大的不同，有其自身的特殊性，若照搬企业信息化原有的经验和方案必定会遭到惨败。因此采用了严格瀑布模型，并专门招聘了熟悉网络互通互联的技术人员设计了解决方案，在经过严格评审后实施。在项目交付时，虽然系统完全满足了保密性的要求，但用户对系统用户界面提出了较大的异议，认为不符合政务信息系统的风格，操作也不够便捷，要求彻底更换。由于最初设计的缺陷，系统表现层和逻辑层紧密耦合，导致 70% 的代码重写，而第二版的用户界面仍不能满足最终用户的要求，最终又重写部分代码才通过验收。由于系统的反复变更，项目组成员产生了强烈的挫折感，士气低落，项目工期也超出原计划的 100%。

（1）请对张工的行为进行点评。

（2）请从项目范围管理的角度找出该项目实施过程中的主要管理问题。

（3）请结合你本人的实际项目经验，指出应如何避免类似问题。

9. 假设何婉如的团队成员将升级的计算机交付给用户作为 IT 升级的一部分。可能有几个用户会提出抱怨，因为计算机没有他们由于医学需要的特殊键盘。这该怎么办？（有关人员会商讨这一变更需求，并采取相应的纠正措施，如在得到项目发起人的许可后购买特殊的键盘。）

10. 何婉如该如何使用项目范围管理来计划开展 IT 升级项目？

项目计划和时间管理

◇ 12.1　项目计划过程

计划过程通常是项目管理中最困难的一个过程。因为计划时还难以清晰得到项目的利益，所以许多人对计划持消极态度。项目计划的主要目的是指导项目的执行。为了指导项目的有效执行，计划必须实际且可执行，所以计划过程中间需要投入大量的时间和精力。

表 12.1 按照《PMBOK 指南》列出了项目管理的知识领域、过程和项目计划的输出。如果你计划去获得 PMP 或者 CAPM 认证，那本章出现的表格会有助于你获得认证。项目计划过程组在十大知识领域有许多输出资料，本章列出了晶科咨询公司的项目管理内网项目的部分计划文档。

表 12.1　计划过程和输出

知 识 领 域	计 划 过 程	输　　出
项目集成管理	制订项目管理计划	项目管理计划
项目范围管理	计划范围管理	范围管理计划 需求管理计划
	收集需求	需求文档 需求跟踪矩阵
	范围定义	项目范围说明书 项目文档更新
	创建 WBS	范围基线 项目文档更新
项目时间管理	计划进度管理	进度管理计划
	活动定义	活动列表 活动属性 里程碑列表 项目管理计划更新
	活动排序	项目进度网络图 项目文档更新
	活动资源估算	活动资源需求 资源分解结构 项目文档更新

知 识 领 域	计 划 过 程	输 出
项目时间管理	活动工期估算	活动工期估算 项目文档更新
	制订进度计划	进度基线 项目进度表 进度数据 项目日历 项目管理计划更新 项目文档更新
项目成本管理	计划成本管理	成本管理计划
	成本评估	活动成本估算 估算依据 项目文档更新
	指定预算	成本基线 项目资金需求 项目文档更新
项目质量管理	质量管理计划	质量管理计划 过程改进计划 质量衡量指标 质量检查表 项目文档更新
项目人力资源管理	人力资源管理计划	人力资源计划
项目沟通管理	沟通管理计划	沟通管理计划 项目文档更新
项目风险管理	风险管理计划	风险管理计划
	风险识别	风险登记表
	执行定性风险分析	项目文档更新
	定量风险分析	项目文档更新
	风险对应计划	项目管理计划更新 项目文档更新

◆ 12.2　制定团队协议

《PMBOK 指南》只是一个指南,许多机构也许基于它们各自特定的目的有不同的计划输出,正如 12.3 节中的项目范围模板输出。用户可以使用很多模板用于计划。

由于晶科公司内网网站项目相对较小,艾丽丽认为一些重要的计划文件需要重点关注以下几方面。

(1) 团队协议(仅基于《PMBOK 指南》)。

(2) 项目范围说明书。

(3) 工作分解结构(WBS),范围基线的重要部分。

（4）项目时间表，以甘特图的形式，并附有所需要的资源以及人物之间的相关性。

（5）风险排序清单（风险登记表的一部分）。

所有这些文档和其他项目相关的信息，对内网网站项目上的所有项目组成员都是可见的。晶科咨询公司已经使用内网网站项目好几年了，而且已经发现它们确实能够帮助促进沟通和项目信息归档。对于大的项目，晶科咨询公司会编制很多在表 12.1 中输出部分列出的其他文档。

在项目组签署了项目章程以后，艾丽丽马上组织了项目管理内网项目的团队组建会。会议的重要部分是帮助项目组成员彼此认识。艾丽丽已经与每个成员分别谈过话，但是这是整个项目组成员彼此之间的首次碰面。费杰西在项目管理办公室和艾丽丽一起工作，所以他们非常了解对方，但是费杰西对公司不大了解，不认识其他任何组员。陈尔生是一个高级咨询师，工作经常在外部客户的高优先级的项目上。他和他的助理安德森参加了启动会，当他比较忙的时候，安德森将支持该项目。每个人都重视陈尔生的经验，同时他在处理人际关系的时候非常直率。陈尔生还因为以前项目的关系认识了两个客户代表。宗凯文是晶科咨询公司内网网站的领导者，工作重点在技术细节上。胡道迪同样是从 IT 部门来的，同时有与外部供应商进行谈判的经验。金方平和章佩琪是两个客户代表，对该项目非常积极，但是对于共享他们公司的敏感信息是非常警惕的。

艾丽丽首先让大家做自我介绍，努力使气氛融洽，每个人都轻松一些。她让每个人在不考虑任何成本的情况下，描述自己梦想中的假期应该怎样度过。这个活动使大家互相了解，也展示了他们个性中不同的方面。艾丽丽明白建立一个强大的队伍并且彼此能够进行很好的配合是非常重要的。

然后艾丽丽解释了项目的重要性，回顾了签署的项目章程。她解释一个帮助项目团队共同工作的重要工具是让成员制订一份每个人都乐意签署的团队协议。晶科咨询公司相信在所有的项目中使用团队协议能够帮助提升团队的工作质量，并阐明团队交流的重要性。她解释了一个团队协议中的重要主题，并且展示了一个团队协议模板。然后她让团队成员分成两个小组，每组有一个咨询师、一个 IT 部门成员和一个客户代表，这些小组使每个人更容易表达意见。每个组分享了哪些信息应该放到协议中，然后一起形成一个项目团队协议。表 12.2 显示了最后的团队协议，该协议的创建花费了 90min。艾丽丽能够看出团队成员的不同个性，但是感觉到所有人应该能够很好地在一起工作。

表 12.2　团队协议（行为准则）

作为项目团队，我们应该：
- 工作主动，预见到潜在的问题并且采取行动去避免它
- 随时通知其他团队成员与项目相关的信息
- 关注什么是对整个项目组最有利的

作为参与者，我们应该：
- 在所有的项目活动中表现诚实和开放
- 鼓励多样化的团队合作
- 提供公平参与的机会
- 公开新方法和考虑新的观点
- 每次只有一个讨论

- 如果一个团队成员无法参加一次会议，或者在最终期限之前无法完成给定任务，那么应该让项目经理事先知道

  对于沟通，我们将：

- 团队以最好的沟通方式做出决定。因为一些团队成员不能经常面对面开会，我们使用 E-mail、项目管理主页和其他技术来帮助沟通
- 项目经理主持所有的会议，如果需要可以安排电话和视频会议
- 一起工作来创建项目的进度表，同时每周五下午 4 点之前将实际的执行情况输入项目管理系统中
- 清晰和明确地表达意见
- 使讨论不偏题

解决问题的方式：
- 鼓励每个人都参与解决问题
- 只使用建设性的批评，集中精力在解决问题上，而不是责备人
- 努力听取其他人的意见

会议指南：
- 计划在每个月的第一和第三个星期二早上召开面对面的会议
- 在第一个月有更多的碰面
- 如果需要，可以为与会人员安排电话或者视频会议
- 如果需要，可召开其他会议
- 对于所有的项目会议记录会议纪要，并且在 24h 内将它们用电子邮件发送出去。对于每次会议，着重考虑所做的决定和每次会议的活动细节

◇ 12.3　起草项目范围说明书

　　项目范围说明书是对项目范围、主要可交付成果、假设条件和制约因素的描述。它记录了整个范围，包括项目和产品范围；详细描述了项目的可交付成果；还代表项目相关方之间就项目范围所达成的共识。为便于管理相关方的期望，项目范围说明书可明确指出哪些工作不属于本项目范围。项目范围说明书使项目团队能进行更详细的规划，在执行过程中指导项目团队的工作，并为评价变更请求或额外工作是否超过项目边界提供基准，如表 12.3 所示。

表 12.3　项目范围说明书草稿

项目标题：项目管理内网网站项目；时间：2019 年 5 月 18 日
起草人：艾丽丽，项目经理，erica_bell@jkconsulting.com
项目起因：晶科咨询公司的 CEO 高福泉要求该项目能够帮助公司实现其战略目标。新的内网网站将提高公司经验的可见性，并且当前的和潜在的客户能够访问。项目将减少内部成本，并通过提供标准工具、技术、模板和项目管理知识给内部所有的咨询师来提高利润。项目预算 14 万美元。当项目完成以后，每年有 4 万美元的运行费用。项目估计的利润是每年 20 万美元。重要的是，项目完成后 1 年内就能够收回成本
产品的特征和需求： (1) 模板和工具：内网网站授权用户能够下载并使用这些文档来创建项目管理文档，并帮助他们使用项目管理工具。这些文件的格式有 Word、Excel、Access、Project、HTML 或者 PDF。

(2) 用户交付：鼓励用户将样例模板文档和工具以电子邮件的方式发送给网站管理员。网站管理员将把这些文档发给合适的人进行审核，如果需要，可以把这些文档放到内网网站上。

(3) 文章：发布在内网网站上的文章将会有合适的版权许可。推荐的格式是 PDF，项目经理可以批准其他格式。

(4) 文章请求：内网网站还包括一个栏目，用户可以使用此栏目向项目管理办公室(PMO)提出请求，为用户选出需要的文章。PMO 管理员必须首先审核需求，如果可以，再商谈支付问题。

(5) 链接：所有链接到外部站点的链接每周都要测试。断链接将被改正或者在发现的 5 个工作日内删除。

(6) "专家咨询"栏目必须是用户友好的，能够接收问题，并能立刻识别到问题接收到的格式是正确的。该栏目必须能够将问题转交给合适的专家(在系统的专家库中维护的)，并提供被回答问题的状态。如果需要，系统则能够接受咨询的付费。

(7) 安全：内网网站必须能够提供几个层次的安全。所有的内部雇员在输入安全信息后方能访问整个内网网站。部分内容从公司的网站上发布。内网网站的其他部分是否对当前的客户开放，可根据当前的客户数据库来进行验证。在洽谈好费用或者使用预先验证的支付方法支付了固定费用后，用户就可以访问其他部分内容。

(8) 搜索栏：内网网站必须为用户提供一个按照主题和关键词等进行搜索的搜索栏。

(9) 内网网站必须能够使用标准的互联网浏览器来访问。用户必须有合适的应用程序来打开多个模板和工具。

(10) 内网网站必须是每天 24h、每周 7 天可以访问的。内网网站每周有 1h 的系统维护时间，以及其他周期性的维护时间

与项目管理相关的可交付成果：商业论证、章程、团队协议、范围说明书、WBS、进度表、成本基线、状态报告、最终项目展示、最终项目报告、经验教训报告和其他与管理项目相关的文档

与产品相关的可交付成果：

(1) 调研报告：面向现有的咨询师和客户进行调研，以决定内网网站所需要的内容和栏目。

(2) 文档模板：当系统初步实现的时候，内网网站中至少包含 20 个文档模板，同时至少有能力包含 100 个文档。项目团队将基于调研结果来决定最初的 20 个模板。

(3) 完整模板的示例：内网网站将包括那些已经使用了内网网站模板的项目示例。例如，如果有一个商业论证模板，那么就需要有一个使用这个模板的商业论证。

(4) 使用项目管理工具的说明：内网网站将包括如何使用项目管理工具的信息。下面是一个最小的项目管理工具集合：工作分解结构、甘特图、网络图、成本估计和挣值管理。对于这些工具，将需要提供合适的应用软件的样本文档。例如，Project 文档将用来演示作为范本的工作分解结构、甘特图、网络图、成本估计和挣值管理应用；Excel 文档将用于样本的成本估计和挣值管理图。

(5) 工具应用示例：内网网站将包括实际项目的例子，这些项目应用了第(4)项中列出的工具。

(6) 文章：内网网站将包括至少 10 个与项目管理相关的有用的文章。内网网站将有能力存储至少 1000 个 PDF 格式的文章，平均长度为 10 页。

(7) 链接：内网网站将包括至少 20 个有用链接的简要描述，这些链接将被划分为有意义的组。

(8) 专家数据库：为了提供"专家咨询"栏目，系统必须访问数据库以获得经过验证的专家和他们的联系信息。用户将能够按照预先定义的主题进行搜索。

(9) "用户请求"栏目：内网网站包括一个用来搜集和处理用户请求的应用。

(10) 内网网站设计：新的内网网站最初的设计将包括一个节点地图、建议的格式、合适的图形等。最终的设计将把用户的意见结合最初的设计。

(11) 内网网站内容：内网网站将包含模板和工具部分、文章部分、文章检索部分、链接部分、"专家咨询"栏目、"用户请求"栏目、"安全和支付"栏目。

(12) 测试计划：测试计划包含内部网站是如何测试的、谁将进行测试、bug 是如何提交的。

(13) 推广：内网网站的推广计划将描述在设计阶段搜集输入的多种方法。该推广计划同样宣布了新的内网网站的存在。

(14) 项目收益度量计划：项目的收益计划将度量内网网站的财务价值即项目成功的准则。目标在 6 个月内完成这个项目，预算不能超过 14 万美元。项目的发起人高福泉强调的是在内网网站完成以后，应该

在 1 年内收回成本。为了满足这个财务目标，内网网站必须有用户的大力参与。我们必须研究一种方法，在内网网站开发、测试以及推广应用的过程中能够获得利润。如果项目比计划延迟了一些时间，或者多花了一些钱，但是如果它能有一个好的回报，同时能够帮助公司达到成为一个杰出咨询机构的目标，那么公司仍然认为项目是成功的

项目范围说明书描述要做和不要做的工作的详细程度，决定着项目管理团队控制整个项目范围的有效程度。详细的项目范围说明书包括以下内容（可能直接列出或参引其他文件）。

（1）产品范围描述。逐步细化在项目章程和需求文件中所述的产品、服务或成果的特征。

（2）可交付成果。为完成某一过程、阶段或项目而必须产出的任何独特并可核实的产品、成果或服务能力。可交付成果也包括各种辅助成果，如项目管理报告和文件。对可交付成果的描述可略可详。

（3）验收标准。可交付成果通过验收前必须满足的一系列条件。

（4）项目的除外责任。识别排除在项目之外的内容。明确说明哪些内容不属于项目范围，有助于管理相关方的期望及减少范围蔓延。

◆ 12.4　项目进度的重要性

项目经理通常认为按时交付项目需求是最大的挑战之一，这也是引发冲突的主要原因。进度问题如此普遍的部分原因可能是时间很容易被度量和记住。你可以争辩说是由于范围扩大和成本超支，从而使得实际的进度看起来与估算的接近，但是一旦一个项目进度被设定了，并且明确项目的完成日期，那么任何人都能够用项目完成实际花费的时间减去原始估算的时间，从而快速地估算进度的执行情况。通常人们在比较计划和实际的项目完成时间时，并不考虑项目中经过审批的变更。时间是一个具有最低灵活性的变量，不管项目中发生了什么，时间总是在流逝。

个人的工作方式和文化差异也会造成进度上的冲突。不同的文化，甚至在一个国家内，人们对于时间进度都有不同的态度。例如，一些国家每天下午商店关门几小时进行午休，一些国家在每年的特定时间有长假，这时没有很多工作可以做。文化同样对工作伦理有不同的理解：一些人认为努力工作和严格守时是有价值的，另外一些人则认为保持宽松和灵活的能力更重要。

鉴于进度冲突的所有这些可能性，项目经理做好项目时间管理是非常重要的。项目时间管理，简单的定义就是确保项目按时完成所需的过程。在项目的时间管理中，有以下 7 个主要的过程。

（1）计划进度管理，是指确定将用于计划、执行和控制项目进度的政策、流程和文档。这个过程的主要输出是进度管理计划。

（2）定义活动，是指识别项目团队成员和干系人必须执行并产生项目的可交付成果的特定活动。活动（activity）或任务（task）是工作的组成要素，通常出现在工作分解结构中，有预计的工期、成本和资源要求。这个过程的主要输出是活动清单、活动属性、里程碑清单和更新的项目管理计划。

（3）排序活动，是指识别和记录项目活动之间的关系。这个过程的主要输出包括项目的进度网络图和更新的项目文档。

（4）估算活动资源，是指估算一个项目团队应该使用多少资源——人力、设备和原料，来执行项目活动。这个过程的主要输出是活动资源需求、资源分解结构和更新的项目文档。

（5）估算活动工期，是指估算完成单项活动所需的工作时间。这个过程的主要输出包括活动工期估算和更新的项目文档。

（6）制定进度，是指通过分析活动序列、活动资源估算和活动工期估算来创建项目进度。这个过程的主要输出包括进度基线、项目进度、进度数据、项目日历、更新的项目管理计划和更新的项目文件。

（7）控制进度，是指控制和管理项目进度的变更。这个过程的主要输出包括工作绩效信息、进度预测、变更请求、项目管理计划的更新、项目文档的更新和组织过程资产的更新。

◆ 12.5 排 序 活 动

在定义了项目活动后，项目时间管理的下一步是排序或确定它们之间的依赖关系。活动排序过程包括进度管理计划、活动清单和属性、项目范围说明书、里程碑清单和组织过程资产。排序过程同样包括评价依赖的原因和不同的依赖类型。

12.5.1 依赖

依赖或关系与项目活动或任务的排序相关。例如，一个特定的活动是否必须在另外一个活动开始之前完成？项目团队是否能够同时并行做几个活动？能否有交叉？决定这些活动之间的关系或者依赖对于开发和管理项目进度有重要的影响。为项目活动之间创建依赖关系有以下三个基本原因。

（1）强制依赖是项目工作中内在的一种关系，某些时候被称为硬逻辑。例如，在写代码之前，不能测试代码。

（2）自由依赖是由项目团队定义的项目活动之间的关系。例如，项目团队可能遵循好的实践，在用户签署同意所有分析工作之前，项目团队不会开始新的信息系统的详细设计。自由依赖有时又称为软逻辑，应该谨慎使用，因为它将可能限制以后的进度安排。

（3）外部依赖涉及项目和非项目活动之间的关系。例如，新的操作系统和其他软件的安装依赖于外部供应商交付的新硬件。尽管新硬件的交付并不在项目的范围内，但是因为交付延误将影响项目的进度，所以应该加上这条外部依赖。

和活动定义一样，把项目干系人召集到一起来定义项目中的活动依赖同样是非常重要的。如果没有定义活动的顺序，作为项目经理就不能使用一些功能最强大的进度工具，如网络图和关键路径分析。

12.5.2 网络图

网络图是表示活动排序的首选技术。一个网络图是项目活动之间的逻辑关系或者顺序的示意性表示。一些人将网络图称作项目进度网络图或者计划评审技术（PERT）图。

PERT 将在本章后面进行描述，图 12.1 给出了项目 X 的一个网络图示例。

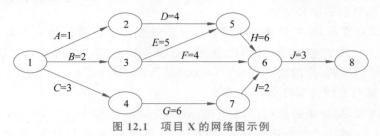

图 12.1　项目 X 的网络图示例

注：假定所有的工期都是以天为单位，A＝1 表示活动 A 的工期为 1 天。

在这个网络图上的主要元素，A 到 J 表示为了完成项目而开展的具有依赖关系的活动。这些活动来自 WBS 和前面定义的活动定义过程，箭头表示任务之间的活动顺序或者关系。例如，活动 A 必须在活动 D 之前完成，活动 D 必须在活动 H 之前完成。

网络图的格式使用的是双代号网络图（Activity-On-Arrow，AOA）方法或者箭线图法（Arrow Diagramming Method，ADM），这是一种网络图技术。在该图中活动用箭头表示，并将节点（箭头的交点）连接起来，表示活动的序列。节点可以表示一个活动的开始和结束，第一个节点表示项目的开始，最后一个节点表示项目的结束。

注意，网络图表示的是那些完成项目所必须执行的活动，而不是从第一个节点到最后一个节点的赛跑。为了完成项目，必须完成网络图上的每个活动。同样需要注意的是，并不是 WBS 上的每项都需出现在网络图上，只有与活动有关的依赖项需要显示。然而，有些人喜欢有开始和结束的里程碑并且列出每一个活动，这是一个仁者见仁智者见智的问题。对于具有数以百计活动的大型项目来说，可能只需要简单地画出包括具有依赖关系活动的网络图，把概要任务放到网络图上或者把项目分解为几个小的网络图就可以了。

假定有一个项目的活动清单和它们的开始和结束节点，可遵循以下步骤来创建一个 AOA 网络图。

（1）找出从节点 1 开始的所有活动。画出结束节点，然后把节点 1 和每个结束节点之间用箭线连接起来，把代表活动的字母或者名字放置到相关的箭线上。如果有工期估计，那就放在活动字母或者名字附近，如图 12.1 所示。例如，A＝1 意味着活动 A 的工期是 1 天、1 周或者其他的标准时间单位。同样，在所有的连线上标上箭头来表示活动关系的方向。

（2）继续按照从左到右的顺序绘制网络图。注意分叉和合并，分叉发生在一个节点后面跟着两个或更多活动的情况，合并发生在两个或者多个节点领先于一个单独的节点。例如，在图 12.1 中，节点 1 是分叉节点，因为它进入节点 2、节点 3 和节点 4，节点 5 是一个合并节点，因为它前面有节点 2 和节点 3。

（3）继续画 AOA 网络图，直到所有的活动都被包含在图上。

（4）按照一般的习惯，所有的箭头都应该朝向右方，在 AOA 网络图上不能有交叉。可能需要重新绘制以获得更好的表达效果。

即使 AOA 或 ADM 网络图比较容易理解和绘制，但另一种不同方法——前导图法（Precedence Diagramming Method，PDM）却常被使用。PDM 也是一种网络图技术，使用方框表示活动，它在显示特定类型的时间关系时特别有用。

图 12.2 列举了可以基于微软 Project 画出的项目活动之间发生的依赖关系类型。在确

定了活动(强制、自由和外部)之间的依赖原因后,必须确定依赖的类型。注意,当表示关系和依赖的时候,活动和任务是可以互换使用的。参见文献[28]来学习如何在微软 Project 中创建依赖关系,活动之间包含 4 种类型的依赖或者关系。

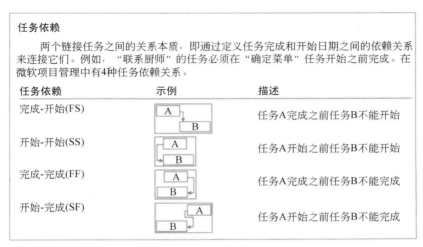

任务依赖

　　两个链接任务之间的关系本质,即通过定义任务完成和开始日期之间的依赖关系来连接它们。例如,"联系厨师"的任务必须在"确定菜单"任务开始之前完成。在微软项目管理中有4种任务依赖关系。

任务依赖	示例	描述
完成-开始(FS)	A → B	任务A完成之前任务B不能开始
开始-开始(SS)	A / B	任务A开始之前任务B不能开始
完成-完成(FF)	A / B	任务A完成之前任务B不能完成
开始-完成(SF)	A / B	任务A开始之前任务B不能完成

图 12.2 任务相关性类型

完成-开始依赖(Finish-to-Start dependency,FS):该关系表示"从"活动(前置活动)必须完成后,"到"活动(后继活动)才能开始。例如,在软件或者新系统安装之前,不能提供用户培训。完成-开始是最常见的关系或者依赖类型,AOA 网络图只使用完成-开始关系。

开始-开始依赖(Start-to-Start dependency,SS):该关系表示"到"活动(后继活动)开始后,"从"活动(前置活动)才能开始。例如,在一些 IT 项目中,一组活动要同时开始。当一个新的系统运行后,许多任务才能开展。

完成-完成依赖(Finish-to-Finish dependency,FF):该关系表示"到"活动(后继活动)完成前"从"活动(前置活动)必须完成。一个任务不能在另一个任务完成之前完成,例如,质量控制的投入不能在产品完成之前完成,尽管两个活动可以同时执行。

开始-完成依赖(Start-to-Finish dependency,SF):该关系表示"从"活动必须开始后,"到"活动才能完成。虽然这种类型的关系很少使用,但是在一些情况下也是可能出现的。例如,一个机构在生产过程开始之前,必须及时采购原料,生产过程开始的延误将耽误原料采购的完成。另一个例子是,一个保姆想完成照看小孩的任务,但是它依赖于孩子父母的到来,在保姆完成任务之前,父母必须出现或者"开始"。

图 12.3 列举了项目 X 使用前导图方法画出的网络图。活动被放置在方框内,相当于图的节点,箭线表示活动之间的关系。该图是用微软 Project 建立的,它自动在每个节点上放置了相关的信息。每个任务方框包括开始和完成日期,标为 Start 和 Finish;任务 ID,标为 ID;任务的工期,标为 Dur;资源的名称(如果适用),标为 Res;在关键路径中,任务的边框在微软 Project 的网络图视图上自动变红。

在图 12.3 中,关键任务方框的边界由粗线条绘制。

前导图法比 AOA 网络图更经常被使用,而且比 AOA 技术更具优势。主要表现在以下几方面:

① 多数的项目管理软件使用前导图法。

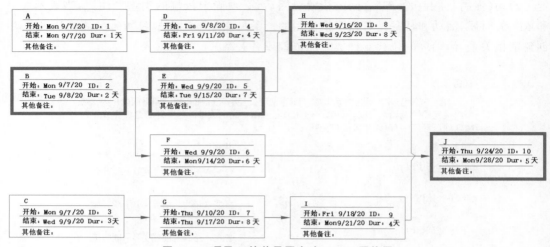

图 12.3　项目 X 的前导图方法(PDM)网络图

② 前导图法避免了虚活动的需要。虚活动没有工期而且没有资源,但是有时需要在 AOA 网络图上用虚活动表示活动之间的逻辑关系,它们是用虚的箭头线表示的,工期估算为零。

③ 前导图法表示了任务间的不同依赖,而 AOA 网络图只使用了完成-开始依赖。

◆ 12.6　制 定 进 度

制定进度是使用前面所有项目时间管理过程的结果来决定项目的开始和结束日期与它的活动。在项目进度最后敲定之前,所有的项目时间管理过程通常有多次反复。制定进度的最终目标是创建一个可行的项目进度表,该进度从项目的时间维上提供监控项目进展的基础。这个过程最主要的输出是项目进度表、进度基线、进度模型数据、项目日历、项目管理计划的更新和项目文档更新。一些项目团队使用计算机模型来创建一个网络图,输入资源需求、按照时间的可用性,同时调整其他信息以快速产生备选的进度表。读者可参考文献[28]来获得使用 Project 2013 辅助进度制定的信息。

下面的关键链调度技术能够辅助进度制定过程。

(1) 甘特图:一个用来展示项目进度信息的通用工具。

(2) 关键路径分析:一个制定和控制项目进度的重要工具。

(3) 关键链调度:当编制项目进度表时,是一个关注有限资源的技术。

(4) PERT 分析:一种评价项目进度风险的方法。

12.6.1　甘特图

甘特图提供了一种显示项目进度信息的标准格式,通过以日历的模式列出项目活动及其相应的起止日期。甘特图有时又称为条形图,因为活动的开始和结束日期都用水平条显示。图 12.4 给出了一个用 Project 2013 创建的电视拍摄项目《朗读者》的甘特图。图 12.5 给出了一个软件发行项目的甘特图。甘特图上的活动应当与 WBS 上的活动相一致,也就是与活动清单和里程碑清单相一致。

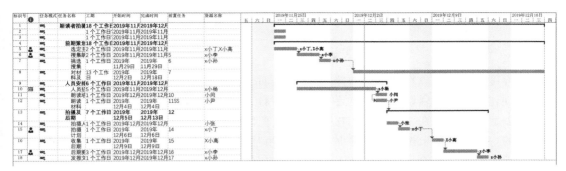

图 12.4　电视拍摄项目《朗读者》的甘特图

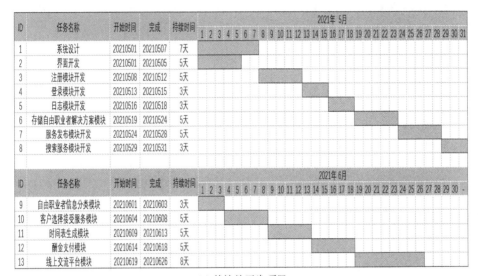

(a) 某软件开发项目

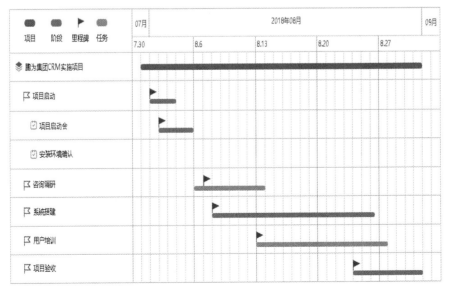

(b) 鹏为集团CRM(客户关系管理)实施项目

图 12.5　项目甘特图

注意图 12.5(b)上的不同符号。小旗符号表示一个里程碑。

12.6.2　在甘特图上增加里程碑

里程碑是进度信息特别重要的部分,尤其是对于大型项目。许多人喜欢关注里程碑,所以可以创建里程碑来强调项目的重要事件或项目的成果输出,通常可以通过输入零工期的任务来创建里程碑。在 Project 2013 中,也可以把任何任务标记为里程碑,通过在任务信息对话框的"高级"标签上选择合适的框来进行。虽然这个任务的工期将不变成零,但是甘特图将显示一个里程碑符号来表示基于它的开始时间的任务,更多信息见文献[28]中的附录内容。

为了使里程碑更有意义,一些人是用 SMART 准则来帮助定义里程碑。SMART 准则的含义是:

- 明确的(Special)。
- 可度量的(Measurable)。
- 可分配的(Assignable)。
- 现实的(Realistic)。
- 有时间限制的(Time-framed)。

例如,如果每个人都知道什么应当包含在营销计划中,是如何发布的,应该有多少份复印件和发布给谁,谁负责实际的支付,那么发布营销计划是一个明确的、可度量的和可分配的里程碑。如果发布营销计划是一个能够实现的事件,并且定好了一个合适的时间,那么它就是现实的和有时间限制的里程碑。

12.6.3　关键路径法

在不采用科学管理的时候,许多项目不能够满足进度预期。关键路径法(Critical Path Method,CPM),又称为关键路径分析,是一种网络图技术,用来预测整个项目的工期,这种重要的工具会帮助项目避免进度超期。

项目的关键路径决定了项目最早完成时间的活动序列,是网络图的最长路径,其时差或者浮动时间最少。时差或浮动时间指的是在不延误后继活动或者项目完成时间的情况下,任务可以推后的时间。在项目中通常有多个任务同时进行,而且多数项目都有多条通过网络图的路径,最长路径或者包含关键任务的路径决定着项目的完成日期,直到完成了所有的任务,这个项目才算完成。

12.6.4　关键链调度

另一个解决达到或者满足项目完成时间的技术是约束理论的应用,称为关键链调度。约束理论(Theory Of Constraints,TOC)是艾利·高德拉特(Eliyahu M. Goldratt)提出的管理哲学,在他的著作《目标》和《关键链》中进行了介绍。约束理论基于的事实是,就像一个有着最弱链条的链子,任何复杂的系统在任何点上通常有一个方面或者约束限制它达到更多目标的能力。对于要获得任何重要改进的系统,必须确定约束,并必须牢记用它来管理整个系统。关键链调度是一种进度计划方法,在创建项目进度时考虑有限的资源,并且将缓冲包括进来以保护项目完成期限。

在关键链调度中的一个重要概念是稀有资源的可用性。有些项目不能这么做,除非特定的资源是可在一个或几个任务中利用的。例如,如果电视台要有一档明星采访节目,那么节目播放时间必须先确认该明星是否有时间。另一个例子是,如果一个特定的设备需要同时完成两个任务,这两个任务在初始计划中是同时发生的,则关键链调度认为要么必须延迟一个任务直到设备可用,要么找到另外一个设备以遵循计划进度。其他与关键链调度相关的概念有多任务和时间缓冲。

尽管有不少人能够同时进行多任务,但是当有时间约束的时候,多任务反而不是一件好事。多任务发生在一个资源在同一时间用于多个任务的时候,这种情形经常发生在项目中。人们被委派一个项目中的多个任务或者多个项目中的不同任务。例如,假定一个人参加 3 个不同项目中的任务,任务 1、任务 2 和任务 3,每个任务需要 10 天完成。如果这个人没有使用多任务,而是从任务 1 开始顺序完成每个任务,那么任务 1 将在 10 天后完成,任务 2 将在 20 天后完成,任务 3 将在 30 天后完成,如图 12.6(a)所示。然而,因为许多人在这种情况下想让那些需要他们完成任务的三方都满意,所以他们经常在第一个任务工作一段时间,然后到第二个任务工作一段时间,然后到第三个任务工作一段时间,最后回到第一个任务,以此类推,如图 12.6(b)所示。在这个例子中,任务都是在某个时间只完成了一半,在另外一个时间完成了另外一半。任务 1 现在在第 20 天完成而不是第 10 天,任务 2 是在第 25 天完成而不是第 20 天,任务 3 仍然是在第 30 天完成。这个例子说明了多任务是如何造成任务延误的,多任务还包括被浪费的准备时间,这常常会增加总的工期。

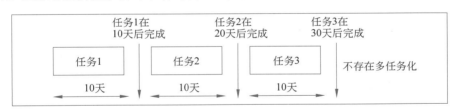

(a) 没有使用多任务化的三项任务

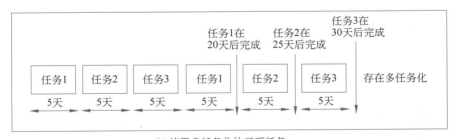

(b) 使用多任务化的三项任务

图 12.6　关键链调度中的多任务分析

关键链调度假定资源不是多任务或者多任务尽可能少,在关键链调度中,一些人不能在同一个项目中同时分配两个任务。同样,关键链理论建议所有的项目应该分优先级,从而让同时工作在多个项目上的人知道任务的优先级高,防止多任务。这样不仅可以避免资源的冲突,而且可以避免在多个任务之间进行切换时准备时间的浪费。

使用关键链调度的时候,一个用来提高项目完成时间的关键概念是改变人们对项目进行估算的方法。许多人增加了安全措施或者缓冲,即完成任务的附加时间,加在考虑各种因素的一个估算时间上。这些因素包括多任务的负面影响、分心的事项和中断、担心减少估算、墨菲定律。

◇ 12.7 墨菲定律

墨菲定律说的是如果某件事情可能出错，那它就会出错。关键链调度去掉了单个任务的缓冲，但是创建了项目缓冲，它是在项目的完工日期之前加入的附加时间。关键链调度还使用汇入缓冲来保护关键链上被延误的任务，汇入缓冲指的是在那些前导是非关键路径任务的关键链任务之前增加的附加时间。

图 12.7 提供了一个使用关键链调度创建网络图的例子。注意，这个关键链考虑了有限资源 X，进度计划包括在网络图中使用汇入缓冲和项目缓冲。标志为 X 的任务是关键链的一部分，它可以被解释为使用该技术的关键路径。在关键链调度中的进度估算应该比传统的估算要短，因为它们没有包括自己的缓冲。没有任务缓冲应当意味着帕金森定律出现的概率要小，帕金森定律指工作会拖延并占满所有可用的时间。汇入缓冲和项目缓冲保护了真正需要被满足的时间，也就是项目完成日期。

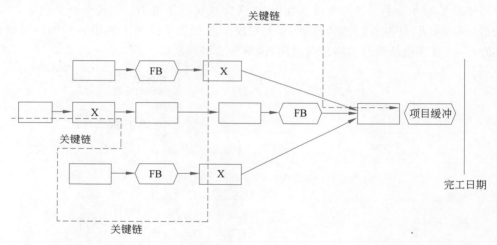

X=需要投入有限资源才能完成的任务
FB=汇入缓冲

图 12.7 关键链调度示例

一些机构报告了关键链调度的成功案例。考虑一个医院接诊患者的项目。患者看病的过程包括以下步骤：患者挂号，填写表格，得到护士的签字，医生会诊，找护士开药或住院。这些步骤可以以一种简单的线性顺序开展。按这个流程 1h 才诊断 8 个患者。我们知道，一条铁链的强度取决于它最薄弱的一环。在这个例子中，最低的资源使用率——1h 会诊 8 个患者是系统最薄弱的一环。因为它忽视了其他各项资源的使用率，每个过程的工作量大小以及过程与过程衔接的繁杂程度。而且在约束条件之内改善任何过程的绩效，都不会提高整个系统的绩效。通过使用关键链调度，医疗诊所的调度可以更有效，新加坡国立大学医院通过利用此方法将患者入院时间缩短了 50% 以上。

关键链调度是相当复杂但是强大的工具，该工具包含关键路径分析、资源约束和任务估计如何以缓冲的方式进行变更。一些人认为关键链调度是项目管理领域最重要的新概念之一。参考文献[28]的配套网站上有更多关于关键链或者其他资源的信息。

◆ 12.8　计划评审技术

计划评审技术(Program Evaluation and Review Technique,PERT)是在单个活动工期估计高度不确定的情况下,用来估计项目工期的技术。

PERT 使用概率时间估算,它是基于乐观的活动工期估算、最可能的活动工期估算和悲观的活动工期估算这三个值来进行工期估算,而不是只有一个特定工期估算。

PERT 加权平均＝(乐观时间＋4×最可能的时间＋悲观时间)/6

示例:设任务完成所需乐观时间＝8 天

最可能的时间＝10 天

悲观时间＝24 天

PERT 加权平均值＝(8＋4×10＋24)/6＝12 天

因此,在上面的示例中使用 PERT 时,项目将在网络图上使用 12 天而不是 10 天。

◆ 12.9　控　制　进　度

进度控制的目标是了解进度状态、造成进度变更的影响因素、进度变更决定和管理变更。其工具和技术包括:

(1) 进度报告。

(2) 进度变更控制系统。

(3) 进度工具和(或)项目管理软件,如甘特图。

(4) 方差分析,如分析浮动时间或者时差和使用挣值。

(5) 绩效管理。

可以使用促进通信的软件帮助人们交流和日程相关的信息。决策支持模型能够帮助项目经理分析与进度问题相关的平衡。项目管理软件可以在各种时间管理领域提供帮助。

◆ 小　　　结

本章介绍了项目计划和时间管理,包括项目计划过程和该过程输出模板:团队协议,范围说明书等,以及项目进度安排的重要性、任务之间的相互排序关系、甘特图和网络图制作、墨菲定律和关键链调度在项目时间管理中的应用。

◆ 习　　　题

1. 项目管理过程分为哪几个阶段?

2. 什么是资源分解结构?

3. 什么是墨菲定律?

4. 什么是帕金森定律?

5. 什么是关键链调度?

6. 新加坡国立大学医院将患者入院时间缩短了 50% 以上。通过使用关键链调度,医疗诊所的调度可以更有效。在 www.goldratt.com 上参阅具体内容并描述。

7. 在活动资源估算过程中需要回答的重要问题包括哪些?

8. 什么是计划评审技术(PERT)?

9. 希赛信息技术有限公司(CSAI)是一家从事制造行业信息系统集成的公司,最近公司承接一家企业的信息系统集成的业务。经过公司董事会的讨论,决定任命你作为新的系统集成项目的项目经理。在接到任命后,需要开始制定进度表,这样项目才可以依照进度表继续下去。在与项目团队成员探讨后,假设已经确认了 12 项基本活动。所有这些活动的名称、完成每项活动所需的时间,以及与其他活动之间的约束关系如表 12.4 所示。

表 12.4　活动约束关系

活 动 名 称	必需的时间/天	前 置 任 务
A	3	
B	4	
C	2	A
D	5	A
E	4	B,C
F	6	B,C
G	2	D,E
H	4	D,E
I	3	G,F
J	3	G,F
K	3	H,I
L	4	H,J

(1) 为了便于对项目进度进行分析,可以采用箭线图法(AOA)和前导图法(PDM)来描述项目进度,请画出项目进度计划中的箭线图和前导图。

(2) 本题中的关键路径有几条? 给出关键路径。

(3) 你要花多长时间来计划这项工作? 如果在任务 B 上迟滞了 10 天,对项目进度有何影响? 作为项目经理,你将如何处理这个问题?

10. 提前准备期末软件实践作业:请按照给定模板来编写一个软件项目管理实验报告。题目自拟。报告输出至少 6 份项目管理文档,包括商业论证报告,项目干系人注册表,项目章程,启动会议表,WBS 报告,WBS 词典报告,网络图,里程碑清单,关键路径分析报告,成本分析报告,偏差分析报告,风险分级表,沟通管理计划报告,经验总结报告,质量分析报告(包括帕累托图、因果图、质量控制图、质量流程图、六西格玛分析图)等后续各章中将涉及的内容。

项目执行和风险管理

案例：认识项目风险

钱勇胜是一家小型 IT 咨询公司的总裁，该公司专门从事网络应用程序的开发，并提供全方位的服务支持。公司员工由程序员、商业分析员、数据库专家、Web设计员、项目经理等组成。公司现有员工 50 名，计划在下一年至少再招聘 10 名员工，并增加兼职顾问的数量。公司在过去几年业绩一直不错，但最近生意不那么顺了。在处理目标客户的各种需求建议书方面所花的时间和资源明显增多。签订合同之前，许多客户开始要求做产品演示，甚至要求原型开发。钱勇胜知道自己极爱冒险，喜欢选择能带来最大收益的项目。他在决策之前不会用系统的方法评估各种项目的风险。他关注的是潜在收益的大小和项目有多大的挑战性。如今，他的这种战略却给公司带来了麻烦，因为过去公司在准备提案上花费了很多的资源，但签订的合同却很少。好几个已经不在项目中工作的顾问却还照常领着公司的薪水；一些兼职的顾问因为没有被充分利用，也在从事其他项目。钱勇胜和他的公司要怎么做才能更好地认识"项目风险"呢？在决定该寻求什么项目时，钱勇胜是否应该调整战略？怎么调整？

◆ 13.1　风险管理概念

在许多商业项目集管理的最初阶段，项目决策的重点都放在成本进度上。这种情况之所以发生，是因为我们对成本和进度了解较多，对技术风险则知之甚少。人们极少对技术进行风险预测，更多的时候是将过去的技术知识融入现实的管理当中。

如今，技术的先进性预测正成为项目的一个约束条件。对于一个工期短于 1年的项目，我们通常假定环境是已知和稳定的，这其中也包括技术环境的稳定性。对于工期长于 1 年的长期项目，必须对技术进行预测。计算机技术大约每两年就会跃上一个新台阶，而工程技术发展到一个新阶段也只需要 3 年或稍长的时间。在这种快速变化的情况下，平衡成本、技术、绩效的内在需求，如果不能预见技术进步所带来的工程变化，项目经理如何能准确定义并规划一个工期长达 3～4 年的项目呢？在这个进程中，不确定的工程、技术、产品环境，究竟哪些才是真正的风险呢？

我们在网上经常可看到关于许多大中型开发项目成本超标、进度延后的报道。买方、卖方或主要相关方之间的几个主要问题导致了成本的增长或进度的延后。产生这些问题的原因包括以下几个。

（1）项目最初的预算和进度计划与技术性能不符，如集成的复杂性。

（2）在项目的需求没有完全识别或所需的资源都没有完全确认之前就开始启动项目。

（3）整个开发过程，或者该过程的关键部分重视一个或多个变量，而忽略其他变量，如重视绩效而忽略成本和进度。

（4）按照最极限的技术性能设计项目。

（5）在成本、技术性能、进度及风险之间的关系确定之前，就制定项目主要的设计决策。

以上5个原因常会给技术预测及与之相关的技术性能需求设计带来不确定性。如果不能做好技术预测及相关设计，就会引发项目本身的技术风险，甚至导致成本风险和进度风险。

目前，技术性的竞争已变得相当激烈。企业已经不再对所有活动，特别是管理活动按照生命周期进行统一安排，而是将其分散到各个专门领域进行管理。到了20世纪80年代中期，许多企业已经认识到要综合考虑技术风险、成本风险、进度风险及质量等其他因素。当制定了风险管理流程并开始实施后，核心的决策人员就能够获取有关风险的信息资料。

然而，风险管理过程不仅是识别潜在风险，还包括一个正式的规划活动、分析已识别的风险发生的可能性、预测已识别的风险对项目的影响、对某些风险制定应对策略以及进行风险监控，从而将风险控制在可控范围之内。

就定义而言，一个项目就是那些我们以前从未做过的、今后也绝不会再做的事情。考虑到项目的独特性，我们提出了一个"与其共生"的态度来管理风险，将它视为项目的一部分。如果风险管理成为一个连续且制度化的规划、识别、分析、风险应对及监测控制的过程，这个系统可以为其他一些过程，如规划、预算、成本控制、质量及进度加以补充。而人们也不会再对各类问题感到惊讶，因为企业已经从被动反应式的管理转换成了主动预防式的管理。

风险管理适用于几乎所有项目。但由于项目不同，如项目规模、项目类型、客户类别、合同要求、与企业战略计划的紧密程度及企业文化等，风险管理在不同项目中的实施程度也是不一样的。在总风险极高且存在极大不确定性的场合，风险管理的重要性尤为突出。风险管理已经成为全面项目管理的一个关键部分，它驱使我们着眼于充满不确定性的未来并制订适宜的行动计划，以此防范任何有可能给项目带来不利影响的潜在事件的发生。

13.1.1　风险的定义

所谓风险，是指计量无法达到预定目标的可能性或结果。多数人都赞同"风险"一词包含"不确定性"。例如，航天器的射程能够达到要求吗？计算机能在预算范围内生产出来吗？或者新产品能按计划面世吗？以上问题都会用到概率分析，如新产品无法按期面世的概率是0.15。这会带来潜在的财务风险和人际风险结果。

如果目标A产品按期面世的概率为0.05，而目标B产品按期面世的概率为0.20，这意味着前者处于风险更大的境地。在这种情况下，如果目标A没有完成，那么其后果会比目标 B 没有完成要严重 4 倍。风险通常是不容易评估的,这是因为事件本身发生的概率及所产生的后果一般都不是直接计算的参数,而是必须借助于判断力、统计资料或其他程序才能够获得的。

对于某个特定事件而言,风险包含以下两个要素。

- 该风险事件发生的概率。
- 该风险事件发生所带来的后果,即受影响程度。

图 13.1 反映了风险和受影响程度之间的关系。

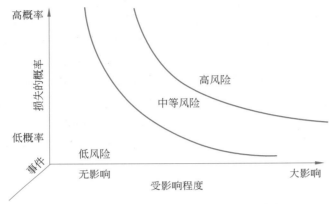

图 13.1　风险和受影响程度之间的关系[31]

从概念上说,每个事件的风险都是"概率"及"影响程度"的函数,即

$$风险 = f(概率,影响程度)$$

一般来说,当"概率"及"影响程度"两个自变量有任何一个增加时,风险也会增加。因此,风险管理中必须考虑到"概率"及"影响程度"因素。通常,风险也意味着对未来某个事件的无知。一般来说,未来可能出现好的结果被称为"机会",而不好的结果则被称为"风险"。

风险的另一个重要组成部分就是风险产生的原因,更具体地说,是根本原因。理想状况下,进行风险检查就可以知道引起风险的根本原因。然而,因为风险与未来的项目相关,因而引起风险的根本原因很难被发现,或者永远不会被发现。

某种事物或是某种事物的匮乏通常会导致风险。我们将产生风险的因素称为"危险因素"。人们了解"危险因素"并采取相应的行动办法,可以在相当大的程度上克服这种引起风险的因素。举例来讲,路面上的一个深洞对于对这条路毫无了解的驾驶员来讲可能引起风险,但对于一个天天在这里行走的行人来讲则并非如此,他可能通过绕路或减速的办法来降低风险。这就引出了对于风险的另一个表达公式:

$$风险 = f(危险因素,保险因素)$$

风险随"危险因素"的增加而增大,但随"保险因素"的增加而降低。这个公式表明好的项目管理结构应该能识别"危险因素",并通过设置"保险因素"来克服"危险因素"。如果项目中有足够可用的"保险因素",风险就会被降低到一个可接受的水平。项目管理中,关于风险、争议、问题的讨论仍然没有定论。这三个问题都与结果(C)维度有一定的关联,但是在概率(P)维度或者时间框架内是不同的。表 13.1 介绍了风险、争议、问题和机会涉及的概率、结果和时间框架。

表 13.1 简明风险、争议和问题概念[31]

项目	概　率	结　果	时　间　框　架
风险	$0<P<1$	$C>0$	未来
争议	$P=1$	$C>0$	未来
问题	$P=1$	$C>0$	现在
机会	不明确（$0<P\leqslant1$?）	不明确（$C>0$ 或 $C<0$?）	不明确（现在或未来?）

　　当争议和问题发生的时候，概率等于1，而这时风险有可能不发生（$P<1$）。如果问题发生在现在，那么某种争议将会在未来发生。机会发生的概率是不明确的，因为它不像风险、争议和问题那样存在区分或划分方式。此外，从三个简单的概念界定来看，机会有可能带来积极的结果，也有可能带来消极后果，或者比预期好的结果。因此，用一种特定的方式在结果维度上界定机会是不太可能的。机会在时间框架上的界定也是不确定的，因为它可能在现在或在将来发生。通过以上的论证可得，确切的风险、争议以及问题的定义已经趋于成熟，关于机会的准确界定还没有定论，因为机会具有普遍适用性。因此，风险和机会不是相互对应的，不管是在概念上还是在得失上。

13.1.2　项目风险管理的重要性

　　项目风险管理是关于识别、分析、响应项目全生命周期内的风险，并最好地满足项目目标的科学与艺术。风险管理是一个经常被忽略的项目管理领域，却常常能够在通往项目最终成功的道路上取得重大的进展。风险管理对选择项目、确定项目范围和编制现实的进度计划及成本预算有着积极的影响。风险管理有助于干系人了解项目的本质，使团队成员明确优势与劣势，并有助于集成其他项目管理知识领域。

　　与危机管理不同，好的项目风险管理通常并不引人关注。通过危机管理发现妨碍项目成功的主要威胁。然后，这个危机就会被整个项目团队高度重视。解决一个危机见效显著，相对于成功的项目风险管理通常更容易获得管理层的奖励；相反，当风险管理十分有效时就会出现更少的问题，问题较少也就会更容易得以解决。对于外围观察者来说，可能很难区分究竟是风险管理还是好的运气使得新系统能顺利开发，但是项目团队应该一直明白：正是由于好的项目风险管理才会使得项目更好地完成。管理项目风险需要有才华的专业人士。由于这种需求，PMI 于 2008 年引进了 PMI 风险管理专业人员证书（详细内容请参阅 PMI 的网站）。

　　所有的行业，尤其是软件开发行业，往往忽视项目风险管理的重要性。例如，威廉姆·艾伯丝开展了一项评估项目管理成熟度的调查。参加调查的 38 个机构按照行业被划分为4 个组：工程与建筑、电信、信息系统/软件开发、高科技制造。这些参加调查的机构回答了148 个多项选择题。评估的是机构在项目管理各知识领域的成熟度：范围、时间、成本、质量、人力资源、沟通、风险和采购。等级分数范围为 1~5,5 代表最高成熟等级。表 13.2 给出了此次调查的结果。注意，风险管理是唯一所有等级分数都低于 3 的知识领域。这项研究表明，所有机构应该在项目风险管理上投入更多努力，尤其是信息系统/软件开发行业，其得分是最低的。

表 13.2　按照行业组和知识领域对项目管理成熟度打分

知识领域	工程与建筑	电信	信息系统/软件开发	高科技制造
范围	3.52	3.45	3.25	3.37
时间	3.55	3.42	3.03	3.5
成本	3.74	3.22	3.2	3.97
质量	2.91	3.22	2.88	3.26
人力资源	3.18	3.2	2.93	3.18
沟通	3.53	3.53	3.21	3.48
风险	2.93	2.87	2.75	2.76
采购	3.33	3.01	2.91	3.33

注：分值 1=最低成熟等级,5=最高成熟等级。

南非毛里求斯的一个软件开发公司完成了一个类似的调查,所有知识领域的成熟度等级的平均分只有 2.29 分,最低的知识领域平均成熟等级为 1.84,也是出现在项目风险管理领域,这一点正如威廉姆·艾伯丝的研究。成本管理得到了最高的成熟等级,为 2.5。该调查的作者指出,研究机构常常关心成本超支和指标到位,以此帮助控制成本。作者同时也发现成熟等级与项目成功率有着紧密的联系,风险管理等级得分低可能导致项目出现问题和失败。为了研究软件风险管理,KLCI 研究组调查了全球 260 个软件机构。下面是他们的研究成果。

- 97％的参与者表示其公司开展了风险的识别和评估。
- 80％识别出了作为风险管理主要效益所预料到并避免的问题。
- 70％的机构定义了软件开发过程。
- 64％的机构有项目管理办公室。

图 13.2 显示了调查对象提出的软件风险管理的主要益处。除了预先防范并避免问题外,风险管理还可以帮助软件项目经理预防意外,提高谈判能力,履行顾客承诺,减少项目超期等。

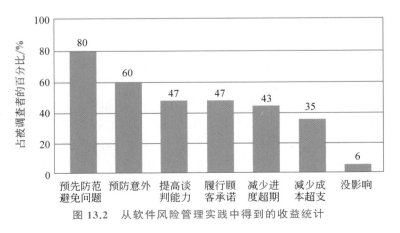

图 13.2　从软件风险管理实践中得到的收益统计

尽管很多机构知道他们在管理项目风险中没有做好,却几乎没有企业采取措施在项目级或企业级来改善风险管理。近些年，部分书籍和文章已经涉及这一主题，例如，大卫·希尔森（David Hillson）博士写了一篇关于项目风险管理的重要性的文章，他写道：毫无疑问，所有的工业和社会正面临当前的来自信贷危机真正的挑战。但在这困难的时期，风险管理不应该被视为一个不必要的成本而被削减；相反，各个机构应该使用风险过程提供的经验，以确保它们能够在未来应对各种不可避免的不确定的风险。由于我们在各方面都处于高水平的波动，风险管理比以往任何时候都显得更为需要，如果忽略它，我们得到的将是一种虚假经济。风险管理不应该仅仅被看作问题的一部分，而应该是解决问题的主要部分。

消极风险管理包含一系列的可能行动，项目经理在项目中应该避免、减少、改变或接受风险的潜在影响。积极的风险管理就像是在投资机会。记住重要的一点：风险管理是一种投资，会产生相关的成本。一个机构愿意在风险管理活动中投资，取决于项目的本质、项目团队的经验，及两者之上的约束条件。在任何情况下，风险管理的成本不应超过潜在的收益。

IT 项目中有如此多的风险，为什么一些公司还在从事这项工作？今天的许多公司之所以还在行业中摸爬滚打，是因为他们敢于承担那些创造了良好机会的风险。许多机构在追求这些机会的过程中，能够长期生存下来。IT 经常是一个企业策略的关键组成部分，没有IT，许多企业可能无法生存下去。既然所有的项目都包含可能产生正面和负面影响的不确定性，那么问题是：如何决定从事什么样的项目？如何在整个项目生命周期中识别和管理项目风险？

一些风险专家建议，机构和个人都应努力在项目的各方面和他们的个人生活中寻找风险和机会之间的一种平衡。这种努力追求风险和机会平衡的思想表明，不同的机构和个人对于风险有着不同的承受力。《PMBOK 指南》指出，这种态度是基于两个主题："一个是风险偏好，是指实体为了获得期望的回报愿意承担的不确定性程度。另一个是风险承受力，是指在项目或业务目标的潜在影响中实体能够接受的最大的偏差。如果项目风险在可接受范围，且承担这种项目风险与项目最终回报能够达到平衡，这时项目才可能会被接受。"一些机构或个人对风险有偏中性的承受力，一些机构或个人对风险很厌恶，而另一些机构或个人则追求风险，这三种对风险的偏好类型是风险效用理论的一部分。

风险效用是指从潜在回报中得到的满意度。图 13.3 显示了风险厌恶型、风险中性型和风险喜好型三种风险偏好之间的基本区别。Y 轴代表效用，或者可以认为是从承担风险中得到的满意度，X 轴显示潜在回报或处于风险中的机会的货币价值。对于风险厌恶型的人来说，效用以递减的速率增长。换句话说，当更多的回报或资金处于风险中时，风险厌恶型的人或机构从风险活动中获得的满意会越来越少，或对风险的承受力越来越低。那些风险喜好型的人或机构对风险有很高的承受力，而且当更多的回报处于风险中时，他们的满意度就会增加。一个风险喜好者喜欢更多不确定性的结果，且经常愿意为冒险而付出代价。风险中性型的人在风险和回报之间取得平衡。风险厌恶型的机构不会从一个没有确切供货时间的供货商手中购买硬件。而风险喜好型机构可能会故意选择从一个处于起步阶段的供应商购进硬件产品，以获得具有优势和不寻常的特性的新产品。一个风险中性型机构可能会做一系列的分析来评估可能的购买决策。这些机构会用一系列因素来评估决策，风险是其中的一个因素。

项目风险管理的目标可以被视为使潜在的负面风险最小化的同时又要使潜在的正面风

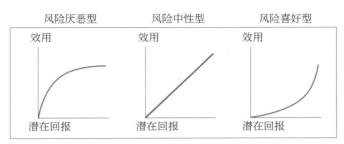

图 13.3　风险效用函数和风险偏好

险最大化。已知风险这一术语有时被用于描述项目团队已经识别和分析的风险,对于已知风险可以主动地开展管理。然而,对于未知风险,或者未被识别和分析的风险是无法管理的。因此,好的项目经理通常会花时间去识别管理项目中的风险。风险管理涉及的 6 个主要过程包括:

(1) 计划风险管理:针对某一项目决定如何编制与计划风险管理活动。通过检查项目管理计划、项目章程、干系人登记表、企业环境因素和组织过程资产,项目团队可以为具体的项目讨论和分析风险管理活动,这个过程的主要输出是一个风险管理计划。

(2) 识别风险:包括决定哪些风险可能影响项目,并将每种风险的特性形成文档。这个过程的主要输出是开始一个风险登记表的启动,本章后续内容将有更详细的描述。

(3) 实施定性风险分析:包括根据发生概率和影响对风险进行优先级排序。项目团队进行风险识别之后,可以使用不同的工具和技术对风险进行定级,并更新风险登记表中的信息,主要输出是项目文档更新。

(4) 实施定量风险分析:包括量化分析每一个风险可能对项目目标造成的影响,主要输出是项目文档更新。

(5) 计划风险响应:采取应对步骤来提高概率并降低威胁性以达到项目的各种目标。通过使用前述风险管理过程的输出,项目团队可以制定风险响应策略,通常还可以对项目管理计划以及其他项目文档更新。

(6) 控制风险:包括在整个项目生命周期中监测已识别和遗留的风险,识别新的风险,执行风险响应计划,并评估风险响应策略的有效性。这一过程的主要输出包括工作绩效信息、变更请求,并更新项目管理计划、其他项目文档以及组织过程资产。

表 13.3 总结了一个典型的项目风险管理过程和输出。

表 13.3　项目风险管理过程和输出

计　　　划	
过程	计划风险管理
输出	风险管理计划
过程	识别风险
输出	风险登记表
过程	实施定性风险分析
输出	项目文档更新

计　　划	
过程	实施定量风险分析
输出	项目文档更新
过程	计划风险响应
输出	项目管理计划更新、项目文档更新
监　　控	
过程	控制风险
输出	工作绩效信息、变更请求、项目管理计划更新、项目文档更新、组织过程资产更新

13.1.3　风险识别过程

识别风险是理解哪些潜在事件可能增强某个项目风险的过程。尽早识别出潜在的风险十分重要，如果不事先识别风险，就不能管理风险。通过了解风险的一般来源和查阅项目风险管理计划（风险、成本、进度、质量和人力资源管理）、活动成本和持续时间的估计、范围基准、干系人登记表、项目文档、采购文档、企业环境因素、组织过程资产，项目经理和团队成员经常可以识别出很多潜在风险。

对于定义风险的另一个考量来自提前发现的可能性，它们是项目群级而不是项目级。《国防部采购的风险管理指导》（第6版），描述了这个概念并强调对于整个项目群建立高层指标的必要性。例如，安排多人追踪小行星以防其威胁我们的星球。虽然小行星产生致命威胁的可能性是非常低的，但是影响极大。对于IT项目群来说，风险包括提前发现可能会不再支持用于多个项目的软件的重要供应商。一些供应商为此提供早期预警，也有的供应商不提供。对于这些机构来说，早些识别这些风险并跟踪风险的状态是很重要的，因为对此需要时间来做出回应。

识别风险有几种工具和技术。项目团队经常通过查阅项目文档、机构的近期和历史相关信息、可能影响项目的假设等手段开始风险的识别过程。项目团队成员和外部专家经常会举行会议，讨论这些信息，并且提出一些与风险相关的重要问题。项目团队在启动会上识别了潜在风险之后，还可以通过使用不同的信息收集技术，进一步识别风险。有4种比较常用的信息收集技术，包括头脑风暴、德尔菲技术、访谈、根源分析法。

头脑风暴是一项识别风险的技术。团队通过本能地、不加判断地汇集一些想法，产生新的观点或找出解决某一特定问题的方案。在建立一份综合风险清单的时候可能会用到这一方法。这些风险将在后面的定性和定量风险分析过程中加以阐述。一个有经验的主持人应该通过发起头脑风暴会议，介绍新的风险种类来保持大家思想的活跃。在收集了这些想法以后，主持人可以对它们进行分类以使其易于管理。必须注意的是，不能过度使用或滥用头脑风暴。虽然头脑风暴被广泛用于产生新的想法，但是心理学指出独立工作的个人会比这些人面对面地在一个项目团队里用头脑风暴要产生更多的想法。项目团队的影响，如大家的反对、权力层次的影响，以及一两个强势的声音都经常会阻止很多参加人员产生新的想法。

一种有别于头脑风暴的信息收集的方法,叫德尔菲技术。德尔菲技术的基本概念是从一组预测未来发展的专家中得到一致的意见。德尔菲技术是由兰德公司在 20 世纪 60 年代后期为美国空军开发的,它基于独立地、匿名地对未来事件进行预测的输入,是一种系统的、交互式的预测过程。德尔菲技术重复使用几个回合的提问并记录下回答,包括来自前几轮的反馈,从而发挥群组输入的优点,同时又避免面对面商议中可能出现的偏见效应。要使用德尔菲技术,必须选择一个与问题相关的特定领域的专家组。例如,在以上案例中,钱勇胜可能会使用德尔菲技术,来帮他了解公司为什么不再赢得更多的合同。钱勇胜可以组织一批与他的业务领域相关的专家,各位专家可以针对钱勇胜所提情形回答许多问题,然后钱勇胜或一位主持人会评估他们的反应,汇总他们的观点和理由,并在下一轮将这种反馈传达给每位专家。钱勇胜将持续这一过程,直到大家的意见汇聚于某一个具体的解决方案。如果意见出现分歧,德尔菲技术的组织者就需要确定整个过程是否出现了问题。

访谈是通过面对面、电话、电子邮件、即时通信讨论,收集信息、寻求事实的一种技术。与那些具有类似项目经历的人进行面谈,也是一个识别潜在风险的重要工具。例如,如果一个新项目用到一种特殊类型的硬件或软件,那么近来有使用这种硬件或软件经验的人可能会描述出他们在先前项目中所遇到的问题。如果有人以前同某一特定的客户合作过,那么他们可能会在同那些客户再次合作的时候,对所涉及的潜在风险提出自己的见解。为重要的访谈做好准备是重要的,制作一个问题列表来用于指导访谈过程常常是有帮助的。

人们常常没有充分理解问题或者机会就去识别它们。因此根源分析法强调在采取行动过程之前,首先要识别问题或机会产生的根源。

SWOT(优势、劣势、机会和威胁)分析经常用于战略规划,也可以用于使项目团队专注于某些特定项目的潜在风险,从而帮助识别风险。例如,钱勇胜在编写某一建议书之前,会有几个员工详细讨论他们公司与项目相关的优势和劣势是什么,现有的机会和威胁是什么。他们是否了解哪个竞争公司更有可能赢得合同? 他们是否了解赢得某一合同可能获得将来的合同并有助于业务扩展? 对某些特定的潜在项目应用 SWOT 分析,可以帮助识别这种情形下更多的风险和机会。

风险识别的另外三个技术为检查表、假设分析和创建图表。

检查表基于以前项目中所遇到的风险,给出了解当前项目风险的模板。也可以使用类似斯坦迪什集团开发的检查表和其他 IT 研究咨询,帮助识别 IT 项目的风险。

分析项目的假设以确保它们的有效性也非常重要。不完全、不精确或者不一致的假设可能会导致识别出更多的风险。

图表手段包括使用因果图或鱼骨图、流程图和影响图等。鱼骨图有助于从根源追踪问题。系统或过程的流程图反映了系统内部各要素之间是如何互相联系的。例如,很多程序员都建立流程图反映程序的逻辑关系。另外一种图是影响图,它通过显示一些关键要素来表达决策问题,包括决策、不确定性、因果关系和目标以及它们之间如何相互影响。

13.1.4　风险登记表

风险识别过程的主要成果是一张列表,表上包括已经识别的项目风险事件和其他用于创建风险登记表的信息。风险登记表是一种包含各个风险管理过程结果的文档,通常用表格或者电子表格形式展现。它是一个用于记录潜在风险事件及其相关信息的工具。风险事件指特定但又不确定的事件,并且可能对项目造成危害。例如,负面风险事件可能包括项目产品的性能测试失败、项目进度的拖延、成本的提升、供给短缺、针对公司的诉讼和罢工。积极的风险事件包括较早或更低成本完成项目,与供应商合作生产更好的产品,项目带来良好的宣传效果等。

表 13.4 提供了钱勇胜和他的经理在本章开篇案例中可以使用的一个风险登记表的格式示例。表格中包含其中一个风险应当输入的实际数据。注意那些包含在登记表中的标题,因为这些条目将在本章的后续部分加以详细介绍。

表 13.4　风险登记表示例

编号	级别	名称	描述	分类	根源	触发器	潜在响应	风险责任人	发生概率	影响	状态
R44	1										
R21	2										
R9	3										

(1) 每个风险事件的编号:项目团队可能希望对特定的风险事件进行排序或快速搜索,因此需要给每个事件赋予一种唯一的标识,即编号。

(2) 风险事件的级别:级别通常用数字表示,1 表示最高级别的风险。

(3) 风险事件的名称:例如,有缺陷的服务器、滞后的完整性测试、减少的咨询费用和良好的宣传效果。

(4) 风险事件的描述:由于风险事件的名称通常是缩写,所以风险事件的描述有助于提供更详细的描述。例如,在描述中说明,咨询费用的减少可能是机构与另一个咨询师协商低于平均费用,因为该咨询师乐意为公司服务而且咨询费用较低。

(5) 风险事件的分类:例如,有缺陷的服务器可能属于更大的技术类或者硬件技术类风险。

(6) 风险根源:有缺陷的服务器可能是因为电力供应缺陷导致。

(7) 每个风险的触发器:触发器是实际风险事件的指标或征兆。例如,早期活动预算超支可能是估算不准确的征兆。有缺陷的产品可能是低质量供应商的征兆。记录潜在的风险征兆可以帮助项目团队识别更多的潜在风险事件。

(8) 每个风险的潜在响应:对于有缺陷的服务器这样一个风险事件,潜在响应会是按照合同条款要求供应商在规定的时间内和商定好的费用下对服务器进行更换。

(9) 风险责任人或对风险负责的个人:例如,某个人可能会负责与服务器相关的风险事件,管理相应的响应策略。

(10) 风险发生概率:特定风险事件发生的概率有高、中、低。例如,服务器故障应该是低概率事件。

(11) 风险影响:如果风险事件实际发生,可能对项目产生高、中、低三种影响。服务器故障将会对项目按时成功完成产生较高的影响。

(12) 风险状态:风险事件发生了吗?响应措施完成了吗?风险事件与项目不再相关了吗?例如,针对服务器缺陷这一风险的合同条款已经完成了。

例如,下面的数据可能是登记表中填入的第一条风险。注意,钱勇胜的团队正在采取积极主动的方法开展风险管理。

- 编号：R44。
- 级别：1。
- 名称：新客户。
- 描述：我们以前未做过该机构的项目,而且对该机构也不是特别了解。我们公司的优势之一在于建立良好的客户关系,这样可进一步地实施更多的合作项目。由于该机构是新客户,因此我们可能与新客户在合作上遇到问题。
- 分类：人力风险。
- 根源：我们中标了一个项目,但是却对该客户不甚了解。
- 触发器：项目经理和更高层的经理意识到我们对于该客户的认识较少,从而可能会误解客户的需求或期望。
- 潜在响应：项目经理需要重视新客户,并且花时间了解该客户。项目经理需要组织一次研讨会来认识并了解客户,明确用户期望。钱勇胜也应该参加此次会议。
- 风险责任人：项目经理。
- 发生概率：中。
- 状态：项目经理将在本周内组织研讨会。

识别风险之后,下一步是通过定性分析了解哪些风险是最重要的。

13.1.5　控制风险的措施

控制风险包括执行风险管理过程以应对风险事件。执行风险管理过程是指确保风险意识是一项在整个项目过程中,全部由项目团队成员执行的不间断的活动。项目风险管理并不会停留在最初的风险分析上。识别的风险也许并不真的发生,或者它们发生或损失的概率会消失。先前识别的风险,也可能被确定有更大的发生概率或更高的损失估计值。同理,在项目的进行过程中,还会识别出新的风险。新识别的风险需要和已经识别出的风险经历同样的过程。由于风险暴露的相对变动,项目团队有必要对用于风险管理的资源进行再分配。

实施单独的风险管理计划包括根据制定的里程碑监测风险、制定关于风险和风险响应的策略。如果一项策略无效则需要改变这一策略,实施计划好的应急活动,或者当风险不存在时,将其从潜在风险列表中消除。项目组在没有可使用的应急计划时,有时会使用权变措施,即对风险事件的未经计划的响应措施。

风险再评估、风险审计、变量和趋势分析、技术性能测量、储量分析、状态要求和定期的风险评审(如十大风险事件追踪方法)都是实施风险监测和控制的工具和技术。这一过程的输出是工作绩效信息、变更请求,以及对项目管理计划、其他项目文档和组织过程资产的更新。

计划风险管理是决定如何编制和计划项目风险管理活动的过程。这一过程的主要成果是风险管理计划。风险管理计划记录了项目全过程中的风险管理流程。项目团队通常应在项目生命周期的早期举行几次计划会议,以有助于开发编制风险管理计划。项目团队应审查项目文档、共同的风险管理政策、风险种类、以往项目的经验教训报告,创建风险管理计划的模板。审查不同干系人的风险承受力同样非常重要,例如,如果项目发起人是风险厌恶型的,就需要采用不同于针对风险喜好型发起人的方法来管理风险。

风险管理计划概括了风险管理在具体项目中将如何执行。像其他的知识领域计划一样,它是项目管理计划的子集。表 13.5 列出了在风险管理计划中应该着重强调的一般主题。明确角色和责任、准备预算和风险相关工作的进度评估、识别风险类别等都是非常重要的事情。同时,描述风险管理如何具体操作(包括创建风险相关文档、评估风险概率和影响)也是非常重要的事情。风险管理计划的详细程度依据项目需要的不同而差异较大。

表 13.5 风险事项跟踪示例

| 风险事件 | 月 份 级 别 | | | 风险解决处理 |
	本月级别	上月级别	进前 10 的月份数目	
计划不完善	1	2	4	审查整个项目管理计划
定义不清晰	2	3	3	召集会议,和项目的客户和发起人一起来划清范围
缺少领导	3	1	2	前项目经理辞退后,任命新项目经理
成本预算不准	4	4	3	审查成本估算
时间估算失误	5	5	3	审查进度估算

很多项目除了编制风险管理计划以外,还有应急计划、退路计划和应急储备金等。

应急计划(contingency plan)是指如果所识别的风险事件发生,项目团队将会采取的预先规定的措施。例如,如果项目团队知道,一个新的软件包发布后,可能不能及时地应用到项目中,他们就可能执行应急计划,使用现有的、老版本的软件。

退路计划(fallback plan)是对项目目标的完成具有很大影响的风险编制计划,如果降低风险的措施无效,将实施这个计划。例如,一个刚毕业的大学生对于自己毕业后住在哪里应该有一套主要计划和几套应急计划,但是如果这些计划都无法实现,退路计划可能就是要在家里住一段时间。有时候,应急计划和退路计划这两个名词可能会被交叉使用。

应急储备金(contingency reserve)或应急津贴(contingency allowance)是指由项目发起人或机构所提供的储备,用于将项目成本或进度超出预期的风险降低到可接受的程度。应急储备金是已知的风险,而管理储备金是用来承担未知风险的基金。例如,如果由于员工对一些新技术的使用缺乏经验,而项目团队又没有意识到,最终导致项目偏离正常轨迹,那么项目发起人可以从应急储备金中拨出一部分资金,雇用外部顾问,为项目成员使用新技术提供培训和咨询。

管理储备金(management reserve)是为了管理控制未知风险而设立的。它们不是成本基线的一部分,但它们是项目预算和资金需求的一部分。如果管理储备基金被用于不可预见的工作,在变更被批准后,它们将被添加到成本基线里。应急计划、退路计划、储备金展示了采取积极主动的方法管理项目风险的重要性。

风险被识别和量化之后,机构必须编制一项响应风险的计划,包括减少负面风险、增加正面风险的因素和策略。

应对负面风险的 4 项基本措施如下。

风险规避(**risk avoidance**)指消除某一具体的威胁,通常采用消除其原因的方法。当然,并不是所有的风险都能消除,但具体的风险事件可以。例如,一个项目团队可能会决定在某一项目上继续使用一种特定的硬件或软件,原因是他们知道它能发挥作用。其他类似产品也可以用于该项目,但如果团队对这些产品不熟悉,它们可能就会引起巨大的风险。使用熟悉的硬件或软件就能消除这一风险。

风险承担(**risk acceptance**)指当风险发生时接受其带来的后果。例如,一个项目团队计划召开一个项目群审查会议,如果某特定会议场所得不到批准,那么他们会使用一项应急或后备计划,来积极地应对风险。另外,他们也可能采取消极的手段,接受机构提供给他们的任何会议设施。

风险转移(**risk transference**)指将风险的结果及其管理责任转移到第三方。例如,风险转移经常用于处理财务风险问题;项目团队可以为项目所需的特殊硬件购买专项保险或担保。如果硬件不起作用了,那么保险人必须在规定的期限内更换新的硬件。

风险缓解(**risk mitigation**)指通过减少风险事件发生的概率来缓解风险事件的影响。在本章开始时介绍过一些建议,用于降低与 IT 项目常见风险来源有关的一些风险。其他风险缓解的例子有:使用成熟的技术、招募胜任的项目管理人员、使用各种分析和验证技术以及从分包商那里购买维修或服务等。

表 13.6 给出了缓解项目技术、成本和进度风险的一般策略。值得注意的是,经常进行项目监测、使用 WBS 和 CPM,是技术、成本和进度风险管理领域的共同策略。增加项目经理的权限是一项转移技术和成本风险的策略,选择最具经验的项目经理被认为可以降低进度风险。改善沟通也是一项减轻风险的有效策略。

表 13.6　缓解项目技术、成本和进度风险的一般策略

技 术 风 险	成 本 风 险	进 度 风 险
强调团队支持,避免孤立分散的项目结构	提高项目的监控频率	提高项目的监控频率
增加项目经理的权限	使用 WBS 和 CPM	使用 WBS 和 CPM
改善问题处理和沟通	改善沟通,理解项目目标,团队支持	选择最有经验的项目经理
提高项目的监控频率	增加项目经理权限	
使用 WBS 和 CPM		

应对正面风险的 4 项策略为风险开发(**risk exploitation**)、风险共享(**risk sharing**)、风险增强(**risk enhancement**)和风险承担(**risk acceptance**)。

风险响应计划的主要成果包括与风险相关的合同条款、项目管理计划和其他项目文档的更新,以及风险登记表的更新。例如,如果钱勇胜的公司决定就计算机课堂项目的培训与一个当地的培训公司合作,来达到共享良好社会关系的目的,那么它将会与那家公司签订合同。如果风险响应策略中需要额外的任务、资源或时间才能完成,那就需要更新项目管理计划和相关的计划。风险响应策略常导致 WBS 和项目进度的改变,所以与此相关的计划也要更新。同时风险响应策略也通过描述风险响应、风险所有者和状态信息提供风险登记表

的更新信息。

风险响应策略还包括残余风险和二次风险的识别，及前面提到的应急计划和储备金。残余风险（residual risk）是指实施风险响应策略后剩余的风险。例如，即使使用在项目中已经用过的非常稳定的硬件产品，仍旧存在着不能正常运行的风险。二次风险（secondary risk）是实施风险响应策略后的直接结果。例如，使用更加稳定的硬件产品可能引起外设运行异常。

◇ 13.2 项目执行过程模板

13.2.1 项目执行过程输出

项目执行涉及采用必要的行动以确保完成项目计划中的活动，包括根据工作需要将任何新的硬件、软件和过程引入正常操作中。项目的产品是在项目执行过程中产生的，通常需要最多的资源来完成这个过程。表 13.7 列出了知识领域、执行过程和项目执行的输出。

表 13.7 项目执行过程和输出[28]

知 识 领 域	执 行 过 程	输 出 材 料
项目集成管理	指导和管理项目执行	可交付成果 工作绩效数据 变更请求 项目管理计划更新 项目文档更新
项目质量管理	执行质量保证	变更请求 项目管理计划更新 项目文档更新 组织过程资产更新
项目人力资源管理	组织项目团队	项目人员分配 资源日历 项目管理计划更新
	建设项目团队	团队绩效评估 企业环境因素更新
	管理项目团队	变更请求 项目管理计划更新 项目文档更新 企业环境因素更新 组织过程资产更新
项目沟通管理	管理沟通	项目沟通 项目文档更新 项目管理计划更新 组织过程资产更新

续表

知 识 领 域	执 行 过 程	输 出 材 料
项目采购管理	管理采购	选择卖方 协议 资源日历 变更请求 项目管理计划更新 项目文档更新
项目干系人管理	管理项目干系人	问题日志 变更请求 项目管理计划更新 项目文档更新 组织过程资产更新

许多项目的发起人和客户重点关注提供的产品、服务或项目预期结果等项目的可交付物。记录变更请求和计划文档的更新也是项目实施的重要输出。

13.2.2　撰写里程碑报告的方法

以以上案例为例来说明。艾丽丽知道,提供强有力的领导和使用好的沟通技巧对于好的项目执行是至关重要的。对于这个相对较小的项目,艾丽丽能够与所有的团队成员紧密合作,从而保证产生期望的工作结果。她还能够利用自己的关系网,在不增加项目成本的情况下,从公司内部人员和外部资源得到意见。她确信,每一个将使用所建立的内网应用的人都知道,作为项目的一部分他们自己正在做些什么,以及内网网站在未来能提供什么样的帮助。

艾丽丽明白无论项目大小,工作效率是成功执行的关键因素,因此她利用公司中所有她能使用的资源。例如,她使用公司一个正式的变更请求表,尽管这个表主要用于外部项目。对于几个采购文档,公司同样有几个合同专家和模板。项目团队将利用这些来完成计划外包的部分。如前所述,艾丽丽知道首席执行官和项目发起人高福泉想通过里程碑报告来看到项目的进展。首席执行官想让艾丽丽提醒他任何潜在的麻烦和问题。艾丽丽与团队成员经常见面,每周与高福泉一起审核完成里程碑的进展,讨论项目中出现的任何问题。尽管艾丽丽能够使用项目管理软件来创建里程碑报告,但她更喜欢使用 Word 处理软件,因为项目比较小,同时也能够比较好地控制报告的格式。表 13.8 给出了艾丽丽和高福泉在 6 月 17日审核的项目管理内网网站项目里程碑报告的样例。

表 13.8　6 月 17 日里程碑报告

里 程 碑	日 期	状 态	责 任 人	问题/注释
启动				
识别利益相关者	5 月 2 日	完成	艾丽丽和高福泉	
签署项目章程	5 月 10 日	完成	艾丽丽	进行得很顺利
召开项目启动会议	5 月 13 日	完成	艾丽丽	

续表

里　程　碑	日　　期	状　　态	责　任　人	问题/注释
计划				
签署团队契约	5 月 13 日	完成	艾丽丽	与发起人和团队一起审核
完成项目范围说明	5 月 27 日	完成	艾丽丽	
完成工作分解结构	5 月 31 日	完成	艾丽丽	
完成风险排序清单	6 月 3 日	完成	艾丽丽	
完成进度表和成本基准	6 月 13 日	完成	艾丽丽	
执行				
局域网网站设计	6 月 26 日		宗凯文	
完成项目收益衡量	8 月 9 日		艾丽丽	
收集用户的输入	8 月 9 日		费杰西	
完成"文章"栏目	8 月 23 日		费杰西	
完成调查工作	8 月 28 日		艾丽丽	
完成"模板和工具"栏目	9 月 6 日		艾丽丽	
完成"专家咨询"栏目	9 月 6 日		陈尔生	目前反映较差
完成"用户请求"栏目	9 月 6 日		胡道迪	
完成"链接"栏目	9 月 13 日		宗凯文	
建成局域网	10 月 4 日		宗凯文	
完成局域网测试	10 月 18 日		胡道迪	
内网网站推广完成	10 月 25 日		艾丽丽	
完成内网投入使用	10 月 25 日		宗凯文	
监控				
进度报告	每周五		所有人	
收尾				
最终项目展示完成	10 月 27 日		艾丽丽	
发起人签字确认项目完成	10 月 27 日		高福泉	
最终项目报告完成	10 月 28 日		艾丽丽	
提交经验总结报告	11 月 1 日		所有人	

◆ 13.3　风险监控

　　风险监控涉及的是执行风险管理过程以应对风险事件。执行风险管理过程意味着确保项目团队在整个项目周期一直保持着风险意识。项目风险管理并非在最初的风险分析完成后就停止了。识别过的风险可能不会发生,或者可以最小化它们发生的概率及其引起的损失。仓促识别的风险可能会有更大的发生概率或预计损失值。类似的是,新的风险将会被看成项目取得的进展。最近识别的风险跟那些在开始的风险评估中识别过的风险一样,都需要经过同样的程序。由于风险暴露出的相关变化,在风险管理中进行资源再分配就显得十分必要了。

执行单个的风险管理计划包括根据定义的里程碑来监测风险,并做出有关风险及其应对战略的决策。如果原先战略失效,就必须改变战略,执行计划中的应急措施,或者在一个风险不复存在时把它从潜在风险列表中去掉。当没有应对方案时,项目团队有时会使用迂回的应对方案,当没有应对方案时,对风险采取随机应变的应对措施。

实施风险监控的工具和技术包括风险再评估、风险审计、偏差和趋势分析、技术性能测量、储备分析、状态会议以及定期风险评审(如前十大风险条目跟踪法)。这个过程的输出是风险登记册的更新、组织过程资产的更新(比如有利于将来项目的经验教训)、变更请求、项目管理计划的更新及其他项目文件的更新。

13.3.1　项目的风险因素

可以把风险因素分为宏观、中观、微观三方面,也可以从政治、市场、技术、法律、施工、运营等方面来分析。项目的风险因素来源于环境、人员、技术等方面。例如,我们对污水处理厂公私合营项目的财务风险因素进行分析得到表 13.9。

表 13.9　污水处理厂公私合营项目的财务风险因素清单

序号	风险因素	情况说明	风险等级
1	土地征用	土地许可证未能办理,导致运营许可证延后,无法申请专项奖励及贷款利率上升	2
2	补贴或优惠政策	200 万专项奖励未能申请	1
3	政府信用	多项约定均未能按《特许经营权》协议执行	1
4	利率变动	利率上升	2
5	市场需求变化	企业数量减少,污水处理水量不足且不稳定	1
6	建设成本	发生超支,最终影响项目收益	2
7	管网配套不足	难以满足运营需要,再行投资整改,增加了项目的支出成本	2
8	运营成本	多重因素下,运营成本超支	3
9	价格水平及调价机制	未能按《特许经营权》协议执行	1
10	使用者付费能力	未能按《特许经营权》协议计算付费标准且付费拖延	1
11	使用者排水指标	超标排放,导致处理成本上升	1
12	资本结构合理性	仅靠银行贷款,导致利率难以降低	2
13	融资成本	多重因素下,融资成本过高	2

13.3.2　控制风险

随着风险的发生,控制会变得相对困难。团队始终保持风险意识显得尤为重要。风险一旦识别并精准控制，进行资源补足和重新规划，则风险发生的概率已经大幅减小。

风险控制的主要输出有工作绩效信息、变更请求以及对项目管理计划、其他项目文档和组织过程资产的更新。

◆ 13.4 项目收尾

13.4.1 项目收尾的重要性

收尾过程包括获得干系人和客户对于最终产品和服务的验收，同时使项目或者项目阶段实现有序的结束。它包括核实所有的可交付成果都是完整的，通常还包括最终的陈述。即使许多 IT 项目在完成之前就被取消了，正式结束每个项目同时从中吸取经验教训以有利于将来的项目也是重要的。

将项目平滑过渡到公司日常运作的计划和执行非常重要。大多数项目产生的结果被集成到已有的组织结构中。例如，晶科咨询公司项目管理内网网站项目将需要员工在运作以后支持内网网站。艾丽丽为维持新系统的 3 年生命周期，提供了每年投资 4 万美元的成本，同时还提供了一个过渡计划作为最终报告的一部分，从而保证从系统到公司运作的平滑过渡。计划包括在内网网站交付使用之前要解决的问题列表。例如，在 6 个月的项目完成以后，陈尔生就不再参与内网网站项目，所以团队需要安排其他人支持"专家咨询"栏目，同时让陈尔生安排一些时间与其一起工作。

表 13.10 列出了基于文献[28]中的知识领域、过程和项目收尾的输出。在任何项目的收尾过程中，项目团队成员将花费时间来开发合适的收尾过程，交付项目最终的产品、服务或者成果，更新机构的过程资产，如项目文档和经验教训报告。如果项目团队成员在项目期间有采购项目，那么他们必须正式地完成或者结束所有的合同。

表 13.10 知识领域、过程和项目收尾输出[28]

知 识 领 域	过　　程	输　　出
项目集成管理	项目或阶段收尾	最终产品、服务或成果组织过程资产更新
项目采购管理	采购终止	采购终止组织过程资产更新

项目集成管理的最后过程是项目或阶段收尾，这需要将所有活动终止，并将已完成或取消的工作移交给适当的人员。这一过程的主要输入是项目管理计划、已接受的交付物以及组织过程资产，主要工具和技术还是专家评审。项目收尾的输出内容如下。

（1）最终产品、服务或成果转移。在授权立项时，发起人通常最关心的是能否确保他们获得预期的最终产品、服务或成果。针对合同项下的内容，正式验收或移交过程包含一份书面声明，表示合同条款得到满足。内部项目也可包含某种形式的项目完成表格。

（2）组织过程资产更新。项目团队应该提供项目文档、项目收尾文档以及由项目产生的有用形式的历史信息列表。该信息被看作项目资产。项目团队通常制作一个最终的项目报告，该报告通常包括项目执行完成后需做工作的计划描述。项目团队在项目的最后经常写经验总结报告，该信息可作为对未来项目非常有用的资产。很多机构也实施评审工作，以分析项目是否开展了所有预定的活动，这一类评审信息也将成为未来项目的组织过程资产。

13.4.2　撰写经验教训报告

项目经理和项目组成员都应该准备经验教训报告(lessons-learned report),即一个反馈性的陈述文档,用来记录他们在项目工作过程中总结得到的重要内容。项目经理经常从经验教训报告中组合相关信息形成总结报告。经验教训报告中讨论的一些内容包括项目目标是否有所缩水,项目是否能成功,造成项目变化的原因,修订选择的活动的论证,不同项目管理工具和技术的使用,基于团队成员的经验形成的个人格言语录。在一些项目中,要求所有成员都写简要的经验教训报告。在另外一些项目中,只需要项目经理或组长来写该报告。这些报告反映了人们觉得哪些对项目有用,哪些没有用。每个成员都从不同的角度学习和见识项目,这些有用的经验教训报告不只是出自一人之手,这些报告将成为帮助项目平滑运行的优质资源。为了强化经验教训报告所带来的好处,一些公司要求新的项目经理先阅读一些前面项目经理的经验教训报告,并讨论如何把自己的新思想加到项目中。

表 13.11 给出了项目经理的经验教训报告模板。

表 13.11　项目经理的经验教训报告模板(简化版)

项目名称:晶科咨询公司项目管理内网网站项目

项目发起人:高福泉
项目经理:艾丽丽

项目时间:2018 年 5 月 2 日至 2018 年 11 月 4 日

最终预算:15 万美元

1. 项目是否满足范围、时间和成本目标
  我们确实满足了范围和时间目标,但是不得不申请追加 1 万美元并获得了发起人的审批

2. 在项目范围说明书中列出了哪些成功的准则
  下面是在我们的项目范围说明书中给出的项目成功的准则:
  "我们的目标是在 6 个月内完成项目,花费不能超过 14 万美元。项目的发起人高福泉强调了当内网网站完成后,要在 1 年内收回成本的重要性。为了满足这个财务目标,内网网站必须有用户的高度参与。我们必须制定一个方法用来在内网网站在开发、测试以及正式使用的时候获取利润。即使项目的时间稍微加长,或者成本稍微增加,但是如果该项目有一个好的回报,同时能够帮助公司实现成为杰出咨询机构的目标,那么项目仍将视为是成功的。"

3. 反思你是否满足了项目的成功准则
  如上所述,发起人并不在意项目费用超出预算,只要系统有一个好的回报期和帮助公司实现目标。我们已经编制了新的内网网站的一些财务和前景利益上的文档。例如,我们决定在少一个人的情况下保证 PMO 的正常运行,从而产生了显著的成本节省。同样,我们从几个客户那里得到了关于新的内网网站的良好反馈。

4. 从管理项目来说,哪些是你的项目团队从项目中学到的经验教训?
  主要的经验教训包括以下几方面。
  - 有一个好的项目发起人有助于项目的成功。我们遇到了好几次困难的情况,高福泉富有建设性地帮助我们解决了这些问题。
  - 团队工作是基础。在启动会上,花时间让每个人都了解其他人是很有帮助的。制定和遵循一个团队协议也是有用的。
  - 好的计划在执行中会得到回报。我们花了大量的时间来制定一个好的项目章程、范围说明书、WBS、进度表等。所有的人都一起来制定这些文档。
  - 项目管理软件在整个项目过程中是非常有用的

5. 描述项目中做对的一个例子
6. 描述项目中做错的一个例子
7. 基于在本项目中获得的经验，你将在下一个项目中有哪些不同的做法

13.4.3　项目最终报告的目录内容

　　表 13.12 提供了项目最终报告的目录。封面包括项目名称、日期和团队成员的名字，注意包括过渡计划和在最终报告中每年分析项目的利润计划。同样，要注意最终报告中包含的附件，这些附件是与所有的项目管理和产品相关的文档。

表 13.12　项目最终报告的目录

1. 项目目标
2. 项目结果总结
3. 计划的和实际的开始与结束时间
4. 原始和实际预算
5. 项目评价(为什么做这个项目？将产生什么？项目是成功的吗？项目中哪些是对的，哪些是错的?)
6. 过渡计划
7. 年度项目利润估算方法

附件：
A. 项目管理文档
- 商业论证
- 项目章程
- 团队协议
- 范围说明书
- 工作分解结构
- 基线和实际的甘特图
- 分级风险列表
- 里程碑报告
- 状态报告
- 合同文档
- 经验教训报告
- 最终展示
- 客户验收表
B. 与产品相关文档
- 调研和结果
- 用户输入总结
- 内网网站内容
- 内网网站设计文档
- 测试计划和报告
- 内网网站推广信息
- 内网网站规模使用信息
C. 项目利润估算信息

◈小　　结

本章总结了项目执行或实施过程和收尾工程模板,以及风险管理概念,包括风险定义、风险监控和风险管理过程的输出模板风险登记表、风险跟踪表等。给出收尾过程项目经理经验教训报告示例。

◈习　　题

1. 根据自己主持或参加的项目,使用本章提供模板创建风险登记表,并分析如何控制风险。

2. 假如你所在大学或机构正在考虑一个新的项目。该项目涉及开发一个信息系统,能让所有的学生、职员或客户都进入和维护自己人力资源的相关信息,例如居住地址、婚姻状况、税收信息等。这个系统的主要特点是精简人力资源管理工作。这个信息系统可以做到以下几点:①如果一名学生或客户变更了联系方式,则他只需在此信息系统里输入新的数据即可。②此系统允许公司职员更改代扣所得税或养老金金额。③此系统对机构内部所有成员有不同等级的开放模式。

为这个新项目识别出 5 个潜在风险,确保列出正、负两种风险。详细描述每个风险并提出相应策略。

3. 广义风险范畴有哪些?

4. 风险的来源有哪些?

5. 阅读以下关于信息系统项目管理过程中人群风险分类方面问题的叙述,回答问题。

某公司召开会议,商量是否实施 ERP(Enterprise Resource Planning)项目,三个部门主要负责人就此问题发表了自己的看法。

甲:我们公司不应该实施这个项目。现在我们刚把办公自动化系统搞好,还没有适应,工作效率也没提高多少,再上 ERP 有些不适应,而且这个 ERP 项目花费太大。ERP 在国内很多企业都搞失败了,成功的概率不大。如果我们也失败了,会给公司带来灾难性的后果。利用搞 ERP 的这些钱我们可以做一些短、平、快的项目,多招一些开发高手,提高公司的收益,而不是搞这些无端的风险投资。

乙:不应该一棒子打死 ERP。ERP 是一种新兴事务,ERP 不是万能的,但是不上 ERP 又是万万不行的。企业规模到了一定程度,管理和决策就是一个重要的问题。ERP 是知识经济时代的管理方案,是面向供应链和“流程制”的智能决策支持系统,其先进的管理思想可以帮助企业最大限度地利用已有资源,解决管理和决策问题。

但是实施 ERP 风险很大,很多企业都失败了,主要原因在于项目实施的管理问题,没有及时识别项目中的风险并及时处理,项目监控机制不好,高层支持不够,老员工的适应性差等,最终导致“ERP 夭折”。我们公司以后想获得更大发展,应该实施 ERP。现在有些条件不够,整体上 ERP 不太可行,我们可以分步实施。我们可以借鉴其他企业实施 ERP 的经验,先进行小范围 ERP 实验、积累经验,等以后时机成熟了,我们就整体实施 ERP。

丙:ERP 应该上,而且要迅速上,不应该等。如果其他企业都上了 ERP,那么我们公司再依靠 ERP 获得收益就没有什么希望了。ERP 本身就是一把双刃剑,虽然有风险,但是收益也大,现在我们的目标是收益,对于风险要想法化解。项目实施中要注意借鉴其他企业的经验,摸着石头过河,形成自己的特色,提高自己公司的管理和决策水平,争取把公司做大做强。小的、可以自己解决的风险自己处理;难以处理的、不确定的风险进行外包,实施风险转移;如果管理有问题,可以从专业咨询公司招聘顾问来担当项目经理的职务。总之,尽一切可能实施 ERP,实现收益最大化。

(1) 如图 13.4 所示,横轴表示项目投资的大小,纵轴表示项目成功的概率,A、B、C 代表三种不同应对风险的人。请写出 A,B,C 的名字和特征,并且指出上述案例中甲、乙、丙分别属于哪一种对象。

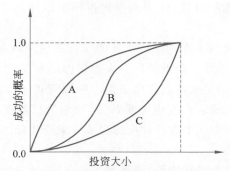

图 13.4　三种风险效用函数代表三种风险偏好

(2) 若公司有三种职位:项目经理、程序员、产品销售人员。你认为甲、乙、丙分别适合做什么? 请说明原因。

(3) 根据你自己的经验,阐述 ERP 实施中的主要风险和应对措施。

团队建设和沟通管理

本章将讲述项目组如何进行团队建设和人力资源管理,以及机构内部的沟通管理内容。

◇ 14.1　组建项目团队

21世纪早期,IT市场极度萧条,因此管理者对人员的招聘具有非常大的选择性。今天,一些企业再一次面临IT人员的短缺,即使在当前的工作市场情况下,获取合格的IT专业人员仍然是至关重要的。也就是说,项目经理是项目组中最聪明的人,却做着简单的人员招聘工作。除了招聘项目团队成员外,在适当的时间给项目的各项工作分配适当种类和数量的人员也是很重要的。

项目经理在全球化环境和富有文化多样性的项目中工作,团队成员经常来自不同的行业,讲不同的语言,有时甚至会在工作中使用一种特别的"团队语言"或文化规范,而不是使用他们的母语;项目管理团队应该利用文化差异,在整个项目生命周期中致力于发展和维护项目团队,并促进在相互信任的氛围中充分协作;通过建设项目团队,可以改进人际技巧、技术能力、团队环境及项目绩效。在整个项目生命周期中,团队成员之间都要保持明确、及时、有效(包括效果和效率两方面)的沟通。建设项目团队的目标包括(但不限于):

(1) 提高团队成员的知识和技能,以提高他们完成项目可交付成果的能力,并降低成本、缩短工期和提高质量。

(2) 提高团队成员之间的信任和认同感,以提高士气、减少冲突和增进团队协作。

(3) 创建富有生气、凝聚力和协作性的团队文化,从而达到以下目的:①提高个人和团队生产率,振奋团队精神,促进团队合作;②促进团队成员之间的交叉培训和辅导,以分享知识和经验。

(4) 提高团队参与决策的能力,使他们承担起对解决方案的责任,从而提高团队的生产效率,获得更有效和高效的成果。

本节介绍与组建项目团队相关的重要内容:人力资源分配、资源负荷和资源平衡。

14.1.1　人力资源分配

在完成了人员配置管理计划之后,项目经理就要与机构的人员一起商量如何给项目分配特定的人员,或者从外部获取项目所需的人力资源。具有很强的影响力和谈判技巧的项目经理往往善于让内部员工参与到他的项目中,但是,机构必须确保分配到项目工作的员工是最适合机构需要,同时也是最能发挥他技术特长的。人员获取过程的主要输出是项目人员分配、人力资源可用性信息和更新人员配置管理计划。许多项目团队也发现了人员获取过程对创建项目团队名录的作用。

能做好人员获取的机构一般都有完善的人员配置计划。这些人员配置计划要描述目前机构中员工的数量和类型,同时还要描述项目现在和将来的活动所需人员的数量和类型。人员配置计划中很重要的一步就是列出一个完整和准确的员工技能清单。如果发现员工的技术和机构的需求不匹配,那么项目经理要和高层管理人员、人力资源部经理以及机构中其他的人员共同进行商讨人员的配置和培训需要。

建立一套完善的程序来获取分包合同商和招聘新员工也是很重要的。因为人力资源部通常负责人员的招聘,所以项目经理必须与人力资源部经理一起来处理招聘合适人员的问题。首要问题是留住人才,尤其是 IT 专业人才。

一种聘用和留住 IT 人员的新方法是,给那些协助招聘和留住人才的在职人员提供激励,例如,有些咨询公司给那些能招来新人的员工每小时 2 美元的奖励。这种方法一方面激励现有的员工帮助吸收新的人员,另一方面公司留住了他们,同时也留住了他们招聘来的新员工。吸引和留住 IT 人才的另一种方法是,根据他们各自的需要提供津贴,例如,有些人希望一星期只工作 4 天,还有的人希望一星期有 2 天能选择在家工作。由于发现好的 IT 人才变得越来越难,机构必须在这些问题上采取更有新意和更实用的方法。

在做出招聘和留任员工决定的时候考虑个人和机构的需求,并且研究在这些领域领先公司的最佳实践是非常重要的。由于许多项目组成员都在一个虚拟环境中工作,所以制订他们的职业发展计划也是很重要的。

14.1.2　资源负荷

项目进度只考虑时间,而没有将时间和资源两者兼顾,其中资源包括人力资源。评价项目经理做得是否成功的标准就是看他是否能在绩效、时间和成本之间掌握平衡。在经济危机时期,以很低的成本或是无成本来获得资源,比如增加人力资源是有可能的。但是,在大多数情况下,解决绩效、时间和成本之间的平衡往往会给机构增加成本。项目经理的目标就是尽可能不增加机构的成本或者不拖延项目完成的时间来获得项目成功。那么,要实现这个目标的关键是有效地管理项目的人力资源。

一旦把人员分配到项目,项目经理有两种方法来最有效地使用项目人员:资源负荷和资源平衡。资源负荷是指在特定时段内,既定进度计划所需的个体资源的数量。资源负荷帮助项目经理了解项目对组织资源和人力资源的需求,项目经理常使用直方图来描绘不同时段所需的资源负荷,如图 14.1 所示。直方图对于确定人员需求和识别人员配置问题非常有帮助。

资源直方图也可以反映出什么时候某个员工或小组被过度分配工作了。过度分配是指在给定时间内分配给某项工作的资源超过了它可用的资源。例如,图 14.1 给出了一个用微软 Project 制作的资源直方图示例。这个直方图反映了一个名叫张兰林的团队成员每星期所分配项目工作的多少。纵坐标的百分数表示张兰林用于项目的可用时间,横坐标以星期为单位表示时间,注意大多数时间张兰林是超负荷的。例如,在 3 月和 4 月的大部分时间和 5 月的一部分时间里,分配给张兰林的工作是他可用时间的 300%,这也就意味着,如果每天正常的工作时间是 8 小时,那么他必须工作 24 小时才能满足这个人力计划的要求。许多人不能正确使用项目管理软件的资源分配功能。还需估计完成这个工作需要多少小时。

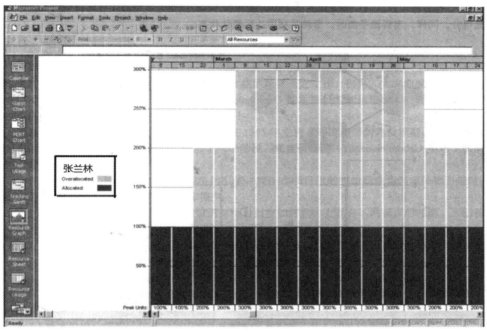

图 14.1　显示个人过度分配的资源直方图示例

14.1.3　资源平衡

资源平衡就是通过任务延迟来解决资源冲突的技术,是一种网络分析方法,以资源管理要素驱动项目进度决策(开始和结束时间)。资源平衡的主要目的就是建立更平稳的资源分配使用。项目经理检查网络图中的时差或浮动时间来识别资源冲突。例如,有时可以通过推迟非重要任务来消除过度分配,因为这并不会导致项目总体进度的延迟。其他时候需要通过延迟项目完成日期来降低或消除过度分配。

过度分配就是一种资源冲突。如果一种资源过度分配了,那么项目经理可以修改进度来消除资源过度分配。如果一种资源处于过剩状态,那么项目经理也可以修改进度尽量使资源得到充分利用。因此,资源平衡的目的就是在允许的时差范围内移动任务,从而使各个时段的资源负荷变化达到最小。

图 14.2 举了一个资源平衡的简单例子。图 14.2(a)的网络图表示活动 A、B、C 可以同时开始,活动 A 需要 2 天、2 个员工才能完成;活动 B 需要 5 天、4 个员工才能完成;活动 C 需要 3 天、2 个员工才能完成。图 14.2(b)的直方图表示所有活动同时开始的资源使用情况。而图 14.2(c)的直方图表示在活动 C 延迟 2 天(即其总时差)开始的情况下资源的使用情况。注意图 14.2(c)的直方图是平坦的或水平的,也就是说,每一方块(活动)被安排在占据最小空间的地方(节省天数和人员数)。也许你可以从俄罗斯方块的游戏中得到启示,尽可能迅速地把方块放在合适的位置才能得分。同样,当资源平衡时,资源的利用达到最佳状态。

图 14.2(a)为活动 A、B、C 及其工期的项目网络。活动 A 有 3 天时差,活动 C 有 2 天

时差。假设活动 A 有 2 个工人，活动 B 有 4 个工人，活动 C 有 2 个工人。

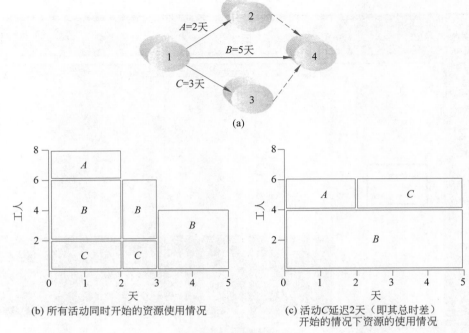

(a)

(b) 所有活动同时开始的资源使用情况　　　(c) 活动C延迟2天（即其总时差）开始的情况下资源的使用情况

图 14.2　资源平衡示例

资源平衡有以下几个优点。

（1）资源的使用情况比较稳定时，它们需要的管理就较少。例如，在一个项目中的某职员，他被安排在今后 3 个月里每周工作 20h，但如果安排他第一周 10h、第二周 40h 及第三周 5h 等，管理起来就要复杂得多。

（2）资源平衡可使项目经理通过使用分包商或者其他昂贵的资源而使用零库存策略。例如，项目经理可以在如测试咨询师这种特定的分包商所做的工作中平衡资源。这种平衡的结果可能使项目只需从外部聘用 4 个全职的咨询师在 4 个月内专门从事测试工作而无须花更多的时间或更多的人。后面一种方式通常代价更大。通过赶工和快速跟踪也可被用于平衡资源问题来改善项目的进度。

（3）资源平衡可以减少财务部与项目人员方面的一些问题。增加或减少劳动力和人力资源往往会带来额外的工作与混乱。例如，如果在同一领域的专家被委派为一个项目每周工作两天而且他们需要一起工作，那么进度需要反映这种需要。财务部可能会抱怨这些外包的供应商在每周工作少于 20h 的情况下索取的成本更高，财务部的会计就会提醒项目经理尽量争取低的报酬成本。

（4）资源平衡还可以提高士气。人们总喜欢工作稳定，如果人们每周甚至每天都不知道他们要为哪个项目工作，那么他们会感到很紧张。

虽然项目管理软件可以自动地平衡资源，但是项目经理在没有对软件产生的结果进行调整的情况下要谨慎地使用该结果。软件自动形成的资源平衡结果常常会推迟项目完成的时间，有时可能因为某些限制因素的不合适导致资源的重新配置。为保证平衡结果的正确性，一个明智的项目经理会让一个擅长使用项目管理软件的项目组成员专门负责资源平衡工作。

◆ 14.2　团队建设的发展阶段

团队建设是提高工作能力,促进团队成员互动,改善团队整体氛围,以提高项目绩效的过程。本过程的主要作用是,改进团队协作、增强人际技能、激励员工、减少摩擦以及提升整体项目绩效。有一种关于团队发展的模型叫塔克曼阶梯理论,布鲁斯·塔克曼博士在 1965 年发表了四阶段团队建设模型,并在 20 世纪 70 年代对这个模型进行了修改,增加了一个阶段。尽管这些阶段通常按顺序进行,然而,团队停滞在某个阶段或退回到较早阶段的情况也并非罕见;而如果团队成员曾经共事过,项目团队建设也可跳过某个阶段。

（1）形成阶段。在本阶段,团队成员相互认识,并了解项目情况及他们在项目中的正式角色与职责。在这一阶段,团队成员倾向于相互独立,不一定开诚布公。

（2）震荡阶段。在本阶段,团队开始从事项目工作、制定技术决策和讨论项目管理方法。如果团队成员不能用合作和开放的态度对待不同观点和意见,团队环境可能变得事与愿违。

（3）规范阶段。在规范阶段,团队成员开始协同工作,并调整各自的工作习惯和行为来支持团队,团队成员会学习相互信任。

（4）成熟阶段。进入这一阶段后,团队就像一个组织有序的单位那样工作,团队成员之间相互依靠,平稳高效地解决问题。

（5）解散阶段。在解散阶段,团队完成所有工作,团队成员离开项目。通常在项目可交付成果完成之后,或者,在结束项目或阶段过程中,解散团队,人员待命。

某个阶段持续时间的长短,取决于团队活力、团队规模和团队领导力。项目经理应该对团队活力有较好的理解,以便有效地带领团队经历所有阶段。

◆ 14.3　项目沟通管理的重要性

许多专家都认为对任何项目特别是 IT 项目的成功,最大的威胁是沟通的失败,其他知识领域中的许多问题(如范围不明确或不切实际的进度表)也表明了沟通的问题。项目经理和他们的团队优先进行良好的沟通至关重要,尤其是和高层管理人员和其他干系人。

信息技术领域在不断变化,这些变化产生了大量的技术行话。当计算机专业人士与非计算机人士进行沟通时,技术行话常常使问题变得越发复杂,使得非专业人士毫无头绪。尽管当今使用计算机的人越来越多,但是随着技术的进步,用户与开发者之间的差距越来越大。当然,并不是所有计算机专业人员都不善于沟通,任何领域的人员都可以通过合理方法提高自己的沟通能力。

此外,我们的教育体制注重培养信息技术毕业生的技术技能,而不重视培养他们的沟通与社交技能。大多数与 IT 相关的学位课都有许多技术要求,但很少有沟通(听、说、写)、心理学、社会学和人文科学方面的课程。人们常常认为学习这些"软技能"是很容易的,其实不然。沟通是非常重要的技能,人们同样需要学习和发展这些技能。

许多研究表明,信息技术专业人士需要这些软技能,它们和其他技能同等重要甚至更重要。当在运作 IT 项目时,不可能把技术技能与这些软技能完全分开。为了使项目成功,项目的每个成员都需要这两类技能，而且这两类技能都应该通过正规教育和在职培训得到不断提高。

研究继续显示对 IT 专业人员的高需求以及良好的沟通和业务技能的重要性。*International Journal of Business and Social Science* 杂志上一篇文章显示：

- 企业正在寻找拥有技术、软性和业务技能的复合员工。
- 最重要的非技术技能包括解决问题、团队协作、倾听，它是一种适应新的技术和语言、时间管理的能力，是一种将知识转化为实际应用、多任务处理、语言沟通的能力，也是一种可视化和概念化的能力，主要有从顾客角度思考的心态、人际交往能力、对企业文化的了解、跨团队沟通、给予和接受建设性的批评。
- "对这些非技术技能的需求是如此之大，一些 IT 公司表示，只要相关人员具备稳定的软性和商业技能，即使他们技术不好，也可以雇用他们。"

因此，良好沟通是项目成功的关键要素。

项目沟通管理的目标是确保项目信息能够及时且适当地生成、收集、发送、存储和部署。以下是项目沟通管理的三个主要过程。

（1）规划沟通管理——基于每个相关方或相关方群体的信息需求、可用的组织资产，以及具体项目的需求，为项目沟通活动制定恰当的方法和计划的过程。这个项目过程的输出包括沟通管理计划和项目文档更新。

（2）管理沟通——确保项目信息及时且恰当地收集、生成、发布、存储、检索、管理、监督和最终处置的过程。这个过程的主要输出是项目沟通记录、项目文档更新、项目管理计划更新和组织过程资产更新。

（3）监督沟通——确保满足项目及其相关方的信息需求的过程。

图 14.3 概括了这些过程和输出，展示了它们何时出现在一个典型项目中。

图 14.3　项目沟通管理概述

◇ 14.4　良好沟通的关键要素

项目经理说,他们花费 90% 的时间用于沟通。理解人的思想和动机不是一件容易的事,有效地与人沟通同样不简单。有几个重要概念可以提供帮助,如专注于个人和团体的沟通需求,使用正规和非正规的沟通方法,以有效和及时的方式提供重要的信息,为传达坏消息设置阶段和理解沟通渠道。

14.4.1　专注于个人和团体的沟通需求

许多高管认为他们可以将更多的人添加到一个落后于进度的项目。不幸的是,由于沟通的复杂性增加,这种方法经常会导致更多挫折。弗雷德里克·布鲁克斯(Frederick Brooks)在他的畅销书《人月神话》中很清楚地说明了这一概念。人是不能互换的零件。你不能假定计划由 1 人花费 2 个月的任务可以在 1 个月内由 2 个人来完成。一个流行的比喻是,你不能让 9 名妇女在 1 个月内生出宝宝!

同样重要的是理解沟通个人和团体的喜好。人有不同的个性特点,这往往会影响他们的沟通喜好。例如,如果你想赞美一个项目团队成员做得好,大多数性格内向的人更愿意私下接受赞美,而大多数外向的人希望每人都听到他们工作做得好。一个直觉型的人想了解一些东西是如何融入大环境的,而一个敏感型的人更希望得到更多专注的、一步一步的详细信息。理性的人想知道信息背后的逻辑,而感性的人想知道信息是如何影响他们以及其他人的。有判断力的人只需要很少的提示就能满足要求,而感性的人会在制订和执行计划时需要更多帮助。然而,每个人都是独一无二的,所以不能基于人格和其他特质进行概括。正如作家史蒂芬·柯维的建议,你需要先站在别人的位置上考虑问题,才可以进行真正的沟通。

同样重要的是,项目经理和他们的团队要意识到自己的沟通风格。正如在前面的章节中了解到的,许多 IT 专业人士具有与一般人群不同的人格特质,如比较内敛、直观、重视思考(而不是感觉)。这些性格上的差异可能会导致他们和外向、感性类型的人沟通不畅。例如,一个由 IT 专业人士编写的用户指南可能不提供大多数用户需要的详细步骤。许多用户更喜欢通过面对面的会议来学习如何使用一个新的系统而不是按照书面指导。他们喜欢双向的对话,这使他们能够通过现场提问获得实践经验。

同时,信息的接收者很少能按照发送者希望的那样解释信息。因此,重要的是提供沟通方法,如书面文字、视觉材料、视频、会议和促进开放对话的环境。可以建立一个反馈回路来确保而不是假设接收者能够理解信息,例如,一些教师使用答题器或类似工具快速衡量学生对概念的理解。许多人会惊讶于他们认为别人能明白和别人真正能明白之间的差异。让许多人承认他们没有理解一些事情也是很困难的。在沟通信息时,项目经理和他们的团队必须有耐心和灵活性,确保联系人理解他们的消息,但又不能沟通过度。

地理位置和文化背景也影响了项目的沟通复杂性。如果项目干系人在不同国家,由于不同国家的不同时区影响安排定时双向沟通往往是很难或不可能的。语言障碍也会导致沟通问题,在不同的语言中同一个词的含义可能有很大差异,时间、日期和其他度量单位也有不同的解释。受某种文化熏陶的人可能会用让别人不太舒服的方式进行沟通,例如,一些国家的管理者仍然不允许妇女或等级低的工人做正式的演讲。一些文化还保留着写下具有约束力的书面承诺文档的习惯。在项目的早期，利用时间研究和理解这些沟通的细微之处，可以起到极大的帮助。

14.4.2　正规和非正规的沟通方法

项目团队成员向他们的项目经理和其他干系人提交报告，然后假定每个需要知道信息的人将会阅读报告，但这是不够的。很多人偏爱非正式的沟通。假如75％的人是性格外向的，喜欢与其他人交谈。通常情况下，很多非技术性的专业人士（从员工到经理）都更喜欢双向对话，而不是通过阅读有关项目的详细报告、电子邮件或网页来找到相关信息。

许多员工和经理想了解参与项目工作的人，并与他们建立互相信任的关系，他们使用有关项目的非正式讨论来发展这些关系，因此，项目经理必须善于通过良好的沟通来建立关系。许多专家认为，一般项目经理和优秀项目经理之间的差异在于他们建立关系并使用共鸣式聆听技巧的能力不同。

口头沟通也有助于项目人员和项目干系人之间建立更紧密的关系，人们喜欢通过互动得到一个关于项目进展程度的真实感觉。研究表明，在面对面进行的互动中，有58％的沟通是通过肢体语言，有35％是通过说话的方式，只有7％是通过实际的说话内容。得出这一结论的作者阿尔伯特·梅拉宾在他的《无声的语言信息》一书中谨慎地指出，这些百分比分别为一组特定变量的具体结果。他的研究表明，重要的是不仅要关注某一个人实际说的话，一个人的语音语调和身体语言更能说明他的感受。

有效的创造和分配信息依赖于项目经理和项目团队成员具有良好的沟通技巧。沟通包括许多不同的方面，如写、说、听，项目人员在他们的日常生活中需要使用所有这些方面。此外，不同的人积极响应不同级别或类型的沟通。例如，一个项目的发起人可能更喜欢每周举行一次非正式的讨论，一边喝咖啡一边了解情况。项目经理需要意识到此偏好，并好好利用它。和一些其他形式的沟通相比，在这些非正式会谈中项目发起人将提出更好的关于该项目的反馈。在非正式谈话中项目发起人可发挥领导作用，同时可在宏观上提供对于项目和机构的成功至关重要的见解和信息。特别是对敏感信息，短的面对面会议往往比电子通信更有效。

14.4.3　以有效和及时的方式提供重要信息

案例：海底光纤通信项目

王杰得是一家大型电信公司的领导。他是一位才华横溢、作风强硬的领导者。但是新的海底光纤通信项目群比他以前参与过的任何一个项目都要复杂得多。海底光纤通信项目群分为多个独立的项目，王杰得负责监督所有项目。由于海底通信系统的市场不断变化，因此对于王杰得来说需要更高的沟通水平和灵活善变力。如果错过了里程碑和交付日期，他的公司将遭受巨大资金损失，小项目每天损失数千美元，大项目每天损失将超过25万美元。许多项目都依赖其他项目的成功，因此，王杰得不得不积极了解和管理这些重要的接口。

王杰得与向他汇报的子项目经理们进行过几次正式的和非正式的讨论。他与子项目经理们以及他的项目实施助理戴劳恩一起为该项目群编制了沟通计划。然而，他还是不能确定管理所有可能变化的最佳方法。他需要给项目经理们制订统一的编制计划和跟踪执行方法,但同时要防止扼杀他们的创造性和自主性。戴劳恩建议考虑使用一些新的通信技术,这样一些重要项目的信息可得到及时更新并保持同步。尽管王杰得对通信和光纤铺设了解很多,但是他不是使用 IT 来改善沟通过程的专家。事实上,这也是他要戴劳恩做他助手的部分原因。他们真的能够编制一个灵活而且容易使用的沟通程序吗?由于每周都有更多的项目被纳入海底光纤通信这个项目群中,所以每分每秒都很宝贵。

如果以上案例中的海底光纤通信项目群包含一个购买和提供特殊潜水装备的项目,同时氧气罐的供应商加大了储罐量,以便潜水员可以在水下停留较长时间,那么其他人将需要了解这个重要的新性能。以有效和及时的方式给机构成员提供此类信息非常重要,这些信息不应该被埋没在供应商的新产品宣传册的附件中。

人们也有一种避免报忧的倾向。如果氧气罐供应商落后于生产,负责该项目购买氧气罐的人可能会等到最后一分钟才汇报这一关键信息。消息可以由网站、电子邮件、短信或类似手段通过文字迅速传递。然而,人们往往对过多的信息变得不知所措,他们可能不明白这在特定项目中意味着什么。

会议和非正式会谈的口头沟通有助于把重要的积极或消极的信息公开化。因为 IT 项目往往需要大量的协调,短而频繁的会面是个好办法。例如,一些 IT 项目经理要求所有项目人员每星期参加"站立"会议,根据项目的需要,有时甚至每天上午举行。站立会议没有椅子,这迫使人们专注于他们需要沟通的内容。如果人们不能面对面,可以用虚拟会议来代替。

14.4.4　为传达坏消息设置阶段

同样重要的是,把各类信息放到项目文档中,尤其是坏消息。你需要知道这个问题是如何影响整个项目和机构的。坏消息对项目来说似乎是一个重大挫折,但是可以通过建议要采取的步骤来解决问题。项目发起人及其他高级管理人员想知道,项目经理已经评估了该情况的影响,考虑了替代方案,并根据专业知识提出了一些建议。项目经理应该知道一个主要问题将如何影响机构的底线,并能够利用他们的领导能力来处理挑战。

14.4.5　确定沟通渠道的数目

沟通的另一个重要方面是参与项目的人数。随着人数的增多,人们有更多的渠道或途径去交流,沟通的复杂度就会随之增大。可以使用下面的简单公式来确定当参与项目的人数增加时沟通渠道数的变化:

$$沟通渠道数 = n(n-1)/2 \qquad (14\text{-}1)$$

式中,n 表示参与的人数。

例如,2 个人有 1 个沟通渠道,也即 $2 \times (2-1)/2 = 1$。3 个人有 3 个沟通渠道,也即 $3 \times (3-1)/2 = 3$。4 个人有 6 个沟通渠道,5 个人有 10 个沟通渠道等。图 14.4 说明了这一概念。可以看出,当人数超过 3 时,沟通渠道的数量会迅速增加。项目经理应该限制团队或子团队的人数,避免沟通过于复杂。例如,如果 3 个人一起完成一个特定的项目任务,则他们有 3 个沟通渠道。如果给团队增加 2 个人,则将会有 10 个沟通渠道,增加了 7 个。如果给团队增加 3 个人,将会有 15 个沟通渠道,增加了 12 个。随着团队人数的增加,沟通会迅速变得更加复杂。

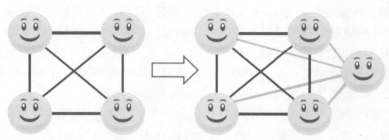

图 14.4 人数对于沟通渠道数的影响

优秀的沟通人员在决定如何分发信息之前会考虑很多因素，包括分组的大小、信息的类型以及合适的沟通媒介。人们经常发送本应该经过精心策划但仓促写成的电子邮件。即使在只有 5 个收件人的小组中，这也是个问题，更何况把这样的消息发送到一个有 500 人或更多人的小组时，负面影响会成倍增加。当被问及为什么可以给小的团队发送电子邮件，却不能给大的团队发送时，一位首席信息官回答道："当机构膨胀时，你将面临许多管理上的挑战，恶劣的沟通会使犯致命错误的可能性呈指数增长。大型项目中有许多部分都很灵活，分开管理就容易得多。沟通是保持每项工作正常进行的润滑油，解决 5 人小组中出现的不信任气氛比解决 500 人的团队要容易得多。"

然而，在某些情况下没有条件进行面对面会议，只能发邮件给大团体的所有参与者。许多 IT 专业人士是在虚拟项目中工作，从未和项目赞助商、团队中的其他人员、其他项目干系人等会面。在这种虚拟的项目环境中，对项目经理来说，选用清楚的沟通途径是至关重要的。他们可以使用电子邮件、即时通信、讨论帖、项目网站或其他信息技术进行大多数信息沟通。偶尔使用电话或其他媒介进行沟通，但一般来说，他们必须依靠良好的书面沟通方式。

项目沟通不仅是创建和发送状态报告。许多好的项目经理知道自己在这方面的优点和不足，以及周围能够补充自己技能的人，正如案例中王杰得要戴劳恩当他的助理那样。与全体项目组成员分享项目沟通管理的责任是一个好的做法。

◆ 14.5 人际关系技能

适用于本过程的人际关系与团队技能包括：

（1）积极倾听。积极倾听技术包括回复已收到、澄清与确认信息、理解以及消除影响相互理解的障碍。

（2）冲突管理。在项目环境中，冲突不可避免。冲突的来源包括资源稀缺、进度优先级排序和个人工作风格差异等。采用团队基本规则、团队规范及成熟的项目管理实践（如沟通规划和角色定义），可以减少冲突的数量。

成功的冲突管理可提高生产力，改进工作关系。同时，如果管理得当，意见分歧有利于提高创造力和改进决策。假如意见分歧成为负面因素，应该首先由项目团队成员负责解决；如果冲突升级，项目经理应提供协助，促成满意的解决方案，采用直接和合作的方式，尽早并且通常在私下处理冲突。如果破坏性冲突继续存在，则可使用正式程序，包括采取惩戒措施。

项目经理解决冲突的能力往往决定其管理项目团队的成败。不同的项目经理可能采用不同的解决冲突方法。影响冲突解决方法的因素包括：

- 冲突的重要性与激烈程度。
- 解决冲突的紧迫性。
- 涉及冲突的人员的相对权力。
- 维持良好关系的重要性。
- 永久或暂时解决冲突的动机。

有以下五种常用的冲突解决方法，每种技巧都有各自的作用和用途。

- 撤退/回避。从实际或潜在冲突中退出，将问题推迟到准备充分的时候，或者将问题推给其他人员解决。
- 缓和/包容。强调一致而非差异；为维持和谐与关系而退让一步，考虑其他方的需要。
- 妥协/调解。为了暂时或部分解决冲突，寻找能让各方都在一定程度上满意的方案，但这种方法有时会导致"双输"局面。
- 强迫/命令。以牺牲其他方为代价，推行某一方的观点；只提供赢-输方案。通常是利用权力来强行解决紧急问题，这种方法通常会导致"赢输"局面。
- 合作/解决问题。综合考虑不同的观点和意见，采用合作的态度和开放式对话引导各方达成共识和承诺，这种方法可以带来双赢局面。

（3）文化意识。文化意识指理解个人、群体和机构之间的差异，并据此调整项目的沟通策略。具有文化意识并采取后续行动，能够最小化因项目相关方社区内的文化差异而导致的理解错误和沟通错误。文化意识和文化敏感性有助于项目经理依据相关方和团队成员的文化差异和文化需求对沟通进行规划。

（4）会议管理。会议管理是采取步骤确保会议有效并高效地达到预期目标。规划会议时应采取以下步骤。

- 准备并发布会议议程（其中包含会议目标）。
- 确保会议在规定的时间开始和结束。
- 确保适当参与者受邀并出席。
- 切题。
- 处理会议中的期望、问题和冲突。
- 记录所有行动以及所分配的行动责任人。

（5）人际交往。人际交往是通过与他人互动交流信息，建立联系。人际交往有利于项目经理及其团队通过非正式机构解决问题，影响相关方的行动，以及提高相关方对项目工作和成果的支持，从而改善绩效。

（6）政治意识。政治意识有助于项目经理根据项目环境和机构的政治环境来规划沟通。政治意识是指对正式和非正式权力关系的认知，以及在这些关系中工作的意愿。理解机构战略、了解谁能行使权力和施加影响，以及培养与这些相关方沟通的能力，都属于政治意识的范畴。政治意识有助于项目经理在项目期间引导相关方参与，以保持相关方的支持。

◆小　结

　　本章通过案例讲述了如何组建项目团队,涉及人力资源分配、资源负荷和资源平衡等,团队建设的发展阶段,项目沟通管理的重要性,良好沟通的关键要素以及人际关系技能要点。

◆习　题

　　1. 你的身边有项目经理人选吗?

　　2. 为什么说沟通管理在项目管理中必不可少?

　　3. 人们沟通传递的三种方式是什么?

　　4. 案例分析:

　　主持人问:小朋友,你长大了做什么?

　　小朋友答:飞机驾驶员。

　　主持人问:如果飞机快没有油了,飞机上有很多旅客,但只有一个降落伞,你怎么办?

　　小朋友答:旅客系好安全带,我背着降落伞跳下去……

　　观众大笑,问观众为什么笑?

　　节目后,小孩子委屈地哭了,问小孩子为什么哭?

　　5. 沟通的人为障碍有哪些?

　　6. 高效沟通技巧有哪些?

　　7. 企业内部沟通常见问题有哪些?

　　8. 阿霞到岗一年,耳朵里已经灌满了老板的闲话,她上司是高级总监,下辖数十个部门,雷厉风行的作风很容易招来众人的非议,阿霞很想把这些情况反映给老板,并劝她在管理方式上稍微柔和一点,又怕身为行政助理不够分量,反而被老板误会成爱传闲话的小人。那么她该不该说呢? 为什么?

项目质量管理

案例：项目质量管理案例

一家大型医疗仪器公司刚雇用了一家大型咨询公司的资深顾问王丹妮，来负责解决公司新开发的行政信息系统（EIS）存在的质量问题。EIS是由公司内部程序员、分析员以及公司的几位行政官员共同开发的。许多以前从未使用过计算机的行政管理人员也被新的、友好的EIS所吸引。EIS能够使他们方便地跟踪按照不同产品、国家、医院和销售代理商分类的各种医疗仪器的销售情况。EIS在几个行政部门获得成功测试后，公司决定把EIS推广应用到公司的各个管理层。

遗憾的是，在经过几个月的运行之后，新的EIS产生了诸多质量问题。人们抱怨不能进入基于Web的系统，这个系统一个月发生了几次故障，而且反应时间也在变慢。用户在几秒之内得不到所需信息，就开始抱怨。有几个人总忘记如何进入系统，因而增加了向咨询台打电话求助的次数。有人抱怨系统中的有些报告输出的信息不一致，显示合计的总结报告与详细报告对相同信息怎么会不一致呢？EIS的行政负责人希望这些问题能够获得快速准确的解决，所以他决定从公司外部雇用一名质量专家。据他所知，这位专家有类似项目的经验。王丹妮的工作将是领导由来自医疗仪器公司和他自己公司的人员共同组成的工作小组，识别并解决EIS中存在的质量问题，编制一项计划以防止未来项目发生质量问题。

◆ 15.1 项目质量管理概念

15.1.1 项目质量管理的定义

项目质量管理需要兼顾项目管理与项目可交付成果两方面，它适用于所有项目，无论项目的可交付成果具有何种特性。质量的测量方法和技术则需专门针对项目所产生的可交付成果类型而定，例如，对于软件与核电站建设的可交付成果，项目质量管理需要采用不同的方法和措施。无论什么项目，若未达到质量要求，都会给某个或全部项目相关方带来严重的负面后果。

项目质量管理是一个很难定义的知识领域。国际标准化组织（ISO）对质量的定义是反映实体满足明确和隐含需求的能力特性总和（ISO 8042：1994）或者一组固有特性满足要求的程度（ISO 9000：2000）。

人们花了大量时间进行研究才提出这些定义，但它们仍很模糊。有些专家基于需求一致性和适用性，对质量进行定义。需求一致性是指项目过程和产品满足书面规范的要求。例如，如果在范围说明书中，按合同条款需要交付 100 台具有特定处理器和内存的计算机，很容易检查是否正确地交付了计算机。适用性是指产品能像它被预期的那样使用。如果计算机交付时不带显示器或键盘，或者这些显示器、键盘被滞留在到岸码头的货柜中，客户可能会不满意，因为计算机不适于使用。客户原以为交货包括显示器和键盘、计算机开箱并安装调试完毕等内容，这样他们才可以使用。

项目质量管理的目的是确保项目满足它所应满足的需求。管理质量被认为是所有人的共同职责，包括项目经理、项目团队、项目发起人、执行机构的管理层，甚至是客户。所有人在管理项目质量方面都扮演一定的角色，尽管这些角色的人数和工作量不同。参与质量管理工作的程度取决于所在行业和项目管理风格。在敏捷项目中，整个项目期间的质量管理由所有团队成员执行；但在传统项目中，质量管理通常是特定团队成员的职责。例如，项目团队应该知道成功地交付 100 台计算机对客户意味着什么。

因此，必须把质量看作与项目范围、时间和成本同等重要。如果一个项目的干系人对项目管理或项目产品的质量不满意，项目组需要对范围、时间和成本做出调整以满足干系人的需要和期望。仅满足对范围、时间和成本的书面需求是不够的，为了使干系人满意，项目组必须与所有的干系人建立一种良好的工作关系，并理解他们明确和隐含的需求。

项目质量管理包括以下三个主要过程。

（1）规划质量管理——识别项目及其可交付成果的质量要求和（或）标准，并书面描述项目将如何证明符合质量要求和（或）标准的过程。将质量标准纳入项目设计是质量管理计划的关键部分。对于一个 IT 项目，质量标准可能包括允许系统升级、为系统设计一个合理的响应时间或确保产生一致的和准确的信息。质量标准也适用于 IT 服务，例如，可以设置标准，规定从帮助界面获得帮助响应需要多长时间、运送一个保修硬件的部件应当用多长时间。规划质量管理的主要输出结果有质量管理计划、过程改进计划、质量度量、质量检查表和项目文档更新。度量（metric）是一个测量的标准。常见的度量标准包括产品故障率、产品和服务的可行性以及客户满意度。

（2）管理质量——管理质量是把机构的质量政策用于项目，并将质量管理计划转换为可执行的质量活动的过程。质量保证过程包括对整个项目的全生命周期过程承担质量责任。高层管理人员应带头强调全体员工在质量保证活动中发挥作用，尤其是高层管理人员要发挥作用。这个过程的主要输出结果是变更请求、项目管理计划更新、项目文档更新和组织过程资产更新。

（3）控制质量——为了评估绩效，确保项目输出完整、正确，并满足客户期望，而监督和记录质量管理活动执行结果的过程。这个过程常与质量管理所采用的工具和技术密切相关，例如，帕累托图、质量控制图和统计抽样。控制质量的主要输出结果包括质量控制测量结果、有效的变更、核实的可交付成果、工作绩效信息、变更请求、项目管理计划更新、项目文件更新和组织过程资产更新。

图 15.1 显示了一个典型项目中的过程和输出结果。

15.1.2　提高 IT 项目质量

在提高 IT 项目质量方面，除了使用好的质量计划、质量保证和质量控制这些有效工具

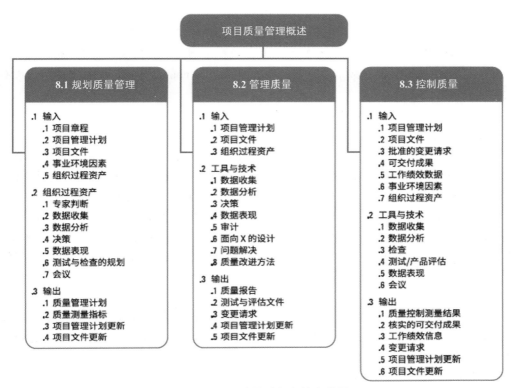

图 15.1　项目中的过程和输出结果

外,还包含一些其他的重要方面。强大的领导、理解质量成本、提供一个好的工作环境来提高质量、努力提供机构在软件开发和项目管理方面的整体成熟度水平,都有助于提高质量。

1. 领导

正如约瑟夫·朱兰在 1945 年所说:"最重要的是高层管理人员应当有质量头脑。如果上层管理不表示出特殊的兴趣,那么下面几乎什么也不会发生。"朱兰和许多质量专家都认为质量问题的主要原因是缺乏有质量头脑的领导。

由于经济全球化和客户的要求越来越高,快速创造价格合理的高质量产品对于企业的生存非常重要,拥有好的质量规划能够帮助公司保持竞争力。为了建立和实行有效的质量规划,高层管理人员必须起领导作用。大部分质量问题出在管理上,而非技术上。因此,高层管理人员必须承担产生、支持和促进质量规划的责任。

摩托罗拉是一个真正强调质量的高科技公司,是一个质量工作的典范。领导是帮助摩托罗拉在质量管理和六西格玛方面取得重大胜利的因素之一。高层管理人员强调了质量改进的必要性,并帮助所有员工承担使客户满意的责任。摩托罗拉长期计划中的战略目标不仅包括对新产品或技术的管理,同样也包括对质量提高的管理。高层管理人员强调不断开发和使用质量标准的必要性,并提供资源(如雇用优秀职员、培训和客户反馈)来帮助提高质量。

领导需要创造一个有助于质量提高的环境。管理部门必须公开宣布公司的质量哲学和行为,在整个公司内推行质量概念和原则的教育和培训,实施测量计划以建立和跟踪质量水平,并积极地证明质量提高的重要性。当每个员工都理解和坚持生产高质量产品时,那么高层管理在提高全体员工质量意识方向就取得了重大成果。

2. 质量成本

质量成本(cost of quality)是一致成本加上不一致成本。一致成本(cost of conformance)指交付满足要求的和适用的产品。这些成本的例子包括编制一个与质量计划有关的成本、分析和管理产品需求的成本、测试成本等。不一致成本(cost of nonconformance)指对故障或没有满足质量期望负责。

与质量相关的 5 类主要成本包括以下几方面。

1）预防成本

预防成本是指计划和实施一个项目使得项目无差错或使差错保持在一个可接受范围内的成本。预防行为，如培训、有关质量的详细研究、对供应商和分包商的质量调查等行为引起的成本都属于预防性成本。在系统开发的早期发现信息系统中的缺陷要比在开发后期更有价值。在大型系统开发中，利用 100 美元来推敲用户需求，可能节省上百万美元用在系统实施以前去发现和纠正缺陷的成本。"千年（Y2K）"问题就提供了这样一个好的成本范例，如果公司是在 20 世纪 60 年代、70 年代或 80 年代决定所有数据都用 4 位数来指代年份而非两位数，那就会节省数十亿美元。

2）评估成本

评估成本是指评估过程及其输出所发生的成本，其目的在于确保一个项目无差错或使差错保持在一个可接受范围内。例如，产品检查和测试、检查和测试设备的维护、处理和报告测试数据等行为都形成质量评估成本。

3）内部故障成本

内部故障成本是指在客户收到产品之前，纠正已识别出的一个缺陷所引起的成本。废料和返工成本、延期付款发生的成本、由于产品缺陷而直接导致的存货成本、为纠正设计错误而引起的设计变更成本、生产废品成本和更正文件的成本都属于内部故障成本。

4）外部故障成本

外部故障成本是指在产品交付给用户之前，与所有未检查出、未纠正的错误相关的成本。担保、区域服务人员的培训、产品责任诉案、客户抱怨处理和未来商务机会的丧失所引发的成本都是外部故障成本的例子。

5）测量与测试设备成本

测量与测试设备成本是为执行预防和评估活动而购置的设备所占用的资金成本。

许多行业只允许一个相当低的不一致成本，但 IT 行业却不是这样。一般来说，大型软件的维护成本高达开发总成本的 4 倍左右。目前，软件开发机构把 60％以上的工作量用于维护自己的软件上，大约 50％的开发成本被用于软件测试和排错。尽管百分比也许有些提高了，但仍然很高。

高层管理人员要对 IT 中过高的不一致成本负主要责任。高层管理人员常催促自己的机构开发新系统，但并不给项目团队足够的时间或资源，以保证他们第一次就能够成功完成项目。为了纠正这些质量问题，高层管理人员必须创造一种包含正确质量观念的企业文化。

3. 机构影响、工作环境因素和质量

汤姆·迪马可和提摩西·李斯特(Timothy Lister)的一项研究得出了一些有关机构与相对生产率的有趣结果。迪马可和李斯特进行了一项称为"编码战争游戏"的研究，这项研究开始于 1984 年并持续了好几年，来自 92 个机构的 600 多位软件开发员参与了这项游戏。

设计这个游戏是为了在一个广泛的机构、技术环境和编程语言范围内,检验它们对编程质量和生产率的影响。研究表明,机构问题比技术环境和编程语言对生产率的影响更大。

例如,迪马可和李斯特发现参与者的生产效率大相径庭,一个团队能在 1 天时间内完成编码项目,而另一个团队却需要花费 10 天时间。而来自同一机构的软件开发者,生产效率的变化只有 21%。如果从一个特定机构来的一个团队在 1 天内能够完成的编码项目,那么从同一机构来的另一团队最长在 1.21 天内肯定能够完成。

迪马可和李斯特也发现生产率与编程语言、工作经历或薪水之间没有联系。此外,研究还表明,提供专注的工作空间和安静的工作环境是提高生产率的关键因素。研究结果建议高层管理人员应努力改善工作环境以提高生产率和质量。

迪马可和李斯特在 1987 年写了一本书叫《人件》,这本书的基本观点是影响工作绩效和项目成败的主要原因本质上不是技术层面而是社会层面。他们建议减少办公会议,给聪明的人一定的物理空间、智力性职责和战略导向性的任务,即让他们不受干扰地工作。经理的作用不是使员工工作,而是创造使员工不受行政性干扰工作的可能。

4. 质量中的期望与文化差异

许多有经验的项目经理知道管理期望是项目质量管理的一个重要方面。虽然质量的许多方面都能够清楚地定义和测量,但也有许多方面是无法做到的。不同的项目发起人、客户、用户和其他干系人对项目的不同方面都有不同的期望。理解这些期望并对由不同期望可能引起的冲突进行管理是非常重要的。例如,在开篇案例五中,当有些用户在几秒内不能获得信息时,他们就会很烦躁。在过去,登录系统要等两三秒,但今天很多计算机用户希望系统运行得更快些。项目经理和他的团队在定义项目范围时必须考虑与质量相关的期望。

不同的机构文化或地理区域,期望也可能是不同的。到过某些机构、很多国家或世界的不同地方的人知道,各个地方的期望是不一样的。例如,公司的某个部门可能希望员工大多工作时间是在他们自己的工作区域里工作并有着装要求;而同一个公司的另一个部门却可能注重员工预期的工作成果,而不管他们是在什么地方工作和如何穿着。在小镇工作的人们很少希望驾车去工作,而在大城市工作的人们希望驾车或依靠公共交通系统去工作。

第一次在别的国家工作的人常常对不同的质量期望感到吃惊。到别的国家旅游的游客可能抱怨那些他们忽略的事情,比如很容易地打移动电话、买火车票和获得最新版地图等。认识到不同的国家在质量方面还处于不同的发展阶段是很重要的。

5. 成熟度模型

另一个改进软件开发项目管理质量和一般项目管理的方法是使用成熟度模型(maturity model),它是用于帮助机构改进它们的过程和系统的框架模型。成熟度模型描述一个日益有机构的和有系统的成熟过程的进化路径。许多成熟度模型有 5 个层次,第一个层次描述了最无组织性的或最小成熟度机构的特征,第五个层次描述了最有组织性和最成熟机构的特征。三个流行的成熟度模型包括软件质量功能配置(SQFD)模型、能力成熟度模型集成(CMMI)以及项目管理成熟度模型。

1) 软件质量功能配置模型

软件质量功能配置模型(Software Quality Function Deployment model,SQFD model)是质量功能配置模型的改进。质量功能配置模型是 1986 年作为全面质量管理(TQM)的实施措施而提出来的。SQFD 着重定义用户需求和软件项目计划。SQFD 的最后结果是一套可衡量的技术产品规范以及它们的优先级。越是清晰的需求越能够减少设计变更、提高生产率，最后，软件产品就更可能满足干系人的需求。把质量引入早期产品设计的观念是基于田口宏一对鲁棒设计法的强调。

2）能力成熟度模型集成

另一个流行的成熟度模型是在卡内基-梅隆大学的软件工程协会中得到不断发展的。软件工程协会（SEI）成立于 1984 年，它是美国国防部在广泛要求解决软件工程技术移植问题的情况下设立的研究与开发中心，由联邦政府资助。能力成熟度模型集成（Capability Maturity Model Integration，CMMI）是"为一个机构的各种过程提供的有关有效过程基本要素的一种过程改进方法。它可以用来指导整个项目、一个部门或整个机构的过程改进。CMMI 有助于整合传统的单独的机构功能，设置过程改进的目标和重点，提供质量控制过程的指导，并提供一个参考点评估当前过程"。CMMI 的级别如下。

（1）不完整级：在这个级上，过程未执行或部分执行。这一级上没有通用的目标，一个或多个具体目标也不满足。

（2）执行级：在执行级上，执行过程满足该过程的特定目标并支持生产产品所需要的工作。虽然这种能力水平会得到改进，但如果没有制度化，这些改进就可能会随着时间的推移而丢失。

（3）管理级：在这个层面上，这个过程有基本的基础设施的支持。基于策略进行规划和执行过程，并雇用有足够资源的熟练的人来生产控制输出。这个水平反映的过程工艺能够确保现行做法在业务繁忙的时候仍然有效。

（4）定义级：在此成熟度级别上，过程有严格的定义。标准、过程描述以及每个项目的程序是从机构标准过程集调整的。

（5）量化管理级：在这个层面上，过程是使用统计的以及其他量化管理的手段进行管理的。机构在过程管理中使用量化管理的质量和过程性能指标作为管理的标准。

（6）优化级：通过理解变化过程中固有的常见原因而提高优化过程。优化的过程聚焦于使用增量的和创新技术进步手段来达到不断改进过程性能的目的。

许多想进入政府市场领域的公司已经认识到，除非它们获得 CMMI 级别 3，否则它们将不会获得多少机会，也包括不会获得参与投标的机会。据一位管理者所说："CMMI 真正代表未来，那些现在没有跟上潮流的人将发现他们已经落后了。"

3）项目管理成熟度模型

20 世纪 90 年代后期，一些机构开始在能力成熟度模型集成的基础上开发项目管理成熟度模型。在机构意识到软件开发过程和开发系统需要改进时，它们同时也意识到了强化项目管理过程和项目管理系统的必要性。

PMI 标准开发计划小组在 2003 年 12 月颁布了机构项目管理成熟度模型（OPM3），2013 年 9 月，发布了第 3 版。超过 200 名来自世界各地的志愿者是 OPM3 小组的部分成员。模型的形成是基于对超过 30 000 名项目管理专家的市场研究调查，并含有 180 项最佳实践和 2400 多项能力、成果和关键绩效指标。据 OPM3 计划主管约翰·斯雷科特说："这个标准模型将帮助机构评估和改进他们的项目管理能力，而这个能力是通过项目实现机构战略所必需的。项目成熟度模型为项目管理、项目群管理和项目组合管理的最佳实践设定标准，并阐述了实现这些最佳实践所需要的能力。"

OPM3 提供了下面的解释来阐述最佳实践标本、能力、成果和关键绩效指标。

- 最佳实践标本：建立内部项目管理社区。
- 能力：促进项目管理活动。
- 成果：建立地方倡议，意味着机构对大家感兴趣的共识领域开了一个窗口。
- 关键绩效指标：社区解决当地的问题。

安排最佳实践要分为 3 个层次：项目、项目组和投资组合。过程改进在层次中再分类，最佳实践的分类是分为 4 个阶段：标准化、测量、控制和改善。例如，下面的列表包含 OPM3 中列出的几种最佳实践标本。

项目的最佳实践标本：

- 项目启动流程标准化。
- 项目计划制订过程的测量。
- 项目范围规划过程控制。
- 项目范围定义过程改进。

投资组合的最佳实践标本：

- 计划活动定义流程标准化。
- 计划活动排序过程测量。
- 计划活动持续时间估算过程控制。
- 项目组进度表开发流程改善。

项目组的最佳实践标本：

- 投资组合资源规划过程标准化。
- 投资组合成本估算过程测量。
- 投资组合成本预算过程控制。
- 投资组合风险管理规划过程改进。

有些公司提供了相似的项目管理成熟度模型。国际知识协会公司的项目成熟度模型分为 5 级：通用术语、通用过程、单一方法、基准比较和持续改进。ESI 国际公司的项目成熟度模型的 5 级分别是就事论事、一致、集成化、综合性和优化。尽管每一级的名称不一样，但目标是清楚的：机构需要提高自身的能力来管理项目。许多机构评估其自身正处于项目成熟度的哪一个水平上，正如它们用 SQFD 和 CMMI 成熟度模型评估软件开发成熟度一样。机构正在意识到自己必须遵守项目管理的规律以提高项目质量。

◇ 15.2　计划质量管理

15.2.1　什么是计划质量管理

计划质量管理是项目管理计划的组成部分，描述如何实施适用的政策、程序和指南以实现质量目标。它描述了项目管理团队为实现一系列项目质量目标所需的活动和资源。计划质量管理可以是正式或非正式的，非常详细或高度概括的，其风格与详细程度取决于项目的具体需要。应该在项目早期就对计划质量管理进行评审，以确保决策是基于准确信息的。这样做的好处是，更加关注项目的价值定位，降低因返工而造成的成本超支金额和进度延误次数。

计划质量管理包括（但不限于）以下组成部分。

- 项目采用的质量标准。

- 项目的质量目标。
- 质量角色与职责。
- 需要质量审查的项目可交付成果和过程。
- 为项目规划的质量控制和质量管理活动。
- 项目使用的质量工具。

与项目有关的主要程序，例如，处理不符合要求的情况、纠正措施程序，以及持续改进程序。

15.2.2　计划质量管理与项目范围管理的关系

质量计划包括为确保质量而以一种能理解的、完整的形式来传达纠正措施。在项目质量计划中，描述能够直接促成满足客户需求的关键因素是重要的。机构的质量方针、特定项目的范围说明书和产品描述以及相关标准与规章制度都是质量计划过程的重要输入。

正如在项目范围管理（见第 11 章）中提起的那样，要完全理解 IT 项目的绩效标准常常是很困难的。即使硬件、软件和网络技术在一段时间保持静止，对客户来说也常常难以确切解释他们在一个 IT 项目中究竟想要什么。IT 项目中影响质量的重要范围部分包括功能性和特色、系统输出、性能、可靠性和可维护性。

功能性是一个系统执行其预定功能的程度。特色是吸引用户的系统特性。明确系统的哪些功能和特色是必须具备的，哪些功能和特色是可选的，这是非常重要的。在案例中，EIS 必须具备的功能性可能是允许用户通过预设的种类，如产品组、国家、医院和销售代理商，来检索某特定医疗仪器的销售情况。EIS 必须具备的特色可能是一个带图标、下拉菜单和在线帮助等的图形用户界面。

系统输出是系统产生的界面和报告。对于一个系统来说，明确界定其界面和报告的外部特征是很重要的。用户能够很容易地理解这些输出吗？用户能够以合适的格式得到他们需要的所有报告吗？

性能是一个产品或服务如何有效执行客户预期的功能。为了设计一个具有高质量性能的系统，干系人必须阐明许多问题：这个系统应能够处理多大规模的数据量和交易量？这个系统设计应能满足多少位用户同时操作？用户数量的增长率是多少？系统必须在哪类设备上运行？在不同环境下，对于系统不同方面的响应时间应有多快？对于案例中的 EIS，其中的几个质量问题看起来就与性能问题有关。如该系统一个月出现几次故障，用户对系统响应时间不满意。这个项目组可能没有特定的性能要求，或没有在正确条件下测试系统使系统按预期运行。购买更快的硬件可能会解决这些性能问题。另外一个可能更难解决的性能问题是一些报告产生不一致结果，这个可能是软件的质量问题，由于系统已经投入运行，解决这个问题可能很困难、成本很高。

可靠性是指一个产品或服务在正常条件下表现出符合预期情况的能力。当讨论 IT 项目的可靠性时，许多人使用 IT 服务管理。读者可参见参考文献［28］的配套网站的推荐阅读，如 ISO/IEC20000，它基于信息技术设施库。

可维护性说明进行产品维护的容易程度。大部分 IT 产品不能达到 100% 的可靠性，但干系人必须说明他们的期望是什么。对于案例中的 EIS 而言，系统正常运行的条件是什么？可靠性测试应该是基于 100 个人同时进入系统并运行简单查询吗？EIS 的维护可能包括给系统装载新的数据或在系统硬件和软件上执行维护程序。用户是否愿意让系统为了维护而一周中有几小时不能使用呢？假设帮助界面支持也被认为是一种维护功能，对于帮助界面支持,用户期待的反应是多快？用户可以容忍的系统故障频度是多少？干系人是否愿意为更高的可靠性和更少的故障而支付更多的费用？

项目范围的这些方面仅仅是几个与质量管理计划有关的需求问题。项目经理和他的团队在确定项目的质量目标时,需要考虑所有这些项目范围问题。项目的主要客户也必须认识到他们在定义项目最关键的质量需求中的作用,并经常把他们的需要和期待与项目团队进行沟通。因为大部分 IT 项目都包含不能确定的需求,所以所有的干系人一起工作来平衡项目的质量、范围、时间和成本等维度就显得非常重要。然而,项目经理对项目的质量管理负根本的责任。

项目经理应该熟悉基本的质量术语、标准和资源。例如,ISO 向 163 个不同国家提供的输入信息。ISO 的网址为 www.iso.org,为企业、政府和社会提供 ISO 9000 资源和 19 500余项国际标准。IEEE 也提供了许多与质量有关的标准并将相关信息发布在他们的网站上。

◆ 15.3　质　量　保　证

管理质量有时被称为"质量保证",但"管理质量"的定义比"质量保证"更广,因其可用于非项目工作。在项目管理中,质量保证着眼于项目使用的过程,旨在高效地执行项目过程,包括遵守和满足标准,向相关方保证最终产品可以满足他们的需求、期望和要求。管理质量包括所有质量保证活动,还与产品设计和过程改进有关。管理质量是把机构的质量政策用于项目,并将管理质量计划转化为可执行的质量活动的过程。管理质量的工作属于质量成本框架中的一致性工作。

图 15.2 描述管理质量过程的输入、工具与技术和输出。

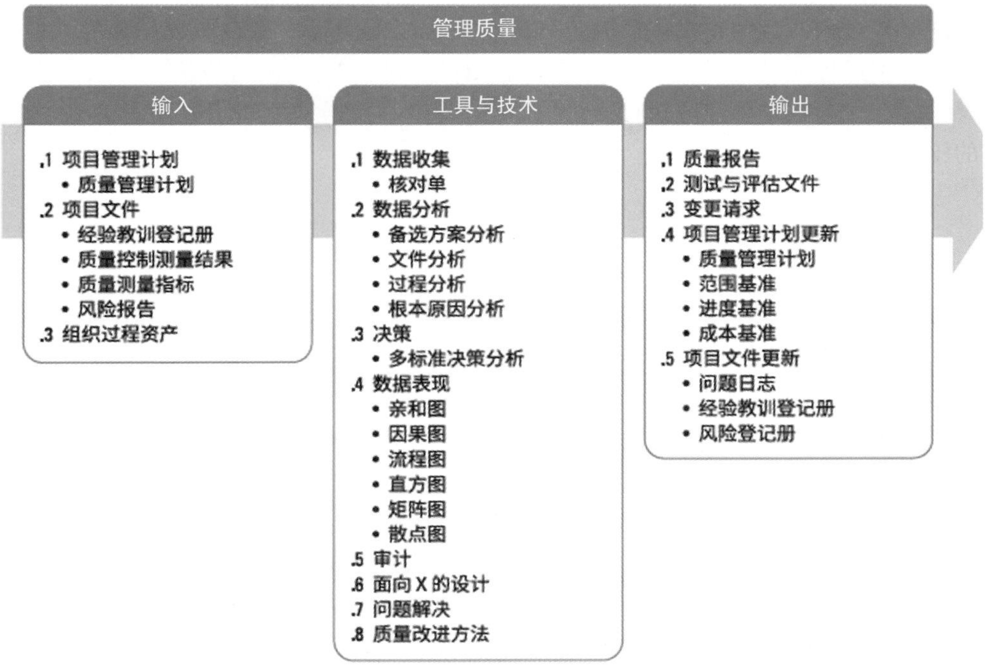

图 15.2　管理质量过程的输入、工具与技术和输出

15.4 控 制 质 量

控制质量过程的主要作用是，核实项目可交付成果和工作已经达到主要相关方的质量要求，可供最终验收。控制质量过程确定项目输出是否达到预期目的，这些输出需要满足所有适用标准、要求、法规和规范。本过程需要在整个项目期间开展。

图 15.3 描述控制质量过程的输入、工具与技术和输出。

图 15.3 控制质量过程的输入、工具与技术和输出

控制质量过程的目的是在用户验收和最终交付之前测量产品或服务的完整性、合规性和适用性。本过程通过测量所有步骤、属性和变量，来核实与规划阶段所描述规范的一致性和合规性。在整个项目期间应执行质量控制，用可靠的数据来证明项目已经达到发起人和客户的验收标准。

15.5 质量控制的工具和技术

本节将着重介绍 7 种基本的质量管理工具、统计抽样、六西格玛法则和测试，并将讨论它们是如何被应用于 IT 项目中的。

1. 因果图

因果图用于识别质量缺陷和错误可能造成的结果。因果图，又称"鱼骨图""why-why分析图""石川图"，将问题陈述的原因分解为离散的分支，有助于识别问题的主要原因。图 15.4 为基本的鱼骨图。通过 6 个步骤对因果图进行因果分析。

（1）确定问题。这个步骤经常包括其他统计过程的控制工具，如帕累托分析、柱状图和控制图，以及头脑风暴法。其结果可以对问题进行简洁、清晰的描述。

（2）选择各学科间的头脑风暴团队。按照确定问题的原因所需要的技术、分析和管理知识来选择不同学科的专家组成头脑风暴团队。

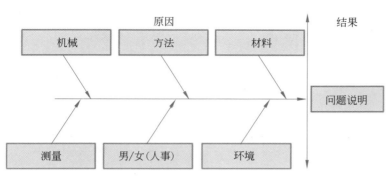

图 15.4　基本的鱼骨图

（3）画问题箱和主箭头。这一步骤包括用于因果评价的问题说明。主箭头作为主要类别的分类基础。

（4）具体化主要分类。确定问题箱中所说问题的主要类别。问题所产生的主要原因的 6 个基本类别是人事、方法、材料、机械、测量和环境，如图 15.4 所示。其他类别可以具体化，视分析需要而定。

（5）识别问题原因。识别出问题的主要原因后，可以分别就每一主要分类的相关原因进行分析确定。这一步骤的分析有 3 种方法：随机方法、系统方法及过程分析方法。

① 随机方法。列举同时导致问题的 6 个主要原因，确定同每个类别相关的可能原因，如图 15.5 所示。

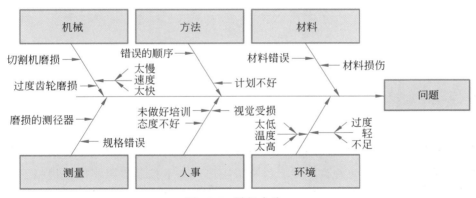

图 15.5　随机方法

② 系统方法。按照重要性的降序排列，一次着重分析一个主要类别。只有当完成了最重要的一个类别之后，才能转向下一个次重要的类别。这个过程如图 15.6 所示。

图 15.6　系统方法

③ 过程分析方法。确认过程中的每个序列步骤,在每一步进行因果分析,一次一个步骤。图 15.7 说明了这个方法。

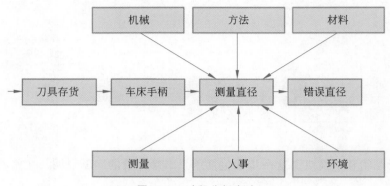

图 15.7 过程分析方法

(6) 确认矫正行动。这包括两步:①问题的因果分析;②确定导致每个主要类别的原因。在这两个步骤的基础上确认矫正的行动。矫正行动分析同因果分析的方式一样。将因果图反向,问题箱就成了矫正行动箱。图 15.8 表示了确认矫正行动的方法。

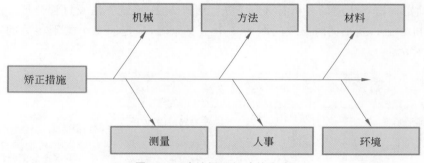

图 15.8 确认矫正行动的方法

2. 控制图

控制图用于确定一个过程是否稳定,或者是否具有可预测的绩效。规格上限和下限是根据要求制定的,反映了可允许的最大值和最小值。上下控制界限不同于规格界限。控制界限根据标准的统计原则,通过标准的统计计算确定,代表一个稳定过程的自然波动范围。项目经和相关方可基于计算出的控制界限,识别需采取纠正措施的检查点,以预防不在控制界限内的绩效。控制图可用于监测各种类型的输出变量。虽然控制图最常用来跟踪批量生产中的重复性活动,但也可用来监测成本与进度偏差、产量、范围变更频率或其他管理工作成果,以便帮助确定项目管理过程是否受控。

例如,图 15.9 是一个 12 英寸尺子制造过程的控制图示例。假定这是在一条装配线上由机器生产的木制尺子。图表上每一点代表下线尺子的长度测量值,纵轴的尺度为 11.90~12.10 英寸,这些数字代表尺子规格的下限和上限。在这种情况下,这将意味着订购尺子的客户明确指定他们买的所有尺子的长度必须为 11.90~12.10 英寸或 12±0.1 英寸。在质量控制图中,下控制界限和上控制界限分别是 11.91 英寸和 12.09 英寸。这意味着设计制造过程来生产长度为 11.91~12.09 英寸的尺子。

寻找并分析过程数据的模型是质量控制的一个重要部分,可使用质量控制图和七点运行法则来寻找数据的模型。七点运行法则指出:如果质量控制图上连续的 7 个数据点都在平均值以下或都在平均值以上,或者所有点都呈现出上升或下降的趋势,那么需要检查这个过程是否有非随机问题。

在图 15.9 中,违背了七点运行法则的数据点被标了星号,注意包含第一点在内的一系列点都是上升或下降的情况。在尺子制造过程中,这些数据点可能表明一个校准装置需要调整。例如,切木头的机器可能需要调整,或机器上的刀片需要更换。

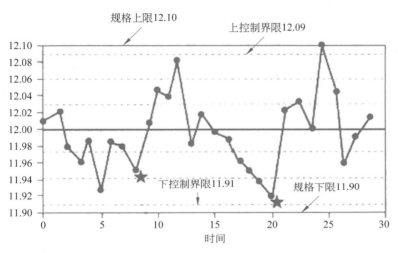

图 15.9 控制图示例

3. 核查表

核查表,又称计数表,用于合理排列各种事项,以便有效地收集关于潜在质量问题的有用数据。在开展检查以识别缺陷时,用核查表收集属性数据就特别方便,例如,关于缺陷数量或后果的数据。核查表示例如图 15.10 所示。

缺陷(数量)	日期 1	日期 2	日期 3	日期 4	合计
小划痕	1	2	2	2	7
大划痕	0	1	0	0	1
弯曲	3	3	1	2	9
缺少组件	5	0	2	1	8
颜色配错	2	0	1	3	6
标签错误	1	2	1	2	6

图 15.10 核查表示例

4. 散点图

一种过程控制数据的图形表示是散点图或图表。散点图用两个变量组成数据:因变量和自变量。这些数据在 X 和 Y 坐标中表示变量之间的关系。图 15.11 中自变量是实验月份,因变量是焊接质量实验得分。图 15.11 表示了来自焊接质量实验得分和实验月份的关系。

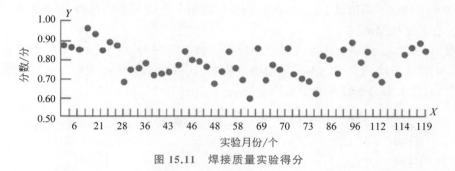

图 15.11 焊接质量实验得分

图 15.12 所示的散点图表示了关系的几个类别。在第一个散点图中,数据无相关关系——数据点分布分散,没有明显的关系形式;第二个散点图用 U 形图表示的曲线关系;第三个散点图有负相关性,以一条向下倾斜的线表示;第四个散点图有正相关性,并且有上升的趋势。

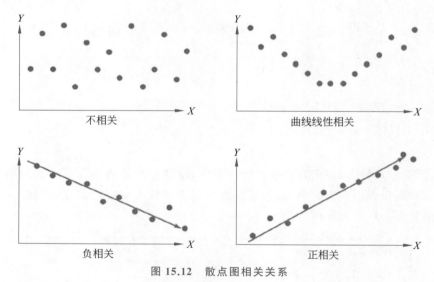

图 15.12 散点图相关关系

从图 15.11 中可以看到,焊接实验的图有曲线的样式。下一个工具——趋势分析将帮我们进一步清晰化和量化这些关系。

趋势分析是在散点图中确定最有拟合方程的统计方法。它量化数据之间的关系、确定方程,以及测度数据和方程之间的拟合度。这种方法也称作曲线拟合或最小二乘。通过提供因变量(输出)和自变量(输入)之间关系的方程,趋势分析可以确定最佳的操作条件。焊接中经验和得分之间的关系数据就是一个例子,见图 15.13。

回归线方程或趋势线方程对自变量或输入变量的每个增量变化所引起的因变量的变化提供了清晰易懂的测度。运用这一原则,可以预测过程发生变化后的影响。

趋势分析最重要的贡献之一是预测。预测可以使我们预知未来将发生什么。根据回归线,当自变量的取值超出了现有的数据范围时,可以预测将会发生什么。

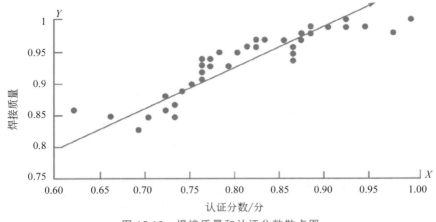

图 15.13　焊接质量和认证分数散点图

图 15.14 给出了某产品受访者年龄和用户满意度的趋势分析,从中可以看出年龄越长者对产品满意度越高。

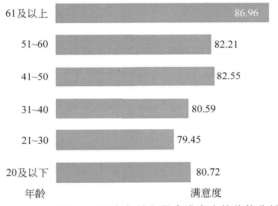

图 15.14　某产品受访者年龄和用户满意度的趋势分析

5. 直方图

直方图可按来源或组成部分展示缺陷数量。直方图是一种展示数字数据的条形图,可以展示每个可交付成果的缺陷数量、缺陷成因的排列、各个过程的不合规次数,或项目或产品缺陷的其他表现形式。例如,斯科特·丹妮尔斯想让咨询台建一个直方图显示每周收到关于 EIS 的抱怨数量。图 15.15 是一个直方图示例。

6. 帕累托图

帕累托图是特殊的柱状图,用于确定问题领域并对其进行优先次序的划分。帕累托图的建立可能包括图形数据、维护数据、修复数据、部件废品比率或其他来源。通过确认来自这些来源的数据的任何不一致类型,帕累托图能将注意力转向发生频率最高的元素。

帕累托分析有三种用途和类型。基本帕累托分析能够确认导致任何系统大多数质量问题的几个主要原因。比较帕累托分析集中于任意数量的项目选择或行动。加权帕累托分析给出了因素相对重要性的测度,有些因素可能最初看起来并不重要,如成本、时间和危险程度等。

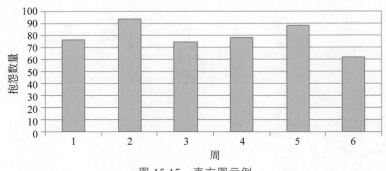

图 15.15 直方图示例

　　基本帕累托分析提供了给定数据集合中发生频度最高的事件的评价方法。将帕累托分析步骤用于如表 15.1 所示的材料接收和核对过程，可以得出如图 15.16 所示的基本帕累托分析。这种方法量化和图形化了材料接收和核对事件发生频度，并在频度基础上进一步确定了最重要的因素。

表 15.1　材料接收和故障频度

供　应　商	故　障　频　度	故障百分比/%	累积百分比/%
A	13	38	38
B	6	17	55
C	7	20	75
D	9	25	100

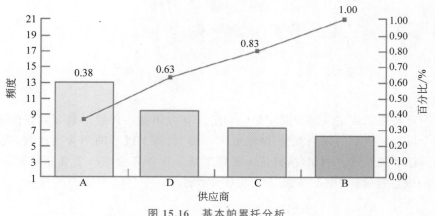

图 15.16　基本帕累托分析

　　对事件频度应用基本帕累托分析方法讨论，表明供应商 A 在所有的故障中所占的比例最大，为 38%。帕累托分析图也用于确定矫正行动的影响，或者分析两个或多个过程和方法之间的差别。图 15.17 表示了用帕累托方法评估矫正行动前后的错误差别的过程。

　　7. 流程图

　　流程图也称过程图，用来显示在一个或多个输入转换成一个或多个输出的过程中，所需

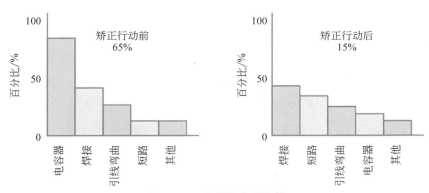

图 15.17　帕累托分析比较

要的步骤顺序和可能分支。它通过映射水平价值链的过程细节来显示活动、决策点、分支循环、并行路径及整体处理顺序。图 15.18 展示了其中一个版本的价值链,即 SIPOC(供应商、输入、过程、输出和客户)模型。流程图可能有助于了解和估算一个过程的质量成本。通过工作流的逻辑分支及其相对频率来估算质量成本。这些逻辑分支细分为完成符合要求的输出而需要开展的一致性工作和非一致性工作。用于展示过程步骤时,流程图有时又被称为"过程流程图"或"过程流向图",可帮助改进过程并识别可能出现质量缺陷或可以纳入质量检查的地方。

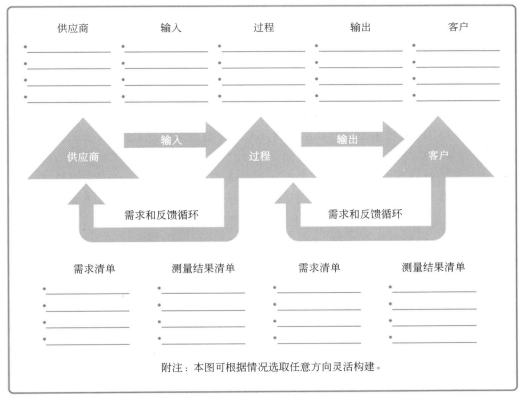

图 15.18　SIPOC(供应商、输入、过程、输出和客户)模型

除了流程图外，也可用运行图分层。运行图显示随着时间的推移，历史和格局的变化。这是一个折线图，按发生顺序绘制数据。可以根据过往业绩使用运行图去进行趋势分析和预测未来。例如，趋势分析可以分析随着时间的流逝确定的缺陷有何趋势。图 15.19 是一个运行图示例，它显示每月三种不同类型缺陷的缺陷数。可以看到，第一种类型缺陷随着时间的推移而增加，第二种类型缺陷在前几个月先减少然后保持稳定，第三种类型缺陷每月都在波动。

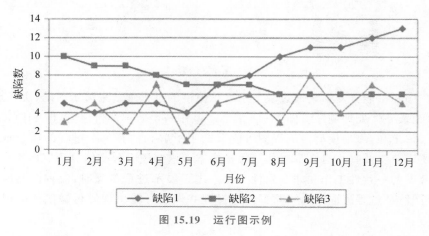

图 15.19　运行图示例

15.5.1　统计抽样

统计抽样是项目质量管理中的一个重要概念。项目团队中主要负责质量控制的成员必须对统计有深刻的理解，而其他团队成员仅需理解一些基本概念。这些概念包括统计抽样、可信度因子、标准差和变异性。标准差和变异性是理解质量控制图的基础概念。

统计抽样是指从目标总体中选取部分样本用于检查。例如，假定一个公司要开发一个电子数据交换（EDI）系统来处理所有供应商开来的发票。同时，假定在过去的一年里，有来自 200 个不同的供应商的 5 万张发票。如果通过复查每张发票来决定新系统的数据需求，则这样将非常费时而且成本大。即使系统开发者确实审查了所有 200 家发票格式，他们也会发现每张表格所填数据方式不尽相同。研究全部的个体（如所有 5 万张发票）是不切实际的，所以统计学家开发了专门的统计技术来帮助决定一个合适的样本大小。如果系统开发者使用统计技术，他们可能会发现，仅需研究 100 张发票，他们就可以确定在设计系统时所需数据类型的样本。

样本大小取决于你想要的样本有多大的代表性，一个简单的决定样本大小的公式为

$$样本大小＝0.25×(可信度因子/可接受误差)　　　　　(15-1)$$

可信度因子表示被抽样的数据将不包含总体中本不存在的偏差的可信程度。依据统计学中的统计表，可以计算出可信度因子。表 15.2 列出了一些常用的可信度因子。可接受的误差与期望的可信度相关，其计算公式是（1－可信度的百分比）/100。因此，如果将期望的可信度设置为 95%，则可接受的误差值为 1－95/100＝0.05。

表 15.2　常用的可信度因子

期望可信度/%	可信度因子
95	1.960
90	1.645
80	1.281

例如,假定上述电子数据交换系统开发者将接受一个 95% 的可信度,而发票样本并不包含总体中的偏差,除非这些偏差在所有发票样本总体中出现。这样,样本的大小计算如下。

$$样本大小 = 0.25 \times (1.960/0.05)^2 = 384$$

如果开发者想要 90% 的可信度,样本的大小计算如下。

$$样本大小 = 0.25 \times (1.645/0.10)^2 = 68$$

如果开发者想要 80% 的可信度,样本的大小计算如下。

$$样本大小 = 0.25 \times (1.281/0.20)^2 = 10$$

假定开发者决定采用可信度为 90% 的可信度因子,那么他们将需要检查 68 张发票来决定 EDI 系统需要的数据类型。如前所述,即使他们审查了所有的 200 张发票,某些数据的输入仍然可能是不同的。所以应采用额外的数据收集方式,以确保重要客户的需求得到满足。

15.5.2　六西格玛法则

许多项目质量专家的工作对今天六西格玛法则的发展做出了贡献。关于六西格玛这一术语,在过去的几年里有些混乱。本节将总结六西格玛这个重要概念的应用近况,并阐述全世界的组织如何应用六西格玛法则来提高质量、降低成本和更好地满足客户需求。

西格玛来自希腊字母 σ 的音译,σ 在正态分布中表示标准差的概念。

彼得·潘德、罗伯特·纽曼和罗兰·卡瓦拉在他们的著作《六西格玛管理法》中将六西格玛(Six Sigma)定义为:"一种灵活的综合性系统方法,通过它实现、维持、最大化商业成功。它是由密切理解客户需求,事实、数据和统计分析的规范使用,以及对管理、改进、业务流程再造的密切关注等因素唯一驱动的。"

六西格玛的完美目标是达到每 100 万个机会中只有 3.4 个缺陷、误差或错误,这个目标数字的内涵将在本节后面做更详细的解释。机构可以应用六西格玛法则来设计和生产产品,帮助系统或其他客户服务过程。

应用六西格玛进行质量控制的项目通常遵循称为 DMAIC(读作 de-MAY-ick)的 5 阶段改进流程,DMAIC 表示界定、度量、分析、改进和控制。DMAIC 是一个基于科学和事实的、系统的、闭环的持续改进过程。下面对 DMAIC 改进过程的每一阶段做简要描述。

(1) 界定(define):界定问题、机会、流程和客户需求。用于这一阶段的重要工具包括项目章程、客户需求描述、流程图和客户留声(VOC)文件。客户留声文件有抱怨、民意调查、评论以及代表机构客户观点和需要的市场调查等。

(2) 度量(measure):界定度量范围,然后收集、汇编和呈现数据。度量是根据每个机会对应的缺陷数来定义的。

（3）分析（analyze）：仔细观察流程细节以发现改进机会。一个工作在六西格玛项目的项目组，通常称作六西格玛小组，调查和检验相关数据来证明导致质量问题的可疑根源，这个阶段所应用的一个重要的工具是本节前面所描述的鱼骨图或石川图。

（4）改进（improve）：产生改善问题的解决方案和思路。最终解决方案由项目发起人来判定，六西格玛小组制订计划来小规模地测试这个解决方案，并评审小规模测试的结果来提炼该解决方案。如果需要，那就在合适的地方执行这个解决方案。

（5）控制（control）：跟踪和检验所做的改进和可预测性解决方案的稳定性。本章后面所描述的质量控制图是控制阶段所使用的一个工具。

1. 六西格玛质量控制法则的独特性

六西格玛法则的使用如何不同于先前质量控制原创理论的使用？在过去的几十年里，许多人记得一些其他的原创性质量理论，如全面质量管理（TQM）和业务流程重组（BPR）。许多六西格玛法则和工具的来源都能在先前那些原创理论中找到，但是在六西格玛法则中包含许多新的思想，从而帮助机构提高他们的竞争能力和收益。下面列出了部分准则。

（1）六西格玛的使用是全机构参与的。在一个利用六西格玛法则的机构（常称为六西格玛机构）中，其 CEO、高层管理人员及所有层次的员工都能看到使用六西格玛给机构带来的显著改善。机构常常在六西格玛的培训上有巨大的投资，但是由于员工得到六西格玛法则的实践而能以较低成本生产更高质量的产品和服务，从而使这些投资得到补偿。

（2）六西格玛培训通常遵循"带"级制度，与空手道分级相似，不同培训水平的学生将获得不同颜色的带。在六西格玛培训中，最低水平的培训，学生获得"黄带"，"黄带"通常是对那些在六西格玛项目中兼职的项目组成员培训六西格玛两三个全天；"绿带"通常需要参加两三周的全脱产培训；"黑带"通常需要那些在六西格玛项目中全职工作的人员参加四五周全脱产培训。项目经理通常是"黑带"。"大师级黑带"是指那些担当低"带"级人们的技术来源和导师的有经验的黑带。

（3）成功实施六西格玛法则的机构都有能力和意愿同时采纳两个表面上看似相反的目标。例如，六西格玛机构认为，他们具有创造性和理性，专注于大局和细节，减少错误的发生并且能快速地完成工作，不仅让客户快乐，还能赚很多钱。詹姆斯·科林斯和杰里·波拉斯在他们的著作《基业长青》中将这种情况描述为"我们能够做好所有"或"双向能力"。

（4）对那些从六西格玛上获益的机构来说，六西格玛并不只是一个程序或学科，而是一种以客户为中心以及为消除浪费、提高质量水平、改善各个层次上的财务状况而努力的经营哲学。六西格玛机构设定高的目标，并应用 DMAIC 来改善流程以获得非凡的质量改善。

许多机构在六西格玛的定义下做一些符合当前需要的工作。六西格玛的新内容是它能够将许多不同的理论、概念和工具集成到一个相关的管理过程，这个管理过程能够在全机构使用。

2. 六西格玛以及项目选择与管理

机构通过选择和管理来组织实施六西格玛项目，良好的项目选择是项目管理的一个重要部分。

约瑟夫·朱兰宣称："所有的改进是从一个项目到一个项目逐步发生的，没有其他方式。"这句话对六西格玛项目来说尤其正确。潘德、纽曼和卡瓦拉通过一个非正式的民意调查来找出在启动六西格玛项目中最重要和最常见的错误操作活动,意见一致的答案是项目选择。"这是一个恰当简单的等式:良好地选择和定义的项目＝更好、更快的结果;相反的等式也很简单:糟糕地选择和定义的项目＝延迟的结果和挫败。"

机构也必须小心使用更高的质量标准。《财富》杂志近期的一篇文章阐明执行六西格玛的公司没有必要增加他们的库存量。虽然通用电气自夸在 1999 年由于使用六西格玛而节省了二十多亿美元,但其他公司,如惠而浦公司,就不能清楚地指出他们的投资收益。为什么不是所有的公司都从六西格玛项目上获益呢?因为如果一个机构生产的产品无人想要,那么就是最小化产品缺陷也无济于事。作为六西格玛的最大支持者之一,迈克尔·哈利提到:"我能从遗传上制造出六西格玛的山羊,但是如果市场是牧马竞技表演,那么人们仍然会去买四西格玛的马。"

使一个项目成为一个可能的六西格玛项目的原因是什么?第一,必须有质量问题或者当前绩效与期望绩效间存在差距。许多项目不满足这个标准,例如,建房子、两个公司的合并或给一个新机构提供信息技术基础设施。第二,项目不应有一个清晰已知的问题。第三,解决方案不应是事先决定了的,一个优化方案不应是显而易见的。

一旦一个项目被选作一个好的六西格玛候选项目,本文中提及的许多项目管理概念、工具和技术就开始起作用了。例如,六西格玛项目通常有业务案例、项目章程、需求文档、进度计划、预算。六西格玛项目由项目组来做并有被称作"勇士"的发起人。当然,六西格玛项目也有项目经理,在六西格玛机构中项目经理常被称作团队领导者。换句话说,六西格玛项目只不过是项目的一类,它着重拥护六西格玛哲学———一种以客户为中心以及为消除浪费、提高质量水平、改善各个层次上的财务状况而努力的经营哲学。

3. 六西格玛和统计学

在六西格玛中一个重要的概念是通过减少偏差来改善质量。术语"西格玛"的意思是标准差。标准差是测量数据分布中存在多少偏差。小的标准差意味着数据密集地聚集在分布的中间,数据间的变化很小。大的标准差意味着数据分散在分布中心的周围,数据间具有一个相对较大的变化。统计学家通常用希腊符号 σ 来代表标准差。

图 15.20 是一个正态分布的例子———钟形曲线,以总体的均值 μ 为中心左右对称。在任何正态分布中,有 68.3％的总体分布在均值左右两侧的一个标准差(1σ)范围内,有 95.5％的总体分布在均值左右两侧的两个标准差(2σ)范围内,有 99.7％的总体分布在均值左右两侧的三个标准差(3σ)范围内。

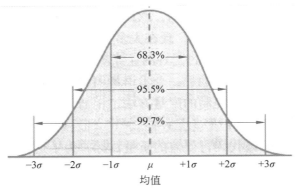

图 15.20　正态分布曲线

标准差是一个决定在总体中有缺陷个体的可接受数目的关键因素。表 15.3 显示了总体在不同 σ 范围内的百分比和每 10 亿个单元中有缺陷个体数目三者间的关系。注意,该表显示 $+6\sigma$ 或 -6σ 在纯统计条件下意味着每 10 亿个单元中只有 2 个缺陷个体。那么,为什么六西格玛项目的目标是每百万机会中有 3.4 个缺陷呢?

表 15.3 σ 和缺陷个体

具体范围($\times \pm\sigma$)	在范围内的群体所占百分比/%	缺陷个体/10 亿
1	68.27	317 300 000
2	95.45	45 400 000
3	99.73	2 700 000
4	99.9937	63 000
5	99.999 943	57
6	99.999 999 8	2

根据 20 世纪 80 年代摩托罗拉在六西格玛上的初始工作,六西格玛使用的惯例是一个计分系统,表示在几周或几个月的数据收集中,通常将发现更多的过程偏差所占的比例。换句话说,时间是决定过程偏差的一个重要因素。表 15.4 显示了应用于六西格玛项目的转换表。产量表示通过工序正确执行的个体的数量。缺陷是产品或服务不能满足客户需求的任何情况。因为大多产品或服务有多种客户需求,所以可能有几种机会导致缺陷。例如,假定一家公司正努力减少客户发票错误的数量。一张发票可能会由于名字拼写错误、不正确的地址、错误的服务日期、计算错误等几种错误,在一张发票上可能有 100 个机会导致缺陷发生。六西格玛根据机会数量来测量缺陷数量,而不是测量每个个体或发票的缺陷数量。

表 15.4 六西格玛转换表

范围($\times\sigma$)	产量/%	每百万机会缺陷数(DPMO)
1	31.0	690 000
2	69.2	308 000
3	93.3	66 800
4	99.4	6210
5	99.97	230
6	99.999 66	3.4

正如你能够看到的,六西格玛转换表显示了六西格玛过程的实施,意味着每百万个机会中只有 3.4 个缺陷。但是,现在大多数机构在更宽泛的意义上使用"六西格玛项目"这个术语来描述项目,这些项目通过更好的业务流程将帮助它们实现、维持和最大化商业成功。

那么这 6 个西格玛水平对应的 3.4ppm(每百万缺陷数)缺陷机会是哪里来的呢?

在统计学上,达到六西格玛水平时,缺陷机会只有 0.0018ppm,而非 3.4ppm。在 3.4ppm 时,过程缺陷也接近于零,几乎可以忽略不计。但实际上根据表 15.4 中对应的 3.4ppm 缺陷率对应的大致只有 4.5 个六西格玛水平。这里就产生了 1.5 个西格玛的偏差或漂移。其中真正的原因和逻辑是六西格玛在实践中的经验总结：流程在短期内的表现比长期内的实际表现要好，因为在短期内只要处理正常的过程变化，而在长期的过程也会出现特殊的过程变异，这就导致了短期内表现为 6 个西格玛水平，而长期表现为 4.5 个西格玛水平。过程变异的长期变化主要由以下两个原因构成。

（1）过程平均值随时间变化。

（2）随着时间推移，该过程的标准差的增大。

在长期过程中由于两者之一或两者结合的影响，导致流程无法达到真正的六西格玛水平。这种变化，也称为长期均值变化。长期均值变化，不符合六西格玛标准，但我们怎么知道从正态曲线的两边各去掉 1.5 个西格玛水平呢？其实这并不是统计学上的结果，而是长期的行业惯例，大名鼎鼎的摩托罗拉公司是六西格玛方法论的先驱者，其通过大量的例证，同样得出 1.5 西格玛偏移的结论。虽然也有人对此提出质疑，但由于摩托罗拉公司榜样的作用，所以行业内也就接受 6 西格玛水平对应 3.4ppm 缺陷机会。

注意，通常计算 6σ 水平时用到的数据都是长期数据，而不是短期数据，但 6σ 结果通常是看短期数据结果。

读者可能听说的另一个术语是用于电信行业的质量的六个九（six 9s of quality）。质量的六个九是一种质量控制的度量方法，相当于在一百万个机会中出现一个缺陷。在电信行业，它意味着 99.9999％的服务有效性或者一年内只有 30s 的中断时间。这个质量水平也被定为通信电路、系统故障或代码行误差的质量目标。为了达到质量的六个九的要求，要持续不断地测试来发现和消除误差，或者采用系统设备的冗余和备份来使整个系统的故障率减少至一个较低的水平。

15.5.3　测试

许多 IT 专业人员认为测试是 IT 产品开发临近结束时的活动。一些公司不是在 IT 项目的适当计划、分析和设计上下功夫，而是只依靠在一个产品交货之前的测试来确保一定程度的质量。实际上，几乎在系统开发生命周期的每个阶段中都需要测试，而不仅是在一个产品被运送或交付给客户之前。

图 15.21 显示了描绘系统开发生命周期的一种方式。这个例子包括在一个软件开发项目中的 17 个主要任务，并显示了它们彼此间的关系。例如，每个项目应当由项目启动开始，然后做一个可行性研究，最后做项目计划编制。此图表明，接下来准备详细的系统需求分析和系统架构的工作可以同时展开。图中椭圆形代表实际的测试或任务，包括测试计划以确保软件开发项目质量。

图 15.21 中的几个阶段包括与测试相关的具体工作。

（1）单元测试（unit test）是对每个独立组件（通常是一个程序）进行测试，以确保它尽可能无缺陷，单元测试是在集成测试之前进行的。

（2）集成测试（integration testing）是在单元测试和系统测试之间进行，用来测试功能性的成组组件，以确保整个系统的各子集模块协同运行。

（3）系统测试（system testing）是将整个系统作为一个整体进行测试，它着重于从宏观上来确保整个系统正常工作。

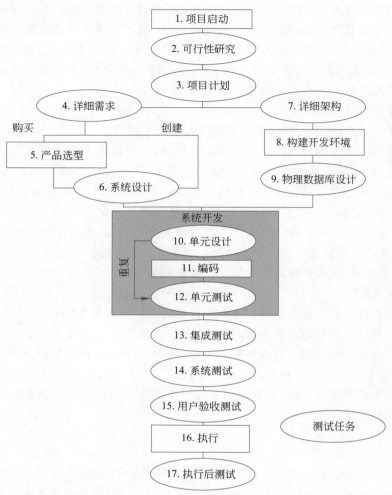

图 15.21　软件开发生命周期中的测试任务

（4）用户验收测试（user acceptance testing）是一个独立的测试，在系统交付验收之前由最终用户执行。它重点测试系统对机构业务的适应性而非技术问题。

其他类型的测试包括 α 和 β 测试、性能测试以及可扩展性测试。例如，一些互联网公司由于没进行充分的性能测试而无法满足用户的需求，因此它们无法处理网站崩溃带来的严重后果。为了提高软件开发项目的质量，项目组必须完全和严格地遵守测试方法是非常重要的。系统开发人员和测试人员还必须与所有项目干系人建立合作关系，以确保测试完成后系统满足他们的需求和期望，并确保测试是正确的。

但是，根据卡内基-梅隆大学软件工程协会会士和著名软件质量专家瓦特·汉弗莱的观点，单独靠测试不是总能解决软件缺陷问题的。汉弗莱认为传统的编码-测试-安装的软件开发周期是不够的。当编码变得越来越复杂时，未得到检测的缺陷就会增加，这不仅成为测试者的问题，也成为付费用户的问题。汉弗莱说，平均起来，程序员每写 9～10 行编码就会产生一个软件缺陷，完成软件全部测试之后，每千行编码大约包含五六个软件缺陷。

虽然有很多不同的定义，但汉弗莱将软件缺陷（software defect）定义为在软件交付前必须被更正的问题。由于测试一个复杂系统的规模是巨大的,所以测试并不能完全防止软件缺陷。另外,用户将不断创造那些开发者从未考虑过的新方法去使用系统,因此,某些功能特性可能从未被测试,甚至这些功能特性就没被包含在系统需求中。

汉弗莱建议人们在进入系统测试的时候,要重新思考软件开发流程以避免产生潜在的软件缺陷。这就意味着开发者在每一个测试阶段必须负责提供无误的编码。汉弗莱提出一个开发流程,在这个流程里,程序员测量和跟踪他们所犯的各种错误,这样,他们就能够应用这些资料来改善自己的业绩。汉弗莱也承认高层管理人员必须支持开发人员,允许他们自主工作。程序员需要激励和鼓励去做高质量的工作,并且对他们如何做这些工作也需要一些适当的控制。

◆ 小　　结

本章引入案例讲述项目质量管理的概念,计划质量管理,质量保证,质量控制的工具和技术,包括因果图、控制图、核查表、散点图、直方图、帕累托图、流程图、六西格玛方法等。

◆ 习　　题

1. 什么是项目质量管理?

2. 谁负责项目的质量?

3. 六西格玛质量控制的独特性来自何处?

4. 结合课程论文中的软件或硬件开发实例,利用 7 种基本的质量管理工具中的任何 2 种以上工具来控制最终的成品质量。

具体要求:请说明你是如何将所选择的 2 种以上的工具应用到你们小组所开发的软件或者硬件产品的质量控制中的。每个小组交 1 份,所得成绩即为组内每个成员的成绩。

第 16 章

产 品 开 发

◇ 16.1 产品开发概念

16.1.1 产品开发的定义

产品开发就是企业改进老产品或开发新产品,使其具有新的特征或用途,以满足顾客的需要。由于人们的需求经常变化和提高,企业只有不断改进产品,扩大功能,提高产品质量,改进外观包装装潢,才能适应消费者不断变化的需求。

产品开发的方法可以是发明、组合、减除、技术革新、商业模式创新或改革等方法。

产品开发的例子举不胜举,如电灯的发明、汽车设计的更新换代、饮食方式的创新、洗发水增加去头屑功能、变频空调、喷墨打印机的开发等。

产品开发应选择那些能够顺应并且满足客户需求的产品样式,同时又能够使设计并开发出的产品为企业带来收益和利润,使企业一直保持市场的竞争优势。选择产品时需要考虑以下因素:产品的市场潜力;产品的收益性;市场的竞争力;市场容量、设计开发的产品是否具备竞争优势、市场的竞争弱点、是否有利于发挥企业核心技术优势;可利用的资源条件:材质、工艺、便利性、经济性和环保性;现有技术水平和生产能力是否能将产品生产出来:切勿纸上谈兵;经销能力、销售渠道、市场服务能力;国家政策、法律法规等。

16.1.2 产品经理和项目经理的异同点

项目经理,从职业角度,是指企业建立以项目经理责任制为核心,对项目实行质量、安全、进度、成本管理的责任保证体系和全面提高项目管理水平设立的重要管理岗位。它要负责处理所有事务性质的工作,也可称为"执行制作人"。项目经理是为项目的成功策划和执行负总责的人。项目经理是项目团队的领导者,项目经理的首要职责是在预算范围内按时优质地领导项目小组完成全部项目工作内容,并使客户满意。为此,项目经理必须在一系列的项目计划、机构和控制活动中做好领导工作,从而实现项目目标。

产品经理是每个产品的牵头人,在市场营销部,对某个产品在集团内的盈亏负责,并为这个产品的运作去协调所有的人,并充分地协调这个产品的所有运作环节和经营活动。

一般来说,产品经理是负责并保证高质量的产品按时完成和发布的专职管理人员。他的任务包括倾听用户需求;负责产品功能的定义、规划和设计;做各种复杂决策,保证团队顺利开展工作及跟踪程序错误等,总之,产品经理全权负责产品的最终完成。另外,产品经理还要认真搜集用户的新需求、竞争产品的资料,并进行需求分析、竞争产品分析以及研究产品的发展趋势等。

1. 客户群体不同

项目经理针对的是一个客户或一个公司,需求是客户提出的,只要能满足此客户需求并成功上线,就算项目成功,项目经理关注的是单个用户。

产品经理的需求来源于市场和目标用户群,为目标用户群服务,产品的成功与否由市场决定。项目经理与产品经理关注的目标客户不同。

2. 利润与风险不同

项目经理负责的是指定项目,项目合同签订后付首款,项目成功结束后结尾款。

利润＝合同额－项目成本－其他开销。利润有限,但风险也较小。

产品经理负责的是目标市场,用户群大,产品方向把握、控制也比较复杂。但如果产品能够成功,回报率也相对丰厚。但如产品没有运作成功,所有前期费用及开发费用都会付之东流。

3. 生命周期不同

理论上,项目开发完成功交付给客户就算项目结束了,除非客户有额外的维护要求。项目经理的工作是临时性的,项目成功交付后项目组就会解散。

产品是持续的,开始上线的版本一般是 Beta 版,用来了解市场反应、收集用户反馈,为下一次升级做准备。只要产品生命周期没结束,就会一直迭代下去。

4. 开发方式不同

项目经理一般强调的是快速、灵活,经常采用敏捷的开发方式,通过原型来不断地完善用户需求。开发流程也不固定,为了实现快速开发,有时需求、设计及开发工作会穿插进行。项目经理在管理项目时,需要与客户进行频繁的接触,能够很好地了解需求,也能够获取客户的认可,一般项目失败不是因为技术原因,而多是因为项目方与客户之间缺乏信任。

产品经理开发产品,需要经过产品的定义、可行性研究、需求、设计、开发、测试等严格的过程,产品周期会比较长,各步骤中也会有各种产品相关文档。产品的失败多因为市场定位不准确,市场推广能力不足。

5. 市场定位不同

项目经理是项目团队的领导者,首要职责是在预算范围内按时优质地领导项目小组成员完成全部项目工作内容。

产品经理是企业中专门负责产品管理的职位,产品经理负责市场调查并根据用户的需求,确定开发何种产品,选择何种技术、商业模式等。产品经理还要根据产品的生命周期,协调研发、营销、运营等,确定和组织实施相应的产品策略,以及其他一系列相关的产品管理活动。所以,产品经理要多研究用户行为,多关注竞争对手产品。

6. 沟通对象不同

项目经理多与客户及项目团队内部成员进行沟通,只要客户配合、公司支持、团队内部成员团结一致,项目基本上就会较好地完成。

产品经理沟通的对象会比较多,需要与目标用户沟通、领导沟通、其他部门相关人沟通(运营部门、市场部门等)、部门内相关人沟通。沟通的维度会更多,难度会更大。

项目经理是由执行机构委派，领导团队实现项目目标的个人。项目经理是运用项目管理的知识、技能、工具与技术，协调管理团队，以保证按时交付保质保量的项目，达到相关干系人满意。这在一定意义上不仅强调使用专门的知识和技能，还强调项目管理中各参与人的重要性。不仅努力实现项目的范围、进度、成本、质量等目标，还要监督控制、协调管理整个项目过程，满足干系人的需求和期望。当项目比较大，项目被拆解为一个个目标相互关联的小项目，形成项目群管理，这种意义上的项目经理为项目群经理或是大项目经理。

产品经理是驱动和影响设计、技术、测试、运营和市场等人员推进产品生命周期的经理人。产品经理是企业负责产品管理的职位，负责调研需求，确定开发何种产品，选择何种技术，何种商业模式，负责产品盈亏等。

产品经理和项目经理就像一部电视剧中的监制和导演，监制和导演分工不同，但是目标是一致的，都想拍好一部戏。

监制负责运营部分，通常由监制制订电影制作计划，如何时开拍、何时杀青、进度如何，同时也负责电影制作的后勤保障、成本控制与监督雇员。实际上，由监制带领的团队负责艺术之外的几乎所有事项。

导演是电影艺术创作的组织者和领导者，把电影文学剧本搬上银幕的总负责人。作为电影创作中各种艺术元素的综合者，导演组织和团结摄制组内所有的创作人员和技术人员，发挥他们的才能，使摄制组人员的创造性劳动融为一体。

一位优秀的产品经理需要具备哪些能力呢？

（1）定位能力。

对于一款产品，首先要做好定位。目标用户是谁？服务什么，也就是能解决用户哪方面问题？市场如何？市场是否有同类产品？我们的差异化在哪里？

（2）需求调研。

了解为谁做和做什么，就要仔细研究这块市场，做好调研。调研是一个细致的工作，可以从多个角度来做。调研不仅局限于一对一地与客户面对面，也可以通过客服、市场人员、运营人员、微信、微博、论坛等多种形式了解，还可以把自己当成客户，来思考产品。

（3）设计能力。

设计是产品经理的基本功，通过市场的调研并结合我们产品的定位来进行设计。设计出的功能和界面需要经过产品部门或公司层面的碰头会来讨论确定。设计分为 UE 和 UI，其中 UE 是用户体验设计，UI 是用户界面设计。不同的设计体现的点是不一样的，UE 重在交互和布局，是为了讲清楚需求，通过 UE 的反复迭代来优化产品。UI 界面设计师再通过 UE 设计出效果图。设计重点是功能设计、交互设计和页面设计。

（4）控制能力。

在产品设计完交给技术部门进行开发后，产品经理也要随时了解产品开发情况，对技术人员的问题要给予解答，对开发出的成果要进行了解，对于不对的要给予纠正，避免产品成果物出错。

（5）沟通协调。

沟通协调能力是产品经理的软实力，产品经理不仅是高智商的人，还应该是高情商的人。要与领导沟通，争取获得更大的资源和支持；要与部门间沟通，争取获得更多的帮助，便于推进产品进展；要与下属沟通，便于获取同事们的信任，使得成员愉快地生活，愉快地做产品。

（6）管理能力。

管理能力比较宽泛。实际上，控制、沟通、监督、成本、风险、时间进度、人员、质量等各方面都属于管理能力。产品经理要各方面考虑到，因为任何一方面都可能导致产品的失败。

（7）运营推广。

乔布斯是苹果最大的产品经理，他的工作内容不仅在于设计出了 iPhone，更在于他把iPhone 运营和推广到了全世界。足不出户的产品、走不出家门的产品不是好产品，懂市场、懂运营、懂推广是产品经理应该具备的技能。

◈ 16.2　产品开发流程

16.2.1　全周期、全流程的产品（复杂工程）开发方法

1. 概念阶段

该阶段进行产品策划、产品定义，考虑各种冲突因素，考虑产品与市场的相容性。

2. 计划阶段

在进行技术总体方案时，进行产品全流程的经济决策，判断是否具有开发价值。

3. 开发阶段

在进行产品的设计与实现时，达到可生产性、可安装性、可维护性、可靠性的要求。

4. 验证阶段

对产品进行系统性测试，确认产品需求满足预期需求；同时进行极端环境下验证，判断风险危害。

5. 发布阶段

确认内外部需求已满足，内外部冲突已解决，产品小概率风险可控，产品可以投放市场。

6. 生命周期阶段

该阶段产品开始大规模生产，进行运行、维护，根据经济回报性，决定终止。

图 16.1 显示了全周期、全流程的产品开发方法。

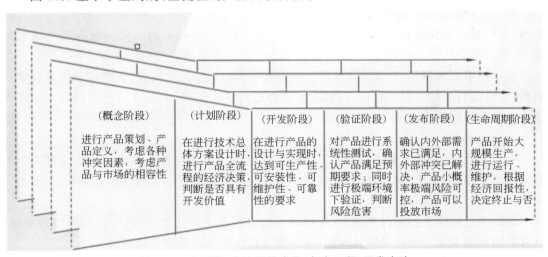

图 16.1　全周期、全流程的产品（复杂工程）开发方法

16.2.2　软件产品设计开发流程

软件产品设计开发流程如图 16.2 所示。

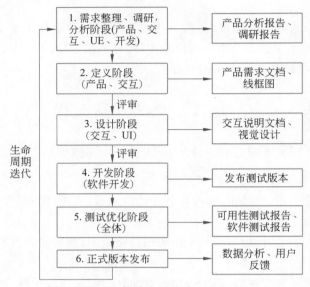

图 16.2　软件产品设计开发流程

1. 需求整理、调研、分析阶段

市场需求文档（Market Requirement Document，MRD）是市场部门的产品经理或者市场经理编写的一个产品的说明需求的文档，该文档是产品项目由"准备"阶段进入"实施"阶段的第一个文档。

首先要考虑其背后的用户需求、商业价值、技术难度。只有用户有需求，你的产品才会有人用；只有其商业价值成立，才能为企业带来利润，毕竟企业最基本的目标就是要盈利；只有技术上的总体评估是可行的，整个项目才可被执行。

这个阶段需要有严格的评审，需要有经验的市场人员、运营人员、产品、技术、测试人员参与，从市场商业和各自专业的角度来参与评审。例如，市场运营人员一般会从市场的角度、产品人员会从用户的角度、技术人员会考虑技术的专业角度来参与评审。

市场需求文档撰写，一般采用 PPT、Xmind 或 Keynote 的形式，把从市场和用户收集到的数据，以及行业相关的信息进行整理，并且提出对应的需求，大部分的公司都是产品经理负责 MRD 和 PRD 的撰写。

2. 定义阶段

有了设计目的，接下来进行低保真原型设计。产品经理或者设计师会通过绘制简单图形来表达"产品关键流程""关键功能结构"等，以此与项目成员沟通并评估可行性，如图 16.3 所示。

后续通过可操作的高保真原型（完整的界面流程和交互细节）来进行真实的用户测试，以求早期低成本地发现产品体验问题，不断与项目成员沟通并评估可行性。

交互原型阶段，本质是在探索解决方案。这个阶段需要探索尽可能多的解决方案，同时

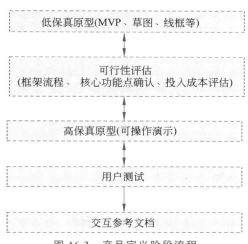

图 16.3　产品定义阶段流程

不要受产品形态、成本、技术等因素的限制,尽可能早地将方案暴露给项目成员、核心用户,以求激发思维帮助找到更好的解决方案。

3. 设计阶段

每个产品都有各自独特的性格。这个阶段,需要视觉设计师在理解产品目标及交互框架的前提下,能够提炼产品性格,为产品进行设计定位并赋予情感。

(1) 风格探索(根据情绪板、直觉对产品进行风格设定)。

(2) 视觉设计(根据高保真原型,雕琢完整的设计稿)。

(3) 输出交付物(界面标注、规范等)。

产品设计阶段流程如图 16.4 所示。

4. 开发阶段

这是解决方案的生产、测试环节,该阶段同时需要产品、视觉设计师的同步跟进,以确保解决方案的质量。产品开发阶段流程如图 16.5 所示。

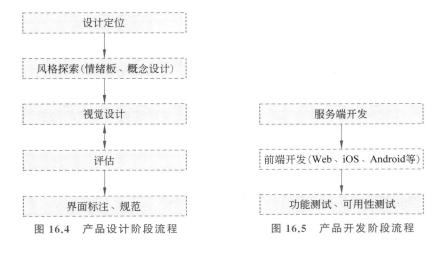

图 16.4　产品设计阶段流程　　　　图 16.5　产品开发阶段流程

5. 测试优化阶段

(1) 观察数据:收集上线后的产品数据、用户行为数据。

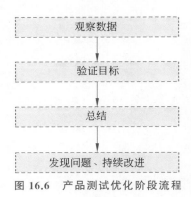

图 16.6　产品测试优化阶段流程

（2）验证目标：将收集的数据与初期设定的产品数据对比，看是否达到设计目标。通过用户行为数据，了解用户使用产品和自己预期是否相符，进一步了解原因。

（3）发现问题，持续改进：根据上线后的数据、用户反馈、新的功能进行持续迭代。

产品测试优化阶段流程如图 16.6 所示。

6. 正式版本发布

经过上述五个流程后，软件产品正式发布给用户，并等待用户的反馈。

◇ 16.3　五种主流产品开发管理体系

16.3.1　五种主流产品开发管理体系的基本思想

在当前日新月异的 3C 时代（Customer、Compete 和 Change），产品的生命周期正在显著缩短，企业的发展战略已从"制造产品"向"创造产品"转移，新产品的开发与企业的获利及成长画上了等号，企业之间的竞争将转向产品管理的竞争，这使得新产品研发成为决定企业生存与发展的关键。

自从熊彼特于 1912 年提出创新理论以来，新产品的研发管理体系已经经历了以下五个主要阶段。

（1）20 世纪 50 年代的创新理论分析研究及技术创新理论的创立阶段。

（2）20 世纪 70 年代的技术创新理论系统开发阶段。

（3）20 世纪 80 年代的技术创新理论综合化、专门化研究阶段。

（4）20 世纪 90 年代的商业价值的集成产品开发阶段。

（5）21 世纪以来的基于盈利模式、顾客价值与竞争价值导向的产品管理阶段。

我国理论界和研究机构自 20 世纪 80 年代以来，在研究与开发管理、技术创新等学科领域也进行了努力的探索：以清华大学傅家骥教授、浙江大学马庆国教授为代表，研究并提出了产品功能成本优化理论和产品创意激发方法；浙江大学许庆瑞教授系统地研究了关于产品创新的研究与发展管理问题；学者胡树华、万君康教授借鉴生命科学的结果，提出了产品创新的生物学原理；哈尔滨工程大学刘希宋教授主导了企业产品创新（开发）战略选择的系统研究；复旦大学项保华教授在企业战略与决策行为、变革管理等领域的研究成果对研发管理亦有重要的参考价值。

1. 以项目管理的职能式开发

这是企业通常采用的产品开发模式，总经理或市场部门确定新产品创意和决定是否立项，研发技术部门负责设计开发、测试，形成产品样机或服务方案，再转由生产制造部门批量制造，市场部门负责销售，客户服务部门提供售后服务。各职能部门只负责新产品开发的某一阶段内容，并且制定本部门的业务操作流程，虽然有项目经理或形式上的项目经理和产品经理，但他们并不对产品的最终市场成功负责。

在这样的管理体系下，关注的是各个部门的纵向管理，对盈利模式、产品概念、研、产、供、销一条龙的横向关系缺乏管理,使得产品的开发过程缺乏关注,很少有人全面地看待产品的市场价值、产品战略、开发方式和营销组合,往往在不窥全貌的情况下做出新产品开发的决策,职能部门负责人只关心如何顺利地把产品交给下一个环节,经常抱怨上一个环节的工作质量,公司高层要大量地协调、沟通和决策工作。在企业发展到一定规模,特别是有多个产品在同时开发时,总经理往往会顾此失彼忙于"救火",在产品设计和内部管理的细节上决策。

图 16.7 给出了部门/职能目标的改进方法,也即把流程从职能机构为中心,改为以客户需求为中心提供产品和服务。

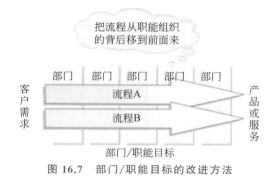

图 16.7　部门/职能目标的改进方法

2. PACE 产品及周期优化法

1986 年,PRTM 公司创始人陈尔生·E·麦克格拉斯及其团队成员联合提出了产品开发流程的 PACE(Product And Cycle-time Excellence)产品及周期优化法这一概念。PACE是当前企业流行的集成产品开发(IPD)方法的理论基础。许多公司将其作为最实用模型用于改进产品开发流程。世界 500 强中近 80% 的公司在推行该法。

通过多年的发展和完善,现在 PACE 已经成为产品开发的事实上的标准的流程参考模式,被誉为产品开发领域的管理圣经。PACE 主要的特点是:第一,适用于新产品市场需求比较明确的企业;第二,可以着力提升开发过程管理的能力。

PACE 所提供的是一个通用框架、标准术语、适用于全行业的流程基准,以及一个持续完善的流程。

- 产品投入市场时间缩短 40%～60%。
- 产品开发浪费减少 50%～80%。
- 产品开发生产率提高 25%～30%。
- 新产品收益(占全部收益的百分比)增加 100%。

据统计,美国各公司 1995 年投资的研发费用约 1000 亿,利用 PACE 的部分占了 150亿,是总投资的 15%,包括 IBM、华为等在内的许多公司已把 PACE 的各种理念方法付诸实施。在研究开发、管理等方面推行 PACE 的管理方法。

PACE 认为产品开发要关注以下七个核心要素。

(1)阶段评审流程提供了各种具体的工具和方法,让使用者能够干脆、及时和经过充分沟通后做出决策和授权。

(2)核心小组在项目组织方面的奥妙之处是它让项目小组在运作上像是一个刚起步的

公司,而同时利用的是一个大公司的各种技能和基础设施。

（3）结构化的开发流程为每个目标听众将流程文档的范围和内容予以优化,同时使得项目进度表能够反映开发流程。

（4）PACE 保证在整个开发流程中,能够在合适的时候运用合适的开发工具和技术。

（5）在 PACE 中,产品战略是一个管理流程。

（6）PACE 技术管理流程保证核心技术能够得以发现,能够得到积极的管理,并能够与产品开发活动结合在一起。

（7）管道管理为管理活动提供了框架与工具,而这些管理活动必须与所有开发项目相结合;同时,该管理模式还把产品开发周期与年度计划周期联系起来。

PACE 认为产品开发要关注七个核心要素,包括阶段评审决策、建立跨职能的核心小组、采用结构化的开发流程、运用各种开发工具和技术,此外还要建立产品战略、进行技术管理、对多个产品及资源的投入进行管道管理。

PACE 的演化共分为五个阶段,不同的阶段,产品开发周期和开发效率有明显的差别。阶段越高,开发结果的可预测性也越强。

零阶段是一个非正式的阶段,所有的开发项目都得从头做起,项目成员各做各的。

开发流程没有被结构化和明确定义,没有任何可供参考的项目组织结构模型,产品战略、技术管理和管道管理都没有正规的流程。

处于零阶段的产品开发机构很难持续将成功的产品推向市场,因此也很难维持竞争力。对某一单个的开发项目而言,开发周期根本无法预期,大部分的项目都没法最后完成。

第一阶段职能优化。它的主要特征是各职能领域流程的成熟和优化。与零阶段只有非正式的、混乱的流程不同,第一阶段在各个职能层面上,都有成文的、可重复的流程在发挥作用。

组织结构是智能型的,非常重视追求单个职能部门的优化,因而也需要投入很多精力来加强职能部门之间的联系。处于第一阶段的开发机构肯定有新产品上市,但其开发周期相当长,大约是处于第二阶段的开发机构的两倍。制定管理决策时效率不高,使得有些项目迟迟未能取消,开发的浪费远远超过了第二阶段。

第二阶段项目优化。创建一个简单的跨职能开发流程,这一流程的定义清晰、结构简单,并最大限度地包括各职能之间的并发性和重叠。

该流程被广泛应用于全部的合理项目。从第一阶段到第二阶段的演变是产品开发机构跨出的一大步;要保持竞争力,就必须走这一步。但第二阶段尚无成熟的流程来解决一些跨项目的问题,并且缺乏特定的机制去系统地消化和解决这些问题,针对每个问题制定相应的处理流程,就成了第三阶段所面临的主要挑战。

第三阶段组合优化。实现了 PACE 的一些跨项目要素。这些要素可以帮助产品开发机构将产品开发与其长远的战略愿景保持一致,并优化其开发组合。

在这一阶段,引入了几个新的流程并与第二阶段的流程有机地结合在一起。新的流程包括产品战略流程和技术规划流程;在第二阶段时便有了初步的管道管理,在此阶段需要进一步的细化。

在第二阶段建立的一些 PACE 项目管理要素,在此阶段也得到进一步改进和梳理。处于第三阶段的公司将新产品开发流程视为它们的战略优势,这样的态度促使公司投入更多的时间和精力以维持在这方面的领导地位,这些公司在同行中开发周期最短,市场占有率也随之上升。

第四阶段跨企业优化。平衡跨企业的项目组合,与外部合作伙伴协作为客户创建解决方案。

图 16.8 给出了 PACE 流程示意图。

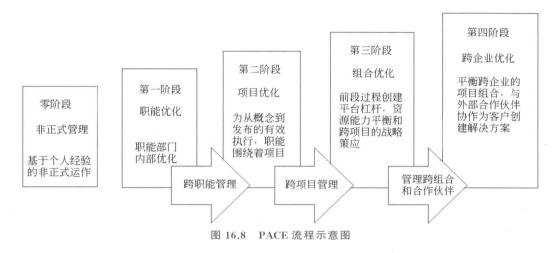

图 16.8　PACE 流程示意图

3. IPD

IPD(Integrated Product Development,集成产品开发)的思想来源于 PACE,在此基础上,杜邦、波音等公司在实践中加以改进和完善。由 IBM 在学习、实践中创建,并协助华为实施了该体系。它适用于技术复杂度较高、管理能力相对成熟的企业。其核心思想是流程重整和产品重整。IPD 集成产品开发流程概括起来就是"一个结构化流程、两类跨部门团队、三个系统框架集、四个主要决策评审点、五项核心理念、六个重要阶段、七个关联要素和八项定位工具"。一个结构化流程指需求分析、总体设计、开发测试、验证发布、反馈改进的整个流程。两类跨部门团队指高层管理决策团队和产品开发团队。三个系统框架集是市场管理、流程重组和产品重组。四个主要决策评审点是概念决策评审、计划决策评审、可获得性评审和生命周期结束评审。五项核心理念是:①将研发视为投资行为,聚焦有价值的市场机会;②产品创新要基于客户需求和技术创新的双轮驱动;③产品开发需要跨部门团队和结构化的流程来支撑;④业务分层及平台架构是实现高质量低成本研发交付的能力基础;⑤核心人才梯队和有效的激励机制是 IPD 高效运作的有力保障。六个重要阶段分别为概念阶段、计划阶段、产品开发阶段、验证阶段、发布阶段和生命周期管理阶段。七个关联要素包括四个 IPD 项目要素——阶段评审决策、核心小组组织、结构化开发任务、开发工具和技术;三个 IPD 跨项目要素——产品策略、技术管理和管道管理。八项定位工具是从八个维度对产品进行客户需求定义和产品定位,包括产品价格、可获得性、产品包装、产品性能、易用性、四项保证,生命周期成本和社会可接受程度。四项保证保也即保质保价保修保安。

IPD 执行示意图如图 16.9 所示。

4. SGS

SGS(Stage-Gate System,门径管理系统)由罗伯特·库珀于 20 世纪 80 年代创立,并应

图 16.9　IPD 执行示意图

用于美国、欧洲、日本的企业指导新产品开发。库珀长期致力于产品创新（研发）管理研究，尤其是实证研究，他认为通过广泛调查和统计分析，可以发现产品创新（研发）规律，它的许多实证研究报告成为理论界和企业界进行新产品成败分析的重要依据。主要体现为两点：第一，把项目做正确，听取消费者的意见，做好必要前期准备工作，采用跨职能的工作团队；第二，做正确的项目，进行严格的项目筛选和组合管理。适用于新产品技术相对简单、市场风险较大、产品更新较快的企业。以灵活的市场机会点来牵引新产品开发。

　　SGS 重视寻求突破性的新产品构思和产品概念，认为一个良好的新产品创意将有助于企业获得更好的市场表现从而获得竞争优势，在立项前做仔细的分析和研究，多花工夫是非常有价值的，所以把研究重心从具体的产品开发层面提升到产品价值层面。

　　SGS 非常关注有效的入口决策和组合化管理，在产品开发的每个阶段都要进行决策，以杜绝没有价值的产品浪费更多资源，此外还需要进行多个产品的优先级排序，发挥企业资源的组合优势。SGS 同时强调投放市场前的营销工作，产品的价值最终通过市场营销来实现，因此从开发的最初阶段就应该考虑如何营销，在开发完成前完成市场分析、制定产品目标、定位核心战略和完善营销方案。SGS 建议企业制定产品创新战略，对企业而言，持续竞争力表现在不断推出成功的新产品，制定有远见的产品创新战略和产品规划将有助于每个新产品的开发和决策。图 16.10 是门径管理系统示意图。

　　5. PVM

　　产品价值管理（PVM）模式是基于盈利模式、D·雷曼和科洛弗的 *Product Management*、IPD 以及 SGS，于 2002 年创立的产品开发和管理模式，在欧洲、美国、日本被许多中小企业及全球知名品牌企业所采用。PVM 详细介绍了盈利模式及其设计方法，以顾客、需求和市场为焦点，以竞争和利润为导向，从企业愿景、战略落实到产品规划，围绕产品管理和产品生命周期轴线，讨论了新产品从概念构思到商业化的整个过程，强调基于商业模式的价值链和价值流分析，合理的战略与严密的评价程序是产品创新（开发）的可靠保证。适用于较难实现差异化、企业竞争激烈的中小型企业和创新型科技企业。在解决问题的同时形成有核心

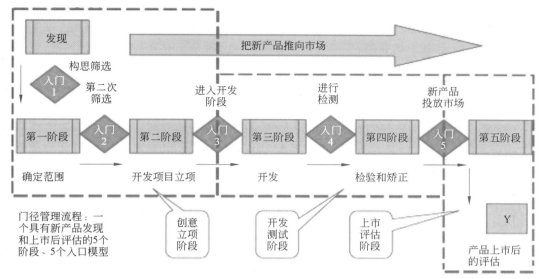

图 16.10　门径管理系统示意图

优势的研发管理体系和新产品开发流程。

　　PVM 的基本思想：第一，做正确的事，战略决定方向，模式决定绩效，强调产品规划和产品管理；第二，正确地做事，流程决定方法，关注产品需求分析、产品策划、技术开发和营销组合管理。第三，正确地做成正确的事，能力决定成败，认为项目管理是成功的保证。

　　PVM 的主要核心内容如下。

　　（1）PVM 十分重视盈利模式和价值链分析，认为"成功基于优秀的机构，卓越源于非凡的盈利模式"。强调产品规划和产品管理，把研究重心从具体的产品开发层面提升到产品价值和战略层面。

　　（2）PVM 也认为需要有效的产品开发流程入口管理和决策评审，把产品开发流程和市场管理流程有机地融合在一起，以减少没有价值的产品浪费有限的企业资源。

　　（3）PVM 突出产品需求分析、产品概念和营销组合的协调，以实现顾客价值，发挥企业资源的组合优势。

　　（4）PVM 强调项目管理对于产品研发的核心作用，主张产品管理实行产品经理制。

　　（5）PVM 关注技术开发平台建设、核心技术开发和成本价值工程，认为系统化的思维方式是改善研发绩效的正确途径而非 KPI＋BSC。

　　（6）PVM 同时认为企业就是经营核心竞争力，倡导 R&D 策略联盟，企业间的竞争将转向产品管理的竞争。

16.3.2　新产品开发管理四种知识体系的比较

　　新产品开发的职能式管理已不适用于 3C 环境下的大多数企业，因此下面只对四种的知识体系进行比较。

　　1. 共同点

　　四种知识体系都强调按一种标准的方法来划分产品开发的各个阶段，以便准确地管理开发进程，概括而言即创意（发现/概念、计划）、开发（设计与测试）、上市（市场验证、发布、生命周期管理)三个基本过程。

(1)都强调利用跨职能部门的团队通过沟通、协调和决策,管理和开发产品,以便在一个团队内充分考虑到市场效用、生产可行性、可服务性、质量及财务指标等重要因素,将一些工作并行处理以提高效率。

(2)都强调对产品开发各阶段进行决策(中止、暂停、推迟、重做上一阶段工作),以控制资源投入的节奏和风险,杜绝无谓的浪费。

(3)都强调多个产品开发时的组合管理(PACE 称为管道管理,PVM 称为战略协同),从公司层面建立多个产品的优先级别,以匹配、协调公司资源,均衡外部市场机会与企业内部能力间的矛盾。

2. 特性

表 16.1 总结了新产品开发管理四种知识体系的特点,包括产品战略、技术管理、投资分析、对创意的筛选、市场导向等比较。

表 16.1 新产品开发管理四种知识体系的比较

	PACE	IPD	SGS	PVM
产品战略	产品组合战略	产品平台战略	产品创新战略	产品战略规划
技术管理	技术开发的管理	开发共用技术		开发核心技术
投资分析		优化投资组合	筛选有价值的项目	盈利模式与价值链分析
对创意的筛选			寻求突破性的新产品	核心要素组合构思的可行性分析和项目风险评估
市场导向		客户需求分析	开发各阶段均需测试顾客反应,且与营销计划相结合	顾客价值定位、精准需求分析与产品概念相结合
结构化开发活动	分层定义活动	异步开发		R&D 策略联盟,异步开发
开发工具与技术	设计手段、自动化工具(关注实施)			
多产品开发共用		共用基础模块		技术开发平台建设
体系衡量标准		决策、管理指标		三级衡量和系统诊断指标
实施风险	中等	较大	较小	较小
执行难度	难度中等	难度大	难度中等	难度小
执行实效	有项目管理基础的企业效果显著	基于战略管理的企业容易见效	企业自主摸索	中小企业很快见效

3. 适用性

PACE:适用于新产品市场需求比较明确的企业,可以着力提升开发过程管理的能力。

IPD:适用于技术复杂度较高、管理能力相对成熟的企业,可以创建全面的体系竞争优势。

SGS:适用于新产品技术相对简单、市场风险较大、产品更新较快的企业,以灵活的市场机会点来牵引新产品开发。

　　PVM：适用于较难实现差异化、行业竞争激烈的中小型企业和创新型科技企业，在解决问题的同时形成有核心优势的研发管理体系和新产品开发流程。

◇　小　　结

　　本章概述了产品开发概念，产品开发流程和五种主流产品开发管理体系，包括项目管理职能式开发，PACE 产品及周期优化法，IPD 集成产品开发方法，SGS 和 PVM。

◇　习　　题

　　1. 优秀的产品经理需要具备哪些能力？

　　2. 五种主流产品开发管理体系的基本思想是什么？

　　3. 请同学们结合自己的专业特色及课程学习，完成课程总结报告，用简单文字论述一下在你的产品开发过程中可以如何应用这门课中所学的内容。

　　4. 分小组写调研报告（项目选择、商业案例、项目章程）、产品需求和范围说明书、工作分解结构和进度安排甘特图，进行产品外观设计（硬件）或界面设计（软件）、产品功能设计（框图）、代码编程（源代码或者硬件电路图），编写产品测试方案和测试报告结果、项目经验教训报告。要求每个团队提交的工作必须详细注明每个人的贡献。

　　5. MRD 是什么意思？

附录 A　工程概论课堂测试试题

班级_____　学号_____　姓名_____　任课教师_____

一、多项选择题(每题 4 分,共 40 分,每题所选的答案如果包含不正确选项计 0 分,如果只是少选了则每少选一个选项扣 1 分)

1. 下面选项中属于项目管理十大知识领域的是_____。
   A. 干系人管理　　B. 项目沟通管理　　C. 项目集成管理
   D. 项目群管理　　E. 项目范围管理

2. 下面角色中哪些一定是项目管理中所述的干系人?_____
   A. 项目发起人　　B. 项目的客户　　C. 项目反对者
   D. 项目团队成员　　E. 公司同事

3. WBS 工作分解结构是在哪个知识领域的项目管理过程中产生的?_____
   A. 项目时间管理　　　　　　　　B. 项目范围管理
   C. 项目质量管理　　　　　　　　D. 项目风险管理

4. 在项目范围管理过程中有如下一些活动:①定义范围;②收集需求;③创建 WBS;④制订范围管理计划;⑤控制范围;⑥验证范围。则下列排序正确的是_____。
   A. ④①②⑥③⑤　　B. ④②①③⑥⑤　　C. ②①④③⑤⑥

5. 在微软项目管理的 4 种任务依赖关系中,如图 A-1 所示的依赖关系是_____。
   A. 完成-开始　　　　　　　　B. 开始-完成 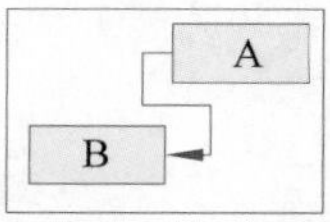
   C. 开始-开始　　　　　　　　D. 完成-完成

   图 A-1　依赖关系

6. 使用关键路径来缩短进度的主要技术包括_____。
   A. 添加资源　　　　　　　　B. 更改范围
   C. 赶工　　　　　　　　　　D. 快速跟进

7. 已知某个活动工期完成的乐观时间是 15 天,最可能时间是 18 天,悲观时间是 39 天,则使用基于三点估算法的计划评审技术 PERT 的工期估算时间为_____天。
   A. 18　　　　　　B. 21　　　　　　C. 24　　　　　　D. 72

8. 现代质量管理的三大理念是_____。
   A. 全面质量管理　　　　　　　　B. 追求客户满意
   C. 注重预防而不是检查　　　　　　D. 承认管理层对质量的责任

9. 沟通方法有三类,它们是_____。
   A. 互动沟通　　B. 面对面沟通　　C. 拉式沟通　　D. 推送沟通

10. 常用的风险识别工具包括_____。
   A. 头脑风暴　　B. 德尔菲技术　　C. 访谈　　　　D. SWOT 分析

二、填空题(每题 4 分,共 40 分,每题如果有多个空,则每错一个扣 1 分,若都错就计 0 分)

1. 项目管理的四项约束是_____、_____、_____、_____。

2. 项目管理的系统观中所谓的三球模型包括_____、_____、_____。

3. 传统项目生命周期的 4 个阶段包括_____、_____、_____、_____。

4. 项目管理过程组包括 5 个过程,为_____、_____、_____、_____、_____。

5. SWOT 分析包括_____、_____、_____、_____4 方面。

6. 弥补软件的需求缺陷的相关成本中付出成本代价最大的阶段是_____。

7. 在项目管理中,甘特图的作用是_____。

8. 帕累托图 80-20 原则的含义是_____。

9. 有 10 个干系人的项目其沟通渠道的数目是_____。

10. 质量控制工具中质量控制图中的七个运行规则是_____、_____、_____、

_____、_____、_____、_____。

三、(10 分)如图 A-2 所示为某个项目的网络图,试找出项目的关键路径。

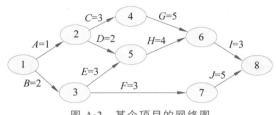

图 A-2　某个项目的网络图

四、(10 分)某公司基于决策树的预期货币值(EMV)对三个考察中的项目进行投资决策,其决策树如图 A-3 所示,请计算各个项目的 EMV 值,并根据 EMV 值来判断哪些项目可以投资,哪个项目可以优先投资。简单说明选择的理由。

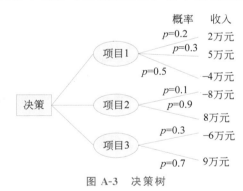

图 A-3　决策树

附录 B　教学大纲

以通信工程《工程概论 1》教学为例，给出如下教学大纲。

1. 概述（2 课时）

介绍通信工程的内涵、分类，通信工程教育专业认证标准体系，通信工程型人才的知识、能力和素质构成及要求，本专业培养目标和毕业要求以及本课程对毕业要求指标点的支撑等。

2. 通信工程中的非技术问题（2 课时）

让学生理解复杂通信工程问题的全流程、全周期产品设计/开发解决方案的方法；通过在校毕业设计、大学生创新创业训练计划、科研合作中的案例，让学生了解非技术性指标的地位和作用；能够关注并简单分析非技术性指标的作用和影响。

3. 通信工程伦理与法律法规（2 课时）

介绍复杂通信工程问题的全流程、全周期产品设计/开发过程中所涉及的相关法律法规以及通信工程中的企业伦理、环境伦理、生态伦理等。

4. 行业规范（8 课时）

介绍电子信息行业以及大学相关专业涉及的典型行业规范的相关内容及其通信工程应用；介绍电子信息行业以及大学相关专业所涉及的行业通信工程规范对相关互动的约束、保护和支撑。

5. 综合应用（2 课时）

结合专业，进一步研讨通信工程伦理、法律法规和行业规范在复杂通信工程问题中的作用和影响。

以西安电子科技大学通信工程专业为例，毕业要求如下。

本专业培养的学生，必须完成包括大类课、专业课以及各种实践环节等最少 147 学分的课程教学体系的学习和考核，同时通过基础素质培养最少 19 学分的能力素质拓展教育。本专业培养的学生，其基本知识、能力和素质要求如下。

（1）工程知识：能够将数学、自然科学、工程基础和专业知识用于解决通信工程专业中的信息处理、系统设计、设备制造和运行管理中的复杂工程问题。

（2）问题分析：能够应用数学、自然科学和工程科学的基本原理，识别、表达并通过文献研究分析通信工程专业中的信号处理、系统设计、设备制造和运行管理中的复杂工程问题，以获得有效结论。

（3）设计/开发解决方案：能够针对通信工程专业中的信号处理、系统设计、设备制造和运行管理中的复杂工程问题设计相应的解决方案，设计满足信息处理需求的系统、单元（部件）或工艺流程，并能够在设计环节中体现创新意识，考虑社会、健康、安全、法律、文化以及环境等因素。

（4）研究：能够基于科学原理并采用科学方法对通信工程专业中信号处理、系统设计、设备制造和运行管理中的复杂工程问题进行研究，包括设计实验、分析与解释数据，并通过信息综合得到合理有效的结论。

（5）使用现代工具：能够针对通信工程专业中的信号处理、系统设计、设备制造和运行管理中的复杂工程问题,开发、选择与使用恰当的技术、资源、现代工程工具和信息技术工具,包括对复杂工程问题的预测与模拟,并能够理解其局限性。

（6）工程与社会:能够基于通信工程专业相关工程的背景知识进行合理分析,评价通信工程专业工程实践和信号处理、系统设计、设备制造和运行管理中的复杂工程问题解决方案对社会、健康、安全、法律以及文化的影响,并理解应承担的责任。

（7）环境和可持续发展:能够理解和评价针对信号处理、系统设计、设备制造和运行管理中的复杂工程问题的工程实践对环境、社会可持续发展的影响。

（8）职业规范:具有人文社会科学素养、社会责任感,能够在工程实践中理解并遵守工程职业道德和规范,履行责任。

（9）个人和团队:能够在多学科背景下的团队中承担个体、团队成员以及负责人的角色。

（10）沟通:能够就信号处理、系统设计、设备制造和运行管理中的复杂工程问题与业界同行及社会公众进行有效沟通和交流,包括撰写报告和设计文稿、陈述发言、清晰表达或回应指令,并具备一定的国际视野,能够在跨文化背景下进行沟通和交流。

（11）项目管理:理解并掌握通信工程专业相关的工程管理原理与经济决策方法,并能在多学科环境中应用。

（12）终身学习:具有自主学习和终身学习的意识,有不断学习和适应发展的能力。

从通信专业就业类型上说主要有软件和硬件两大部分。软件如软件开发、网络的设计、应用软件的编译等;硬件方面主要设计开发电子通信器件。

学生就业去向主要涉及通信运营商、现代通信设备制造企业、电子信息类技术研发的相关科研院所、高新技术科技产业公司、企事业单位等,如中国电信、中国移动、中国网通等运营商,中兴、华为、大唐、富士康等设备制造商,摩托罗拉、三星、贝尔等外资企业。可能的职业岗位如通信技术研发人员、行政工作者、电信运营商工作人员、电信行业销售人员等。

通信工程专业就业方向如下。

（1）中国通信服务有限公司、中国通信建设集团有限公司,做技术和项目管理,还有各省电信工程局等。

（2）各大通信科研院所:如原信息产业部电信研究院。

（3）通信咨询和设计单位:如中讯设计院（部级,在郑州）、京移设计院（部级、在北京）、广东电信设计院、浙江华信院等。

（4）各大运营商（移动、电信、联通）,从事工程管理、设备和线路维护、财务、市场、技术支持等。

（5）各通信设备厂家（华为、中兴、烽火、大唐、爱立信、阿朗等）,从事工程管理、工程督导、设备销售、培训部、合同管理等。

（6）各通信测试仪表厂家,从事销售、技术支持等。

（7）通信业内的各大监理公司,如广东公诚、北京煜金桥监理、郑州华夏监理等。

（8）各审计公司,负责审计通信工程项目。

（9）各党政机关、企事业单位从事专网的建设与运行维护,如公安、税务、高速公路、交警交通监控等。

（10）接着读研读博,留校任教。

（11）外国运营商单位。

（12）自己当老板，从事通信工程建设、设计、监理、设备调测或仪表销售代理等。

通信工程师的类型有射频工程师、移动应用开发产品经理、增值产品开发工程师、数字信号处理工程师、通信技术工程师、有线传输工程师、无线通信工程师、电信交换工程师、数据通信工程师、移动通信工程师、电信网络工程师、通信电源工程师、测试工程师等。

后　　记

　　本书概要介绍了工程概论上半部分的内容,在《工程概论(下册)》中会继续讲述工程经济管理和方法论的相关内容。

　　本书的完成得到了西安电子科技大学本科生院、通信工程学院各位领导,课程组全体教师,西安软通公司项目经理和相关技术人员的大力支持和帮助,特此致谢!

　　本书的完成得到清华大学出版社的大力支持,一并致谢!

　　感恩生活中遇到的点点滴滴,让我不断成长,不断进步!

参考文献

[1] 郭世明. 工程概论[M]. 2版. 成都：西南交通大学出版社，2007.

[2] 杜倩楠. 产品质量管理与可靠性工程的应用研究[D]. 邯郸：河北工程大学，2013.

[3] 张书铭. 生物天然气行业标准体系建设研究[D]. 青岛：中国石油大学，2018.

[4] 王慧敏. 工程建设强制性标准实施绩效评价研究[D]. 哈尔滨：东北林业大学，2021.

[5] 曾成. 地铁车辆可靠性评估与维修决策技术研究[D]. 广州：广东工业大学，2019.

[6] 李炎卓. 行业标准的制订研究[D]. 大连：大连理工大学，2018.

[7] 李琼洁. 桥梁上部结构的撞击响应及损伤评估研究[D]. 兰州：兰州交通大学，2021.

[8] 张健. 刮板输送机链传动系统可靠性工程平台建设[D]. 太原：太原理工大学，2017.

[9] 赵攀. 基于失效物理与故障树分析的典型机载电子设备的可靠性预计方法与软件实现[D]. 西安：西安电子科技大学，2020.

[10] 侯帅. 信息技术应用产生的伦理问题及应对策略研究[D]. 锦城：渤海大学，2021.

[11] 胡韦唯. 工程师视阈下合成生物学伦理问题探析[D]. 合肥：中国科技大学，2021.

[12] 刘世豪. 区块链技术的社会风险研究[D]. 昆明：云南师范大学，2021.

[13] 高优美. 区块链技术风险的哲学研究[D]. 南昌：江西财经大学，2021.

[14] 彭根堂. 价值工程在建设项目设计阶段的应用研究[D]. 合肥：合肥工业大学，2017.

[15] 尚华胜. 建筑防水行业标准化体系研究[D]. 武汉：湖北工业大学，2018.

[16] 李宇. 建筑室内外渗漏原因及维修工艺和成本分析[D]. 青岛：青岛理工大学，2017.

[17] 柳颖. 建筑防水工程渗漏质量通病与防治[D]. 武汉：湖北工业大学，2017.

[18] 曹磊. 建筑防水工程质量控制与工程实践研究[D]. 郑州：郑州大学，2011.

[19] 冯谦基. 深基坑工程支护结构设计及优化方法研究[D]. 武汉：武汉理工大学，2006.

[20] 孙润润. 基于BIM的城市轨道交通项目进度管理研究[D]. 徐州：中国矿业大学，2015.

[21] 齐锦锦. 基于分解思想的超多目标头脑风暴优化算法研究[D]. 西安：西安理工大学，2021.

[22] 路则光. 住宅装饰装修工程优化控制系统：全面质量管理原理在系统中的应用[D]. 南京：南京林业大学，2004.

[23] 丁威. LTE网络工程优化的方法研究[D]. 长春：吉林大学，2020.

[24] 马捷. 基于BIM的地铁综合管线设计优化方法研究[D]. 广州：华南理工大学，2015.

[25] 魏文涵. 基于振动唤醒的燃气地震开关嵌入式系统设计[D]. 武汉：中国地震局地震研究所，2021.

[26] 李正风，丛杭青，王前. 工程伦理[M]. 北京：清华大学出版社，2016.

[27] 项勇，王辉. 工程项目管理[M]. 北京：机械工业出版社，2017.

[28] Kathy Schwalbe. IT项目管理（原书第8版）[M]. 孙新波，朱珠，贾剑峰，译. 北京：机械工业出版社，2017.

[29] 美国项目管理协会. 项目管理知识体系指南（PMBOK GUIDE）[M]. 6版. 北京：电子工业出版社，2018.

[30] Pimto J K. 项目管理（原书第4版）[M]. 鲁耀斌，赵玲，等译. 北京：机械工业出版社，2018.

[31] Harold K. 项目管理：计划、进度和控制的系统方法[M]. 杨爱华，王丽珍，杨昌雯，等译. 12版. 北京：电子工业出版社，2018.

[32] 朱圆圆. 污水处理厂PPP项目的风险及投资决策的研究[D]. 杭州：浙江大学，2016.

[33] Project Management Institute. 项目管理前沿标准译丛：商业分析实践指南[M]. 北京：中国电力出版社，2015.

［34］ 叶子豪.四川 Q 协高层次人才赴以色列培训项目沟通管理研究［D］.成都：电子科技大学,2021.

［35］ 雷艳敏.B 建筑公司施工项目成本管理研究［D］.洛阳：河南科技大学,2015.

［36］ 邹细平.联合体 EPC 项目中工程质量管理的探究［D］.南昌：南昌大学,2020.

［37］ 曹亚冲.重大工程社会责任履行的影响因素研究［D］.郑州：河南财经政法大学,2021.

［38］ 周利平.BH 公司软件开发项目流程管理改进研究［D］.苏州：苏州大学,2014.

［39］ 闫媚媚.T 酒店建设工程项目进度管理研究［D］.济南：山东大学,2020.

［40］ 汪晓琦.U 公司仿真软件项目进度计划与控制研究［D］.广州：华南理工大学,2018.

［41］ 邓敏子.M 石油公司项目管理团队建设研究［D］.南昌：南昌大学,2014.

［42］ Karl T U,Steven D E.产品设计与开发(原书第 5 版)［M］.杨青,吕佳芮,詹舒琳,等译.北京：机械工业出版社,2014.

图书资源支持

感谢您一直以来对清华版图书的支持和爱护。为了配合本书的使用，本书提供配套的资源，有需求的读者请扫描下方的"书圈"微信公众号二维码，在图书专区下载，也可以拨打电话或发送电子邮件咨询。

如果您在使用本书的过程中遇到了什么问题，或者有相关图书出版计划，也请您发邮件告诉我们，以便我们更好地为您服务。

我们的联系方式：

清华大学出版社计算机与信息分社网站：https://www.SHUIMUSHUHUI.com/

地　　址：北京市海淀区双清路学研大厦 A 座 714

邮　　编：100084

电　　话：010-83470236　　010-83470237

客服邮箱：2301891038@qq.com

QQ：2301891038（请写明您的单位和姓名）

资源下载：关注公众号"书圈"下载配套资源。

资源下载、样书申请

书 圈

图书案例

清华计算机学堂

观看课程直播